CHAOYUE PULIWALUOFU — SHUXIANGJISHUJUAN

超越普里瓦洛夫

数项级数卷

● 刘培杰数学工作室　编

HITP 哈爾濱工業大學出版社
HARBIN INSTITUTE OF TECHNOLOGY PRESS

内容简介

本书主要由习题组成，全书共收录了 303 道习题及其详尽的解答. 全书通过用收录习题的形式来系统全面地介绍有关数项级数的知识，书中题型广泛、覆盖知识点全面. 方便读者在掌握基本知识点的同时，更能够灵活地运用和理解知识点.

本书适合于高等院校数学专业学生，数学爱好者及教练员作为学习或教学的参考用书.

图书在版编目(CIP)数据

超越普里瓦洛夫. 数项级数卷/刘培杰数学工作室编. —哈尔滨：哈尔滨工业大学出版社，2015.7(2025.2 重印)

ISBN 978-7-5603-5405-7

Ⅰ. ①超…　Ⅱ. ①刘…　Ⅲ. ①级数　Ⅳ. ①O1②O173

中国版本图书馆 CIP 数据核字(2015)第 114439 号

策划编辑　刘培杰　张永芹
责任编辑　张永芹　关虹玲
封面设计　孙茵艾
出版发行　哈尔滨工业大学出版社
社　　址　哈尔滨市南岗区复华四道街 10 号　邮编 150006
传　　真　0451－86414749
网　　址　http://hitpress.hit.edu.cn
印　　刷　哈尔滨圣铂印刷有限公司
开　　本　787mm×960mm　1/16　印张 16　字数 286 千字
版　　次　2015 年 7 月第 1 版　2025 年 2 月第 3 次印刷
书　　号　ISBN 978-7-5603-5405-7
定　　价　38.00 元

复变函数论简介

复变函数论(theory of functions of a complex variable)是研究复变数的函数的性质及应用的一门学科,是分析学的一个重要分支.

形如 $x+\mathrm{i}y$(x,y 为实数,i 是虚数单位,满足 $\mathrm{i}^2=-1$)的数称为复数.复数早在 16 世纪就已经出现,它起源于求代数方程的根.在相当长的一段时间内,复数不为人们所接受.直到 19 世纪,才阐明复数是从已知量确定出的数学实体.以复数为自变量的函数叫做复变函数.

对复变函数的研究是从 18 世纪开始的.18 世纪三四十年代,欧拉曾利用幂级数详细讨论过初等复变函数的性质,并得出了著名的欧拉公式

$$\mathrm{e}^{\mathrm{i}x}=\cos x+\mathrm{i}\sin x$$

1752 年,达朗贝尔在论述流体力学的论文中,考虑复函数 $f(z)=u+\mathrm{i}v$ 的导数存在的条件,导出了关系式

$$\frac{\partial u}{\partial x}=\frac{\partial v}{\partial y},\quad \frac{\partial u}{\partial y}=-\frac{\partial v}{\partial x} \tag{1}$$

欧拉在 1777 年提交圣彼得堡科学院的一篇论文中,利用实函数计算复函数的积分,也得到了关系式(1).因此,式(1)有时被称为达朗贝尔—欧拉方程,但后来更多地被称为柯西—黎

曼方程.在这一时期,拉普拉斯也研究过复函数的积分.但是以上三人的工作都存在着本质上的局限性,因为他们把 $f(z)$ 的实部和虚部分开考虑,没有把它们看成一个基本实体.

复变函数论的全面发展是在19世纪.首先,柯西的工作为单复变函数论的发展奠定了基础.他从1814年开始致力于复变函数的研究,完成了一系列重要论著.他把一个复变函数 $f(z)$ 视作复变数 z 的一元函数来研究.他首先证明复数的代数运算与极限运算的合理性,引进了复函数连续性的概念,接着给出了复函数可导的充分必要条件(即柯西—黎曼方程).他定义了复函数的积分,得到复函数在无奇点的区域内积分值与积分路径无关的重要定理,从而导出著名的柯西积分公式

$$f(z)=\frac{1}{2\pi\mathrm{i}}\int_{\Gamma}\frac{f(s)}{\zeta-z}\mathrm{d}s$$

柯西还给出了复函数在极点处的留数的定义,建立了计算留数的定理.他还研究了多值函数,为黎曼面的创立提供了理论依据.

紧接着,阿贝尔和雅可比创立了椭圆函数理论(1826年),给复变函数论带来了新的生机.1851年,黎曼的博士论文《单复变函数的一般理论基础》第一次给出单值解析函数的定义,指出实函数与复函数导数的基本差别.他把单值解析函数推广到多值解析函数,阐述了现称为黎曼面的概念,开辟了多值函数研究的方向.黎曼还建立了保形映射的基本定理,奠定了复变函数几何理论的基础.

维尔斯特拉斯与柯西、黎曼不同,他摆脱了复函数的几何直观,从研究幂级数出发,提出了复函数的解析开拓理论,引入完全解析函数的概念.他在椭圆函数论方面也有很重要的工作.

19世纪后期,复变函数论得到迅速发展.在相当一段时间内,柯西、黎曼、维尔斯特拉斯这三位主要奠基人的工作被他们各自的追随者继续研究.后来,柯西和黎曼的思想被融合在一起,而维尔斯特拉斯的方法逐渐由柯西、黎曼的观点推导出来.人们发现,维尔斯特拉斯的研究途径不是本质的,因此不再强调从幂级数出发考虑问题,这是20世纪初的事.

20世纪以来,复变函数论又有很大的发展,形成了一些专门的研究领域.在这方面做出较多工作的有瑞典数学家米塔·列夫勒,法国数学家庞加莱、皮卡、波莱尔,芬兰数学家奈望林纳,德国数学家毕波巴赫,以及前苏联数学家韦夸、拉夫连季耶夫等.

⊙普里瓦洛夫简介

普里瓦洛夫(Привалов, Иван Иванович),苏联人.1891年2月11日生于别依津斯基.1913年毕业于莫斯科大学后,曾在萨拉托夫大学工作.1918年获数学物理学博士学位,并成为教授.1922年回到莫斯科,先后在莫斯科大学和航空学院任教.1939年成为苏联科学院通讯院士.1941年7月23日逝世.

普里瓦洛夫的研究工作主要涉及函数论与积分方程.有许多研究成果是他与鲁金共同取得的,他们用实变函数论的方法研究解析函数的边界特性与边界值问题.1918年,他在学位论文《关于柯西积分》中,推广了鲁金—普里瓦洛夫唯一性定理,证明了柯西型积分的基本引理和奇异积分定理.他是苏联较早从事单值函数论研究的数学家之一,所谓黎曼—普里瓦洛夫问题就是他的研究成果之一.他还写了三角级数论及次调和函数论方面的著作.他发表了70多部专著和教科书,其中《复变函数引论》《解析几何》都是多次重版的著作,并被译成多种外文出版.

目录

题目及解答 …… 1

编辑手记 …… 231

题目及解答

1 求以下数列的上、下极限：

(1) $\{a_n\}=\left\{(-1)^n\left(1+\frac{1}{n}\right)^n\right\}$；

(2) $\{a_n\}=\left\{\frac{1}{2},\frac{3}{2},\frac{1}{3},\frac{4}{3},\frac{1}{4},\frac{5}{4},\cdots,\frac{1}{n},\frac{n+1}{n},\frac{1}{n+1},\frac{n+2}{n+1},\cdots\right\}$.

解 (1) 因为

$$a_{2k-1}=-\left(1+\frac{1}{2k-1}\right)^{2k-1}\longrightarrow -\mathrm{e}\quad(k\to\infty)$$

$$a_{2k}=\left(1+\frac{1}{2k}\right)^{2k}\longrightarrow \mathrm{e}\quad(k\to\infty)$$

所以

$$\overline{\lim_{n\to\infty}}\ a_n=\mathrm{e},\ \underline{\lim_{n\to\infty}}\ a_n=-\mathrm{e}$$

(2) 令

$$\overline{\lim_{n\to\infty}}\ a_n=\lim_{k\to\infty}\ \sup_{n\geqslant k}\{a_n\}=\lim_{k\to\infty}\ b_k$$

$$\underline{\lim_{n\to\infty}}\ a_n=\lim_{k\to\infty}\ \inf_{n\geqslant k}\{a_n\}=\lim_{k\to\infty}\ c_k$$

这里

$$b_k=\sup_{n\geqslant k}\{a_n\},c_k=\inf_{n\geqslant k}\{a_n\}$$

由于 $a_n=\begin{cases}1\Big/\left(\dfrac{n+3}{2}\right),n\text{ 为奇数}\\ \left(\dfrac{n}{2}+2\right)\Big/\left(\dfrac{n}{2}+1\right),n\text{ 为偶数}\end{cases}$，则

$$b_1=\sup\left\{\frac{1}{2},\frac{3}{2},\frac{1}{3},\frac{4}{3},\frac{1}{4},\frac{5}{4},\cdots,\frac{1}{n},\frac{n+1}{n},\frac{1}{n+1},\frac{n+2}{n+1},\cdots\right\}=\frac{3}{2}$$

$$b_2=\sup\left\{\frac{3}{2},\frac{1}{3},\frac{4}{3},\frac{1}{4},\frac{5}{4},\cdots,\frac{1}{n},\frac{n+1}{n},\frac{1}{n+1},\frac{n+2}{n+1},\cdots\right\}=\frac{3}{2}$$

$$\vdots$$

$$b_{2k-3}=\sup\left\{\frac{1}{k},\frac{k+1}{k},\frac{1}{k+1},\frac{k+2}{k+1},\cdots\right\}=\frac{k+1}{k}$$

$$b_{2k-2}=\sup\left\{\frac{k+1}{k},\frac{1}{k+1},\frac{k+2}{k+1},\cdots\right\}=\frac{k+1}{k}$$
$$\vdots$$

而

$$c_1=c_2=\cdots=c_k=\cdots=0$$

所以

$$\overline{\lim_{n\to\infty}}\ a_n=1,\underline{\lim_{n\to\infty}}\ a_n=0$$

2 证明：$\overline{\lim\limits_{n\to\infty}}\ a_n\geqslant\underline{\lim\limits_{n\to\infty}}\ a_n$.

证法1 令

$$\overline{\lim_{n\to\infty}}\ a_n=A,\underline{\lim_{n\to\infty}}\ a_n=a$$

于是，对任给 $\varepsilon>0$，存在 N_1 与 N_2，使当 $n>N_1$ 时，有 $a_n<A+\varepsilon$ 与 $n>N_2$ 时，有 $a_n>a-\varepsilon$.

故当 $n>N=\max\{N_1,N_2\}$ 时，有

$$a-\varepsilon<a_n<A+\varepsilon$$

即

$$a-2\varepsilon<A$$

由 ε 的任意性知

$$a\leqslant A$$

否则，若 $a>A$，令 $0<\varepsilon<\frac{1}{2}(a-A)$，则有 $a-2\varepsilon>A$，矛盾.

证法2 因为

$$A=\overline{\lim_{n\to\infty}}\ a_n=\lim_{k\to\infty}\sup_{n\geqslant k}\{a_n\}=\lim_{k\to\infty}b_k$$
$$a=\underline{\lim_{n\to\infty}}\ a_n=\lim_{k\to\infty}\inf_{n\geqslant k}\{a_n\}=\lim_{k\to\infty}c_k$$

所以对任给 $\varepsilon>0$，存在 N_1 与 N_2，使当 $k>N_1$ 时，有 $b_k<A+\varepsilon$ 与 $k>N_2$ 时，有 $a-\varepsilon<c_k$.

而 $b_k\geqslant c_k$，故当 $k>N=\max\{N_1,N_2\}$ 时，有 $a-\varepsilon<c_k\leqslant b_k<A+\varepsilon$，即 $a-2\varepsilon<A$，故 $a\leqslant A$.

3 证明：有界数列 $\{x_n\}$ 收敛的充要条件是

$$\underline{\lim_{n\to\infty}}\ x_n=\overline{\lim_{n\to\infty}}\ x_n$$

证 必要性. 若 $\{x_n\}$ 收敛，令 $\lim\limits_{n\to\infty}x_n=A$，则对任给 $\varepsilon>0$，存在 N，当 $n>$

N 时,有

$$A-\varepsilon < x_n < A+\varepsilon$$

于是

$$A-\varepsilon \leqslant \inf\{x_{N+1}, x_{N+2}, \cdots\} \leqslant \varliminf_{n\to\infty} x_n \leqslant \varlimsup_{n\to\infty} x_n \leqslant \sup\{x_{N+1}, x_{N+2}, \cdots\} \leqslant A+\varepsilon$$

即

$$A-\varepsilon \leqslant \varliminf_{n\to\infty} x_n \leqslant \varlimsup_{n\to\infty} x_n \leqslant A+\varepsilon$$

由 ε 的任意性知,$\varliminf\limits_{n\to\infty} x_n = \varlimsup\limits_{n\to\infty} x_n$.

充分性. 若$\varliminf\limits_{n\to\infty} x_n = \varlimsup\limits_{n\to\infty} x_n = A$,则对任给 $\varepsilon > 0$,存在 N_1 与 N_2,使当 $n > N_1$ 时,有 $x_n > A-\varepsilon$ 与 $n > N_2$ 时,有 $x_n < A+\varepsilon$.

于是,当 $n > N = \max\{N_1, N_2\}$ 时,有

$$A-\varepsilon < x_n < A+\varepsilon$$

4 证明:若$\{x_n\}$ 是有界数列,c 是任意实数,则:

(1) $$\varlimsup_{n\to\infty} cx_n = \begin{cases} c\varlimsup\limits_{n\to\infty} x_n, c>0 \\ 0, c=0 \\ c\varliminf\limits_{n\to\infty} x_n, c<0 \end{cases};$$

(2) $$\varliminf_{n\to\infty} cx_n = \begin{cases} c\varliminf\limits_{n\to\infty} x_n, c>0 \\ 0, c=0 \\ c\varlimsup\limits_{n\to\infty} x_n, c<0 \end{cases}.$$

证 (1) 若 $c>0$,则

$$\varlimsup_{n\to\infty} cx_n = \lim_{k\to\infty} \sup_{n\geqslant k}\{cx_n\} = \lim_{k\to\infty} c\sup_{n\geqslant k}\{x_n\} = c\lim_{k\to\infty} \sup_{n\geqslant k}\{x_n\} = c\varlimsup_{n\to\infty} x_n$$

若 $c=0$,显然$\varlimsup\limits_{n\to\infty} cx_n = 0$.

若 $c<0$,则

$$\varlimsup_{n\to\infty} cx_n = \lim_{k\to\infty} \sup_{n\geqslant k}\{cx_n\} = \lim_{k\to\infty} c\inf_{n\geqslant k}\{x_n\} = c\lim_{k\to\infty} \inf_{n\geqslant k}\{x_n\} = c\varliminf_{n\to\infty} x_n$$

(2) 同上可证.

5 证明：若$\{x_n\}$，$\{y_n\}$均是有界数列，则

$$\varliminf_{n\to\infty} x_n+\varliminf_{n\to\infty} y_n\leqslant\varliminf_{n\to\infty}(x_n+y_n)\leqslant\begin{Bmatrix}\varliminf\limits_{n\to\infty} x_n+\varlimsup\limits_{n\to\infty} y_n\\ \varlimsup\limits_{n\to\infty} x_n+\varliminf\limits_{n\to\infty} y_n\end{Bmatrix}\leqslant$$

$$\varlimsup_{n\to\infty}(x_n+y_n)\leqslant\varlimsup_{n\to\infty} x_n+\varlimsup_{n\to\infty} y_n$$

证 (1) 由于

$$\begin{aligned}&\inf_{n\geqslant k}\{x_n\}+\inf_{n\geqslant k}\{y_n\}\leqslant\inf_{n\geqslant k}\{x_n+y_n\}\leqslant\\&\begin{cases}\inf\limits_{n\geqslant k}\{x_n\}+\sup\limits_{n\geqslant k}\{y_n\}\\ \sup\limits_{n\geqslant k}\{x_n\}+\inf\limits_{n\geqslant k}\{y_n\}\end{cases}\end{aligned}\tag{$*$}$$

这是因为对任意的n，均有

$$x_n\geqslant\inf\{x_n\},y_n\geqslant\inf\{y_n\}$$

所以

$$x_n+y_n\geqslant\inf\{x_n\}+\inf\{y_n\}$$

故

$$\inf\{x_n+y_n\}\geqslant\inf\{x_n\}+\inf\{y_n\}$$

又

$$x_n+y_n\geqslant\inf\{x_n+y_n\}$$

而

$$y_n\leqslant\sup\{y_n\}$$

于是

$$x_n\geqslant\inf\{x_n+y_n\}-\sup\{y_n\}$$

故

$$\inf\{x_n\}\geqslant\inf\{x_n+y_n\}-\sup\{y_n\}$$

即

$$\inf\{x_n+y_n\}\leqslant\inf\{x_n\}+\sup\{y_n\}$$

类似地，有

$$\inf\{x_n+y_n\}\leqslant\sup\{x_n\}+\inf\{y_n\}$$

令$k\to\infty$，对式($*$)取极限，即得

$$\varliminf_{n\to\infty} x_n+\varliminf_{n\to\infty} y_n\leqslant\varliminf_{n\to\infty}(x_n+y_n)\leqslant\begin{cases}\varliminf\limits_{n\to\infty} x_n+\varlimsup\limits_{n\to\infty} y_n\\ \varlimsup\limits_{n\to\infty} x_n+\varliminf\limits_{n\to\infty} y_n\end{cases}$$

(2) 类似(1) 有

$$\sup_{n\geqslant k}\{x_n+y_n\}\leqslant\sup_{n\geqslant k}\{x_n\}+\sup_{n\geqslant k}\{y_n\} \qquad (**)$$

令 $k\to\infty$,对式(* *)取极限,即得

$$\varlimsup_{n\to\infty}(x_n+y_n)\leqslant\varlimsup_{n\to\infty}x_n+\varlimsup_{n\to\infty}y_n$$

(3) 因为

$$\begin{aligned}\varlimsup_{n\to\infty}y_n=&\varlimsup_{n\to\infty}[(x_n+y_n)+(-x_n)]\leqslant\\&\varlimsup_{n\to\infty}(x_n+y_n)+\varlimsup_{n\to\infty}(-x_n)=\\&\varlimsup_{n\to\infty}(x_n+y_n)-\varliminf_{n\to\infty}x_n \quad (\text{题 4 中(1)})\end{aligned}$$

所以

$$\varliminf_{n\to\infty}x_n+\varlimsup_{n\to\infty}y_n\leqslant\varlimsup_{n\to\infty}(x_n+y_n)$$

同理可得

$$\varlimsup_{n\to\infty}x_n+\varliminf_{n\to\infty}y_n\leqslant\varlimsup_{n\to\infty}(x_n+y_n)$$

综合(1),(2),(3) 得证.

6 若数列$\{x_n\}$对任何数列$\{y_n\}$均有

$$\varlimsup_{n\to\infty}(x_n+y_n)=\varlimsup_{n\to\infty}x_n+\varlimsup_{n\to\infty}y_n$$

则$\{x_n\}$是收敛的.

证 因为$\varlimsup\limits_{n\to\infty}(x_n+y_n)=\varlimsup\limits_{n\to\infty}x_n+\varlimsup\limits_{n\to\infty}y_n$对任何的数列$\{y_n\}$成立,特别地,令 $y_n=-x_n$,则有

$$\begin{aligned}0=&\varlimsup_{n\to\infty}(x_n+y_n)=\varlimsup_{n\to\infty}x_n+\varlimsup_{n\to\infty}(-x_n)=\\&\varlimsup_{n\to\infty}x_n-\varliminf_{n\to\infty}x_n\end{aligned}$$

所以

$$\varliminf_{n\to\infty}x_n=\varlimsup_{n\to\infty}x_n$$

由题 3 知$\{x_n\}$收敛.

7 设 $x_n>0(n=1,2,\cdots)$ 证明

$$\varliminf_{n\to\infty}\frac{x_{n+1}}{x_n}\leqslant\varliminf_{n\to\infty}\sqrt[n]{x_n}\leqslant\varlimsup_{n\to\infty}\sqrt[n]{x_n}\leqslant\varlimsup_{n\to\infty}\frac{x_{n+1}}{x_n}$$

证 令$\varliminf\limits_{n\to\infty}\dfrac{x_{n+1}}{x_n}=a$,则对任给$\varepsilon>0$,存在$N$,当$n\geqslant N$时,有$\dfrac{x_{n+1}}{x_n}>a-\varepsilon$,

即

$$\frac{x_{N+1}}{x_N} > a-\varepsilon, \frac{x_{N+2}}{x_{N+1}} > a-\varepsilon, \frac{x_{N+3}}{x_{N+2}} > a-\varepsilon, \cdots, \frac{x_{N+k}}{x_{N+k-1}} > a-\varepsilon$$

于是

$$\frac{x_{N+k}}{x_N} > (a-\varepsilon)^k, x_{N+k} > x_N(a-\varepsilon)^k$$

故

$$\sqrt[N+k]{x_{N+k}} > \sqrt[N+k]{x_N} \cdot \sqrt[N+k]{(a-\varepsilon)^k}$$

令 $k\to\infty$,上式两边取极限,并注意到$\lim\limits_{k\to\infty}\sqrt[N+k]{x_N}=1$,而

$$\lim_{k\to\infty}\sqrt[N+k]{(a-\varepsilon)^k}=\lim_{k\to\infty}(a-\varepsilon)\sqrt[N+k]{\frac{1}{(a-\varepsilon)^N}}=a-\varepsilon$$

所以$\varliminf\limits_{k\to\infty}\sqrt[N+k]{x_{N+k}}\geqslant a-\varepsilon$,$\varepsilon$ 是任意的.故

$$\varliminf_{n\to\infty}\sqrt[n]{x_n}\geqslant a$$

即

$$\varliminf_{n\to\infty}\frac{x_{n+1}}{x_n}\leqslant\varliminf_{n\to\infty}\sqrt[n]{x_n}$$

同理,令

$$\varlimsup_{n\to\infty}\frac{x_{n+1}}{x_n}=A$$

有

$$\varlimsup_{n\to\infty}\sqrt[n]{x_n}\leqslant A$$

于是

$$\varlimsup_{n\to\infty}\sqrt[n]{x_n}\leqslant\varlimsup_{n\to\infty}\frac{x_{n+1}}{x_n}$$

而

$$\varliminf_{n\to\infty}\sqrt[n]{x_n}\leqslant\varlimsup_{n\to\infty}\sqrt[n]{x_n}$$

故

$$\varliminf_{n\to\infty}\frac{x_{n+1}}{x_n}\leqslant\varliminf_{n\to\infty}\sqrt[n]{x_n}\leqslant\varlimsup_{n\to\infty}\sqrt[n]{x_n}\leqslant\varlimsup_{n\to\infty}\frac{x_{n+1}}{x_n}$$

若 $a=-\infty$,$A=+\infty$ 结论显然成立.

注 题 5 与题 7 在讨论上、下极限时经常用到.

8 试计算和

$$S_1=1+a\cos x+a^2\cos 2x+\cdots+a^n\cos nx$$

$$S_2 = a\sin x + a^2\sin 2x + \cdots + a^n\sin nx$$

解　考虑几何级数

$$1 + az + a^2z^2 + \cdots + a^nz^n = \frac{a^{n+1}z^{n+1} - 1}{az - 1}$$

若设 $z = \cos x + \mathrm{i}\sin x$,则上式取形式

$$S_1 + \mathrm{i}S_2 = \frac{a^{n+1}z^{n+1} - 1}{az - 1}$$

计算该式的右端

$$\frac{a^{n+1}z^{n+1} - 1}{az - 1} = \frac{a^{n+1}\cos(n+1)x - 1 + \mathrm{i}a^{n+1}\sin(n+1)x}{a\cos x - 1 + \mathrm{i}a\sin x} =$$

$$\frac{[a^{n+1}\cos(n+1)x - 1 + \mathrm{i}a^{n+1}\sin(n+1)x](a\cos x - 1 - \mathrm{i}a\sin x)}{a^2 - 2a\cos x + 1}$$

分出实虚部分,于是便得

$$S_1 = \frac{a^{n+2}\cos nx - a^{n+1}\cos(n+1)x - a\cos x + 1}{a^2 - 2a\cos x + 1}$$

$$S_2 = \frac{a^{n+2}\sin nx - a^{n+1}\sin(n+1)x + a\sin x}{a^2 - 2a\cos x + 1}$$

注　若 $|a| < 1$,则我们有

$$\sum_{n=0}^{\infty} a^n\cos nx = \frac{1 - a\cos x}{a^2 - 2a\cos x + 1}$$

$$\sum_{n=1}^{\infty} a^n\sin nx = \frac{a\sin x}{a^2 - 2a\cos x + 1}$$

9 试计算和

$$S_1 = \cos x + 2\cos 2x + \cdots + n\cos nx$$

$$S_2 = \sin x + 2\sin 2x + \cdots + n\sin nx$$

解　考虑和

$$z + 2z^2 + 3z^3 + \cdots + nz^n = \frac{nz^{n+1}}{z-1} - \frac{z^{n+1} - z}{(z-1)^2}$$

令 $z = \cos x + \mathrm{i}\sin x$,则有 $z^k = \cos kx + \mathrm{i}\sin kx$.因而

$$S_1 + \mathrm{i}S_2 = \frac{nz^{n+1}}{z-1} - \frac{z^{n+1} - z}{(z-1)^2}$$

由于

$$z - 1 = \cos x - 1 + \mathrm{i}\sin x =$$

$$-2\sin\frac{x}{2}\left(\sin\frac{x}{2} - \mathrm{i}\cos\frac{x}{2}\right)$$

$$\frac{nz^{n+1}}{z-1}=\frac{n[\cos(n+1)x+\mathrm{i}\sin(n+1)x]}{-2\sin\frac{x}{2}\left(\sin\frac{x}{2}-\mathrm{i}\cos\frac{x}{2}\right)}=$$

$$\frac{n}{2\sin\frac{x}{2}}\left[\sin\left(n+\frac{1}{2}\right)x-\mathrm{i}\cos\left(n+\frac{1}{2}\right)x\right]$$

$$z(z^n-1)=-2\sin\frac{nx}{2}(\cos x+\mathrm{i}\sin x)\left(\sin\frac{nx}{2}-\mathrm{i}\cos\frac{nx}{2}\right)$$

$$(z-1)^2=\left[-2\sin\frac{x}{2}\left(\sin\frac{x}{2}-\mathrm{i}\cos\frac{x}{2}\right)\right]^2=$$

$$-4\sin^2\frac{x}{2}(\cos x+\mathrm{i}\sin x)$$

$$\frac{z^{n+1}-z}{(z-1)^2}=\frac{\sin\frac{nx}{2}\left(\cos\frac{nx}{2}-\mathrm{i}\sin\frac{nx}{2}\right)}{2\sin^2\frac{x}{2}}=$$

$$\frac{2\sin^2\frac{nx}{2}-\mathrm{i}\sin nx}{4\sin\frac{x}{2}}$$

于是

$$S_1+\mathrm{i}S_2=\frac{n\sin\left(n+\frac{1}{2}\right)x}{2\sin\frac{x}{2}}-\frac{\sin^2\frac{nx}{2}}{2\sin^2\frac{x}{2}}+$$

$$\mathrm{i}\left(\frac{\sin nx}{4\sin^2\frac{x}{2}}-\frac{\cos\left(n+\frac{1}{2}\right)x}{2\sin\frac{x}{2}}\right)$$

由此即可得出 S_1 和 S_2 的表达式.

10 试计算和

$$A_1=\cos x+C_n^1\cos 2x+C_n^2\cos 3x+\cdots+C_n^n\cos(n+1)x$$

$$A_2=\sin x+C_n^1\sin 2x+C_n^2\sin 3x+\cdots+C_n^n\sin(n+1)x$$

解 由于

$$z+C_n^1z^2+C_n^2z^3+\cdots+C_n^nz^{n+1}=z(1+z)^n$$

令 $z=\cos x+\mathrm{i}\sin x$,则得

$$A_1+\mathrm{i}A_2=(\cos x+\mathrm{i}\sin x)(\cos x+1+\mathrm{i}\sin x)^n$$

但

$$[(\cos x+1)+\mathrm{i}\sin x]^n=2^n\cos^n\frac{x}{2}\left[\cos\frac{nx}{2}+\mathrm{i}\sin\frac{nx}{2}\right]$$

因而

$$A_1+\mathrm{i}A_2=2^n\cos^n\frac{x}{2}\left[\cos\frac{n+2}{2}x+\mathrm{i}\sin\frac{n+2}{2}x\right]$$

由此

$$A_1=2^n\cos^n\frac{x}{2}\cos\frac{n+2}{2}x$$

$$A_2=2^n\cos^n\frac{x}{2}\sin\frac{n+2}{2}x$$

11 计算成算术级数的弧的正弦与余弦的和

$$I_1=\cos a+\cos(a+h)+\cdots+\cos(a+nh)$$

$$I_2=\sin a+\sin(a+h)+\cdots+\sin(a+nh)$$

解 令 $z=\cos h+\mathrm{i}\sin h$，则有

$$(\cos a+\mathrm{i}\sin a)z^k=(\cos a+\mathrm{i}\sin a)(\cos kh+\mathrm{i}\sin kh)=\cos(a+kh)+\mathrm{i}\sin(a+kh)$$

从而有

$$I_1+\mathrm{i}I_2=(\cos a+\mathrm{i}\sin a)(1+z+\cdots+z^n)=(\cos a+\mathrm{i}\sin a)\frac{z^{n+1}-1}{z-1}$$

但是

$$\frac{z^{n+1}-1}{z-1}=\frac{\cos(n+1)h-1+\mathrm{i}\sin(n+1)h}{\cos h-1+\mathrm{i}\sin h}=$$

$$\frac{\sin\frac{n+1}{2}h}{\sin\frac{h}{2}}\cdot\frac{-\sin\frac{n+1}{2}h+\mathrm{i}\cos\frac{n+1}{2}h}{-\sin\frac{h}{2}+\mathrm{i}\cos\frac{h}{2}}=$$

$$\frac{\sin\frac{n+1}{2}h}{\sin\frac{h}{2}}\left(\cos\frac{n}{2}h+\mathrm{i}\sin\frac{n}{2}h\right)$$

因此

$$I_1+\mathrm{i}I_2=\frac{\sin\frac{n+1}{2}h}{\sin\frac{h}{2}}\cos\left(a+\frac{n}{2}h\right)+$$

$$\mathrm{i}\frac{\sin\frac{n+1}{2}h}{\sin\frac{h}{2}}\sin\left(a+\frac{n}{2}h\right)$$

于是得

$$I_1=\frac{\sin\frac{n+1}{2}h}{\sin\frac{h}{2}}\cos\left(a+\frac{n}{2}h\right)$$

$$I_2=\frac{\sin\frac{n+1}{2}h}{\sin\frac{h}{2}}\sin\left(a+\frac{n}{2}h\right)$$

12 确定下列级数的敛散性:

(1) $\sum\limits_{n=1}^{\infty}\left(\frac{1}{n}+\frac{\mathrm{i}}{2^n}\right)$;

(2) $\sum\limits_{n=1}^{\infty}\frac{(\mathrm{i})^n}{n}$.

解 (1) $\sum\limits_{n=1}^{\infty}\left(\frac{1}{n}+\frac{\mathrm{i}}{2^n}\right)=\sum\limits_{n=1}^{\infty}\frac{1}{n}+\mathrm{i}\sum\limits_{n=1}^{\infty}\frac{1}{2^n}$. 因 $\sum\limits_{n=1}^{\infty}\frac{1}{n}$ 发散,故已知级数发散.

(2) $\sum\limits_{n=1}^{\infty}\frac{(\mathrm{i})^n}{n}=-\left(\frac{1}{2}-\frac{1}{4}+\frac{1}{6}-\frac{1}{8}+\cdots\right)+\mathrm{i}\left(1-\frac{1}{3}+\frac{1}{5}-\frac{1}{7}+\cdots\right)$,实、虚部分级数收敛,故级数收敛.

13 讨论下列级数是收敛还是发散:

(1) $\sum\limits_{n=1}^{\infty}\frac{1}{(1+\mathrm{i})^{2n}}$;

(2) $\sum\limits_{n=1}^{\infty}\frac{1}{a+nb}$($a$ 与 b 不同时为零);

(3) $\sum\limits_{n=1}^{\infty}\left(\frac{a}{n}-\frac{b}{n+1}\right)$;

(4) $\sum\limits_{n=1}^{\infty}\frac{1}{n}\mathrm{e}^{\frac{\pi\mathrm{i}}{n}}$.

解 (1) $\sum_{n=1}^{\infty}\frac{1}{(1+\mathrm{i})^{2n}}=\sum_{n=1}^{\infty}\frac{1}{(2\mathrm{i})^{n}}=\frac{2\mathrm{i}}{1-2\mathrm{i}}=\frac{2}{5}(\mathrm{i}-2)$,即级数收敛且其和为$\frac{2}{5}(\mathrm{i}-2)$.

(2) 若 $b=0$(此时 $a\neq 0$),则级数 $\sum_{n=1}^{\infty}\frac{1}{a+nb}$ 的部分和 $s_n=\frac{1}{a}n\to\infty(n\to\infty)$,所以级数发散.

若 $a=0$(此时 $b\neq 0$),则 $\sum_{n=1}^{\infty}\frac{1}{a+nb}=\frac{1}{b}\sum_{n=1}^{\infty}\frac{1}{n}$ 亦发散.

若 a 与 b 均不为零,则 $\sum_{n=1}^{\infty}\frac{1}{a+nb}=\frac{1}{b}\sum_{n=1}^{\infty}\frac{1}{n+\alpha}$,其中 $\alpha=\frac{a}{b}$,令 $\alpha=x+\mathrm{i}y$,有

$$\frac{1}{n+\alpha}=\frac{1}{(n+x)+\mathrm{i}y}=\frac{n+x}{(n+x)^2+y^2}-\mathrm{i}\frac{y}{(n+x)^2+y^2}$$

因为当 $n>(|x|+|y|)$ 时,$|n+x|\geqslant n-|x|>|y|$,所以

$$(n+x)^2>y^2$$

于是

$$(n+x)^2+y^2<2(n+x)^2$$

故

$$\frac{n+x}{(n+x)^2+y^2}>\frac{n+x}{2(n+x)^2}=\frac{1}{2(n+x)}>0$$

而 $\sum_{n=1}^{\infty}\frac{1}{n+x}$ 发散,所以

$$\sum_{n=1}^{\infty}\mathrm{Re}\left(\frac{1}{n+\alpha}\right)=\sum_{n=1}^{\infty}\frac{n+x}{(n+x)^2+y^2}$$

发散,从而原级数发散.

(3) 令

$$c_n=\frac{a}{n}-\frac{b}{n+1}=\left(\frac{a}{n}-\frac{a}{n+1}\right)+\left(\frac{a}{n+1}-\frac{b}{n+1}\right)=a_n+b_n$$

而

$$\sum_{k=1}^{n}a_k=\sum_{k=1}^{n}\left(\frac{a}{k}-\frac{a}{k+1}\right)=\left(a-\frac{a}{n+1}\right)\to a\quad(n\to\infty)$$

故级数 $\sum_{n=1}^{\infty}c_n$ 与 $\sum_{n=1}^{\infty}b_n$ 同时收敛或同时发散.

当 $a=b$ 时,级数 $\sum_{n=1}^{\infty}c_n=\sum_{n=1}^{\infty}a_n$ 收敛.

当 $a \neq b$ 时,由 $\sum_{n=1}^{\infty} b_n = (a-b)\sum_{n=1}^{\infty} \frac{1}{n+1}$ 发散知,$\sum_{n=1}^{\infty} c_n$ 发散.

(4) 因为 $c_n = \frac{1}{n}e^{\frac{\pi i}{n}} = \frac{1}{n}\left(\cos\frac{\pi}{n} + i\sin\frac{\pi}{n}\right)$,而

$$\lim_{n\to\infty} \cos\frac{\pi}{n} = 1 > \frac{1}{2}$$

由保号性知 $\cos\frac{\pi}{n} > \frac{1}{2}(n > N)$,故当 $n > N$ 时,$\frac{1}{n}\cos\frac{\pi}{n} > \frac{1}{2n}$.

而 $\sum_{n=1}^{\infty} \frac{1}{2n}$ 发散,所以 $\sum_{n=1}^{\infty} \frac{1}{n}\cos\frac{\pi}{n}$ 发散,故级数 $\sum_{n=1}^{\infty} \frac{1}{n}e^{\frac{\pi i}{n}}$ 发散.

注 以上每一个小题都说明一种方法.

14 若级数 $\sum_{n=1}^{\infty} c_n$ 与 $\sum_{n=1}^{\infty} c_n^2$ 收敛,且 $\mathrm{Re}\, c_n \geqslant 0$,则级数 $\sum_{n=1}^{\infty} |c_n|^2$ 也收敛.

证法 1 令

$$c_n = a_n + ib_n$$

则

$$c_n^2 = a_n^2 - b_n^2 + 2ia_nb_n$$

因 $\sum_{n=1}^{\infty} c_n$ 与 $\sum_{n=1}^{\infty} c_n^2$ 收敛,故 $\sum_{n=1}^{\infty} a_n$ 与 $\sum_{n=1}^{\infty} (a_n^2 - b_n^2)$ 也收敛. 由于 $a_n = \mathrm{Re}\, c_n \geqslant 0$,而 $\lim_{n\to\infty} a_n = 0$,故存在 N,当 $n > N$ 时,有

$$0 \leqslant a_n < 1$$

所以

$$a_n^2 < a_n \quad (n > N)$$

故 $\sum_{n=1}^{\infty} a_n^2$ 收敛,从而 $\sum_{n=1}^{\infty} b_n^2$ 也收敛. 于是

$$\sum_{n=1}^{\infty} |c_n|^2 = \sum_{n=1}^{\infty} (a_n^2 + b_n^2)$$

收敛.

证法 2 因为 $a_n \geqslant 0$,而

$$\sum_{k=1}^{n} a_k^2 \leqslant \left(\sum_{k=1}^{n} a_k\right)^2 \leqslant \left(\sum_{n=1}^{\infty} a_k\right)^2 = S^2$$

所以 $\sum_{n=1}^{\infty} a_n^2$ 收敛(正项级数部分和有界),故

$$\sum_{n=1}^{\infty} |c_n|^2 = \sum_{n=1}^{\infty} (a_n^2 + b_n^2) = \sum_{n=1}^{\infty} 2a_n^2 - \sum_{n=1}^{\infty} (a_n^2 - b_n^2)$$

收敛.

15 证明：级数 $\sum_{n=1}^{\infty} c_n$ 当 $\overline{\lim_{n\to\infty}} \sqrt[n]{|c_n|} = r < 1$ 时为绝对收敛；当 $r > 1$ 时，级数发散.（柯西(Cauchy) 判别法）

证法 1 因为 $\overline{\lim_{n\to\infty}} \sqrt[n]{|c_n|} = r < 1$，取 $0 < \varepsilon < \frac{1-r}{2}$，则有

$$r + \varepsilon < 1 - \varepsilon$$

所以存在 N，当 $n > N$ 时，$\sqrt[n]{|c_n|} < r + \varepsilon < 1 - \varepsilon$，即

$$|c_n| < (1-\varepsilon)^n$$

于是，当 $n > N, p \geqslant 0$ 时，有

$$\sum_{k=n}^{n+p} |c_k| < \sum_{k=n}^{n+p} (1-\varepsilon)^k < \frac{(1-\varepsilon)^n}{\varepsilon}$$

由于 $0 < 1 - \varepsilon < 1$，所以

$$\lim_{n\to\infty} \frac{(1-\varepsilon)^n}{\varepsilon} = 0$$

故 $\sum_{n=1}^{\infty} |c_n|$ 收敛.

若 $\overline{\lim_{n\to\infty}} \sqrt[n]{|c_n|} = r > 1$，令 $\varepsilon < r - 1$，则 $\sqrt[n]{|c_n|} > r - \varepsilon > 1$ 对无穷多个 n 成立.

于是 $\lim_{n\to\infty} |c_n| \neq 0$，即 $\lim_{n\to\infty} c_n \neq 0$，所以 $\sum_{n=1}^{\infty} c_n$ 发散.

证法 2 这里只考虑 $r < 1$ 的情形，由证法 1 知

$$|c_n| < (1-\varepsilon)^n \quad (n > N)$$

而几何级数 $\sum_{n=1}^{\infty} (1-\varepsilon)^n$ 收敛（因为 $0 < 1 - \varepsilon < 1$），所以 $\sum_{n=1}^{\infty} |c_n|$ 收敛.

16 证明下列级数是绝对收敛的：

(1) $\sum_{n=1}^{\infty} \frac{n}{3^n} \sin ni$;

(2) $\sum_{n=1}^{\infty} \frac{(1-n)^n}{n^{n+2}} e^{in\varphi}$（$\varphi$ 为实数）.

证 (1) 因为 $|c_n|=\left|\frac{n}{3^n}\sin ni\right|=\left|\frac{n\mathrm{i}\sin n}{3^n}\right|=\frac{1}{2}\cdot\frac{n(\mathrm{e}^n-\mathrm{e}^{-n})}{3^n}$,而

$$\left|\frac{c_{n+1}}{c_n}\right|=\left|\frac{(n+1)(\mathrm{e}^{n+1}-\mathrm{e}^{-(n+1)})}{3^{n+1}}\cdot\frac{3^n}{n(\mathrm{e}^n-\mathrm{e}^{-n})}\right|\to\frac{\mathrm{e}}{3}<1\quad(n\to\infty)$$

所以 $\sum\limits_{n=1}^{\infty}\frac{n}{3^n}\sin ni$ 绝对收敛.

(2) 因为 $\sum\limits_{n=1}^{\infty}\frac{(1-n)^n}{n^{n+2}}\mathrm{e}^{\mathrm{i}n\varphi}=\sum\limits_{n=1}^{\infty}(-1)^n\frac{1}{n^2}\left(1-\frac{1}{n}\right)^n\mathrm{e}^{\mathrm{i}n\varphi}$,而

$$\left|(-1)^n\frac{1}{n^2}\left(1-\frac{1}{n}\right)^n\mathrm{e}^{\mathrm{i}n\varphi}\right|=\frac{1}{n^2}\left(1-\frac{1}{n}\right)^n$$

又

$$\lim_{n\to\infty}\frac{\frac{1}{n^2}\left(1-\frac{1}{n}\right)^n}{\frac{1}{n^2}}=\lim_{k\to\infty}\left(1-\frac{1}{n}\right)^n=\lim_{k\to\infty}\left(1+\frac{1}{k}\right)^{-k}=\frac{1}{\mathrm{e}}$$

但 $\sum\limits_{n=1}^{\infty}\frac{1}{n^2}$ 收敛,故正项级数 $\sum\limits_{n=1}^{\infty}\frac{1}{n^2}\left(1-\frac{1}{n}\right)^n$ 收敛,即级数 $\sum\limits_{n=1}^{\infty}\frac{(1-n)^n}{n^{n+2}}\mathrm{e}^{\mathrm{i}n\varphi}$ 绝对收敛(φ 为实数).

17 讨论下面两个级数的收敛性:

(1) $\sum\limits_{n=1}^{\infty}\frac{1}{1+a^n}$;

(2) $\sum\limits_{n=1}^{\infty}\frac{1}{n}\mathrm{e}^{\mathrm{i}n\varphi}$($\varphi$ 为实数).

解 (1) 令 $c_n=\frac{1}{1+a^n}$,若 $|a|>1$,则

$$\left|\frac{c_{n+1}}{c_n}\right|=\left|\frac{1+a^n}{1+a^{n+1}}\right|\to\frac{1}{|a|}\quad(n\to\infty)$$

所以此时级数绝对收敛.

若 $|a|\leqslant 1$,倘若 a 是 -1 的正整数次方根,则级数的那一项无意义,即可去掉那一项.

由于 $\left|\frac{1}{1+a^n}\right|\geqslant\frac{1}{1+|a|^n}\geqslant\frac{1}{2}$,即一般项不趋于零,所以原级数发散.

(2) 当 $\varphi=2k\pi(k=0,\pm1,\pm2,\cdots)$ 时,$c_n=\frac{1}{n}\mathrm{e}^{\mathrm{i}n\varphi}=\frac{1}{n}$,故原级数发散.

当 $\varphi\neq 2k\pi$ 时

$$\sum_{n=1}^{\infty}\frac{1}{n}\mathrm{e}^{\mathrm{i}n\varphi}=\sum_{n=1}^{\infty}\frac{1}{n}\cos n\varphi+\mathrm{i}\sum_{n=1}^{\infty}\frac{1}{n}\sin n\varphi$$

因为

$$\left|\sum_{k=1}^{n}\cos k\varphi\right|=\left|\frac{\sin\left(n+\frac{1}{2}\right)\varphi-\sin\frac{1}{2}\varphi}{2\sin\frac{1}{2}\varphi}\right|\leqslant\frac{1}{\left|\sin\frac{1}{2}\varphi\right|}$$

$$\left|\sum_{k=1}^{n}\sin k\varphi\right|=\left|\frac{\cos\frac{1}{2}\varphi-\cos\left(n+\frac{1}{2}\right)\varphi}{2\sin\frac{1}{2}\varphi}\right|\leqslant\frac{1}{\left|\sin\frac{1}{2}\varphi\right|}$$

又$\left\{\frac{1}{n}\right\}\downarrow$,由狄利克雷(Dirichlet)判别法知

$$\sum_{n=1}^{\infty}\frac{1}{n}\cos n\varphi\text{ 与}\sum_{n=1}^{\infty}\frac{1}{n}\sin n\varphi$$

均收敛.所以,级数$\sum_{n=1}^{\infty}\frac{1}{n}\mathrm{e}^{\mathrm{i}n\varphi}$收敛($\varphi\neq 2k\pi$).

18 证明:级数$\sum_{n=1}^{\infty}(-1)^{n-1}\frac{1}{\mathrm{i}+n-1}$收敛,但不绝对收敛.

证 因为$c_n-(-1)^{n-1}\frac{1}{\mathrm{i}+n-1}=(-1)^{n-1}\frac{(n-1)-\mathrm{i}}{(n-1)^2+1}$,所以

$$\sum_{n=1}^{\infty}(-1)^{n-1}\frac{1}{\mathrm{i}+n-1}=\sum_{n=1}^{\infty}(-1)^{n-1}\frac{n-1}{(n-1)^2+1}-\mathrm{i}\sum_{n=1}^{\infty}(-1)^{n-1}\frac{1}{(n-1)^2+1}$$

交错级数$\sum_{n=1}^{\infty}(-1)^{n-1}\frac{n-1}{(n-1)^2+1}$的一般项的绝对值单减而趋于零,所以收敛.

而级数$\sum_{n=1}^{\infty}(-1)^{n-1}\frac{1}{(n-1)^2+1}$显然是绝对收敛的,所以原级数收敛.

但

$$\left|\frac{n-1}{(n-1)^2+1}(-1)^{n-1}\right|=\frac{n-1}{n^2-2n+2}>\frac{1}{n}\quad(n>3)$$

故

$$\left|\frac{1}{\mathrm{i}+n-1}\right|\geqslant\frac{n-1}{n^2-2n+2}>\frac{1}{n}$$

而级数$\sum_{n=1}^{\infty}\frac{1}{n}$发散,所以,原级数不绝对收敛.

19 若级数$\sum_{n=1}^{\infty}c_n$收敛,且$|\arg c_n|\leqslant\alpha<\frac{\pi}{2}$,则级数$\sum_{n=1}^{\infty}c_n$绝对收敛.

证法1 因为

$$c_n=|c_n|(\cos\varphi_n+\mathrm{i}\sin\varphi_n)$$

$$|\varphi_n|\leqslant\alpha<\frac{\pi}{2}$$

而级数$\sum_{n=1}^{\infty}c_n$收敛,所以级数$\sum_{n=1}^{\infty}|c_n|\cos\varphi_n$与$\sum_{n=1}^{\infty}|c_n|\sin\varphi_n$均收敛.

但因$|\varphi_n|\leqslant\alpha<\frac{\pi}{2}$,所以$0<\cos\alpha\leqslant\cos\varphi_n$,于是

$$|c_n|\cos\alpha\leqslant|c_n|\cos\varphi_n$$

故$\sum_{n=1}^{\infty}|c_n|\cos\alpha=\cos\alpha\sum_{n=1}^{\infty}|c_n|$收敛,即$\sum_{n=1}^{\infty}|c_n|$收敛.

证法2 令$c_n=a_n+\mathrm{i}b_n$,因为

$$|\arg c_n|\leqslant\alpha<\frac{\pi}{2}$$

所以

$$a_n\geqslant 0$$

又$\sum_{n=1}^{\infty}c_n$收敛,所以$\sum_{n=1}^{\infty}a_n$收敛($a_n\geqslant 0$).而

$$|\arg c_n|=\left|\arctan\frac{b_n}{a_n}\right|\leqslant\alpha<\frac{\pi}{2}$$

于是有$\frac{|b_n|}{a_n}\leqslant\tan\alpha$,故$|b_n|=a_n\tan\alpha$.

因为$\sum_{n=1}^{\infty}a_n\tan\alpha=\tan\alpha\sum_{n=1}^{\infty}a_n$收敛,所以$\sum_{n=1}^{\infty}|b_n|$收敛.由于$|c_n|\leqslant a_n+|b_n|$,故$\sum_{n=1}^{\infty}|c_n|$收敛.

20 熟知,若$r_1>r_2>r_3\cdots\to 0$,则

$$\left|\sum_{t=n+1}^{\infty}(-1)^t r_t\right|\leqslant r_n$$

证明如下的推广，当 $\theta=\pi$ 时就简化为上面情形

$$\left|\sum_{t=n+1}^{\infty} r_t e^{it\theta}\right| \leqslant r_n/\sin\frac{\theta}{2} \quad (0<\theta<2\pi)$$

证 若 $0<\theta<2\pi$，且 $q\geqslant 1$，则

$$\left|\sum_{t=n+1}^{n+q} e^{i\theta}\right| = \left| e^{i(n+1)\theta}(1-e^{iq\theta})/(1-e^{i\theta}) \right| \leqslant$$

$$2/\left|1-e^{i\theta}\right| = 1/\sin\frac{\theta}{2}$$

因此，由阿贝尔(Abel)不等式

$$\left|\sum_{t=n+1}^{\infty} r_t e^{it\theta}\right| \leqslant r_{n+1}/\sin\frac{\theta}{2} < r_n \sin\frac{\theta}{2}$$

令 $q\to\infty$ 即得希望的结果.

注 阿贝尔不等式是说：若 $\{u_n\}$ 是任一复数列，且若 $\{v_n\}$ 是一个正单调减少实数列，则

$$\left|\sum_{n=1}^{p} u_n v_n\right| < Bv_1$$

此处 B 为 $|u_1|, |u_1+u_2|, \cdots, |u_1+\cdots+u_p|$ 的上界.

事实上，设 $s_n=u_1+u_2+\cdots+u_n$. 则

$$u_1=s_1, u_2=s_2-s_1, \cdots, u_p=s_p-s_{p-1}$$

故

$$\sum_{n=1}^{p} u_n v_n = s_1 v_1 + (s_2-s_1)v_2 + \cdots + (s_p-s_{p-1})v_p =$$

$$s_1(v_1-v_2) + s_2(v_2-v_3) + \cdots + s_{p-1}(v_{p-1}-v_p) + s_p u_p$$

由所设，则

$$\left|\sum_{n=1}^{p} u_n v_n\right| \leqslant |s_1|(v_1-v_2) + |s_2|(v_2-v_3) + \cdots +$$

$$|s_p| v_p < B[(v_1-v_2)+(v_2-v_3)+\cdots+(v_{p-1}-v_p)+v_p] =$$

$$Bv_1$$

别证：若 $0<\theta<2\pi$，且 $q\geqslant 0$，则

$$\left|\sum_{t=n+1}^{n+q} r_t e^{it\theta}\right| = \left|\sum_{t=n+1}^{n+q} r_t e^{it\theta}(e^{i\theta}-1)\right| / \left|e^{i\theta}-1\right| =$$

$$\left| -r_n e^{i(n+1)\theta} + \sum_{j=n}^{n+q-1}(r_j-r_{j+1})e^{i(j+1)\theta} + r_{n+q}e^{i(n+q+1)\theta} \right| / \left|e^{i\theta}-1\right| \leqslant$$

$$\left(r_n+\sum_{j=n}^{n+q-1}(r_j-r_{j+1})+r_{n+q}\right)\Big/2\sin\frac{\theta}{2}=r_n/\sin\frac{\theta}{2}$$

令 $q\to\infty$ 即得希望结果.

再证:令

$$C=\sum_{t=n+1}^{m}\cos t\theta,S=\sum_{t=n+1}^{m}\sin t\theta$$

则熟知,对 $0<\theta<2\pi$,有

$$C=\cos(m+n+1)\theta/2\sin(m-n)\theta/2\csc(\theta/2)$$

$$S=\sin(m+n+1)\theta/2\sin(m-n)\theta/2\csc(\theta/2)$$

由此得 $(C^2+S^2)^{1/2}\leqslant\csc(\theta/2)$,因此

$$\left|\sum_{t=n+1}^{m}r_t e^{it\theta}\right|=\left|\sum_{t=n+1}^{m}r_t\cos t\theta+i\sum_{t=n+1}^{m}r_t\sin t\theta\right|=$$

$$\left[\left(\sum_{t=n+1}^{m}r_t\cos t\theta\right)^2+\left(\sum_{t=n+1}^{m}r_t\sin t\theta\right)^2\right]^{1/2}<$$

$$r_n(C^2+S^2)^{1/2}\leqslant r_n/\sin\frac{\theta}{2}$$

令 $m\to\infty$ 即得需要的结果.

21 证明

$$\sum_{n=0}^{\infty}[5/(7n+1)(7n+6)+3/(7n+2)(7n+5)-$$

$$1/(7n+3)(7n+4)]=\pi/\sqrt{7}$$

证 所给级数能写为

$$S=\sum_{n=0}^{\infty}[1/(7n+1)+1/(7n+2)-1/(7n+3)+$$

$$1/(7n+4)-1/(7n+5)-1/(7n+6)]$$

已知余切函数的部分分式展开式

$$\pi t\cot\pi t=1+2t^2\sum_{k=1}^{\infty}1/(t^2-k^2)\quad(t\neq k)$$

令 $t=\frac{x}{7}$,则变为

$$\phi(x)=\frac{\pi}{7}\cot\frac{\pi}{7}x=\frac{1}{x}+\sum_{k=1}^{\infty}\left(\frac{1}{x-7k}+\frac{1}{x+7k}\right)$$

则

$$S=\phi(1)+\phi(2)-\phi(3)=\frac{\pi}{\sqrt{7}}$$

22 证明:对 $R=\sqrt[3]{a+\sqrt[3]{a+\cdots}}$ 为有理数的充要条件是 $a=N\cdot(N+1)\cdot(N+2)$ 为三个相邻整数的积(这里 a 为正整数).在此情形下求 R.

证 设 $R_1=\sqrt[3]{a}$,则 $R_n=\sqrt[3]{a+R_{n-1}}$

今因 $R_2>R_1$,且 $R_k^3-R_{k-1}^3=R_{k-1}-R_{k-2}$,因此由归纳法知$\{R_n\}$单减.此外,$R_1<1+\sqrt[3]{a}$,且由 $R_{k-1}<1+\sqrt[3]{a}$ 可得 $R_k^3<a+1+\sqrt[3]{a}<(1+\sqrt[3]{a})^3$.于是由归纳法知,$\{R_n\}$ 有界,所以 $\{R_n\}$ 收敛于一个极限 R.但另一方面却有 $R^3-R-a=0$,若 R 为有理数,且 a 是整数则 R 是整数.故 $a=(R-1)R(R+1)$ 为三个相邻整数之积,因此条件是必要的.它也是充分的,因 $R=N+1$ 满足方程 $R^3-R-N(N+1)(N+2)=0$,且它是根式的值的仅有实根,由 Cardar 公式可得

$$R=\left[\frac{a}{2}+\sqrt{\frac{a^2}{4}-\frac{1}{27}}\right]^{1/3}+\left[\frac{a}{2}-\sqrt{\frac{a^2}{4}-\frac{1}{27}}\right]^{1/3}$$

注 本题可推广如下:对 $R=\sqrt[n]{a+\sqrt[n]{a+\cdots}}$ 为有理数(这里 a 为正整数)的充要条件是 $a=N(N^{n-1}-1)$.

23 假设多项式 $a_0+a_1x+\cdots+a_nx^n$,$a_n\neq 0$,它的所有的零点在 $|x|<1$ 范围内,证明

$$\sum_{k=0}^{n}k\mid a_k\mid^2\Big/\sum_{k=0}^{n}\mid a_k\mid^2>(1/2)n$$

证 设所给多项式为 f,则

$$f(z)=\prod_{k=1}^{n}(z-z_k)\quad(\mid z_k\mid<1)$$

令 $z=re^{i\theta}$,则

$$f\bar{f}=\prod_{k=1}^{n}[r^2+z_k\bar{z}_k-r(e^{i\theta}\bar{z}_k+e^{-i\theta}z_k)]$$

$$\frac{\partial}{\partial r}(f\bar{f})=f\bar{f}\cdot\sum_{k=1}^{n}\frac{2r^2-r(e^{i\theta}\bar{z}_k+e^{-i\theta}z_k)}{r^2+z_k\bar{z}_k-r(e^{i\theta}\bar{z}_k+e^{-i\theta}z_k)}\cdot\frac{1}{r}$$

若 $\mid z_k\mid<r\leqslant 1(k=1,2,\cdots,n)$,则和中每项都大于1,因此$\frac{\partial}{\partial r}(f\bar{f})>n\cdot f\bar{f}$.

今在 $0\leqslant\theta\leqslant 2\pi$ 上积分,且在左边交换积分和微分,因

$$\frac{1}{2\pi}\int_0^{2\pi} f\bar{f}\,\mathrm{d}\theta=\sum_{k=0}^{n} a_k\bar{a}_k r^{2k}$$

得

$$\sum_{k=0}^{n} 2k\cdot a_k\cdot\bar{a}_k\cdot r^{2k-1}>n\cdot\sum_{k=0}^{n} a_k\cdot\bar{a}_k\cdot r^{2k}$$

置 $r=1$ 便完成了证明.

24 证明:$\sum_{m=0}^{\infty}\sum_{n=0}^{\infty}\frac{m!\ n!}{(m+n+2)!}=\frac{\pi^2}{6}$.

证 每项乘以 $(m+n+2)-(n+1)$,并除以 $m+1$,在 n 上的求和能写出一个"套筒"式的级数,且重级数变为

$$\sum_{m=0}^{\infty}\frac{m!}{m+1}\sum_{n=0}^{\infty}\left(\frac{n!}{(m+n+1)!}-\frac{(n+1)!}{(m+n+2)!}\right)=$$

$$\sum_{m=0}^{\infty}\frac{m!}{m+1}\cdot\frac{0!}{(m+1)!}=\sum_{m=0}^{\infty}\frac{1}{(m+1)^2}=\frac{\pi^2}{6}$$

25 设实数列满足下列条件:

(1) $\lim\limits_{n\to\infty}\sqrt{n}b_n=0$;

(2) 级数 $\sum\limits_{n=1}^{\infty}\sqrt{n}(b_n-b_{n+1})$ 收敛;

(3) 数列 $\left\{\frac{s_n}{\sqrt{n}}\right\}$ 有界,其中 $s_n=\sum\limits_{n=1}^{n}a_k$,则级数 $\sum\limits_{n=1}^{\infty}a_nb_n$ 收敛.

证 令 $s_k=\sum\limits_{j=1}^{k}a_j$,则

$$\sum_{k=n+1}^{n+p}a_kb_k=\sum_{k=n+1}^{n+p}(s_k-s_{k-1})b_k=\sum_{k=n+1}^{n+p}s_kb_k-\sum_{k=n+1}^{n+p}s_{k-1}b_k=$$

$$\sum_{k=n+1}^{n+p}s_kb_k-\sum_{k=n}^{n+p-1}s_kb_{k+1}=\sum_{k=n+1}^{n+p-1}s_k(b_k-b_{k+1})-s_nb_{n+1}+s_{n+p}b_{n+p}$$

故有

$$\left|\sum_{k=n+1}^{n+p}a_kb_k\right|\leqslant\left|\sum_{k=n+1}^{n+p-1}s_k(b_k-b_{k+1})\right|+|s_nb_{n+1}|+|s_{n+p}b_{n+p}|=$$

$$\left|\sum_{k=n+1}^{n+p-1}\frac{s_k}{\sqrt{k}}\cdot\sqrt{k}(b_k-b_{k+1})\right|+$$

$$\left|\frac{s_n}{\sqrt{n}}\sqrt{n+p}b_{n+1}\frac{\sqrt{n}}{\sqrt{n+1}}\right|+$$

$$\left|\frac{s_{n+p}}{\sqrt{n+p}}\sqrt{n+p}b_{n+p}\right|$$

因为$\left\{\frac{s_n}{\sqrt{n}}\right\}$有界,$\lim\limits_{n\to\infty}\sqrt{n}b_n=0$,级数$\sum\limits_{n=1}^{\infty}\sqrt{n}(b_n-b_{n+1})$收敛,所以

$$\left|\frac{s_n}{\sqrt{n}}\right|\leqslant M,\ |\sqrt{n}b_n|<\varepsilon\quad(n>N_1)$$

$$\left|\sum_{k=n+1}^{n+p}\sqrt{k}(b_k-b_{k+1})\right|<\varepsilon\quad(n>N_2)$$

又

$$\lim_{n\to\infty}\frac{\sqrt{n}}{\sqrt{n+1}}=1$$

故

$$\frac{\sqrt{n}}{\sqrt{n+1}}<1+\varepsilon\quad(n>N_3)$$

所以当$n>N=\max\{N_1,N_2,N_3\}$时

$$\left|\sum_{k=n+1}^{n+p}a_kb_k\right|\leqslant M\varepsilon+M\varepsilon(1+\varepsilon)+M\varepsilon<M4\varepsilon\quad(n<\varepsilon<1)$$

故级数$\sum\limits_{n=1}^{\infty}a_nb_n$收敛.

26 证明:当$\lim\limits_{n\to\infty}\left|\frac{c_{n+1}}{c_n}\right|=1$时,若

$$\overline{\lim_{n\to\infty}}n\left(\left|\frac{c_{n+1}}{c_n}\right|-1\right)<-1$$

则级数$\sum\limits_{n=1}^{\infty}c_n$绝对收敛(拉阿贝判别法).

证 令

$$\overline{\lim_{n\to\infty}}n\left(\left|\frac{c_{n+1}}{c_n}\right|-1\right)=A<-1$$

$$0<\varepsilon<-1-A=|A+1|$$

则

$$A+\varepsilon<-1$$

于是存在 N_1，当 $n>N_1$ 时，有

$$n\left(\left|\frac{c_{n+1}}{c_n}\right|-1\right)<A+\varepsilon<-1$$

记

$$A+\varepsilon=-r \quad (r>1)$$

则

$$n\left(\left|\frac{c_{n+1}}{c_n}\right|-1\right)<-r<-1 \quad (n>N_1)$$

即

$$\left|\frac{c_{n+1}}{c_n}\right|<1-\frac{r}{n} \quad (n>N_1)$$

下面证明：存在一个数 s，使得

$$1-\frac{r}{n}\leqslant\left(1-\frac{1}{n}\right)^s$$

即 $1-\left(1-\frac{1}{n}\right)^s\leqslant\frac{r}{n}$，亦即 $\dfrac{1-\left(1-\frac{1}{n}\right)^s}{\frac{1}{n}}\leqslant r$.

若有 $\lim\limits_{n\to\infty}\dfrac{1-\left(1-\frac{1}{n}\right)^s}{\frac{1}{n}}<r$，则由保号性知

$$\frac{1-\left(1-\frac{1}{n}\right)^s}{\frac{1}{n}}<r \quad (n>N_2)$$

所以，我们只需证明极限 $\lim\limits_{n\to\infty}\left\{\left[1-\left(1-\frac{1}{n}\right)^s\right]\Big/\frac{1}{n}\right\}$ 存在，且此极限值小于 r. 为此，令 $\frac{1}{n}=x$，把 x 视为连续变量，于是有

$$\lim_{x\to0^+}\frac{1-(1-x)^s}{x}=\lim_{x\to0^+}\frac{-s(1-x)^{s-1}}{1}=-s$$

故只需 $-s<r$，即 $s>-r$.

取 $s>1$（当然满足 $s>-r$，因 $-r<-1$），于是当 $n>N=\max\{N_1,N_2\}$ 时

$$\left|\frac{c_{n+1}}{c_n}\right|<1-\frac{r}{n}<\left(1-\frac{1}{n}\right)^s=\frac{(n-1)^s}{n^s}=\frac{\dfrac{1}{n^s}}{\dfrac{1}{(n-1)^s}}\quad(s>1)$$

但级数$\sum\limits_{n=1}^{\infty}\frac{1}{n^s}(s>1)$收敛，所以级数$\sum\limits_{n=1}^{\infty}|c_n|$收敛. 这是因为当正项级数$\sum\limits_{n=1}^{\infty}a_n$与$\sum\limits_{n=1}^{\infty}b_n$满足条件$\frac{a_{n+1}}{a_n}<\frac{b_{n+1}}{b_n}$时，若级数$\sum\limits_{n=1}^{\infty}b_n$收敛，则$\sum\limits_{n=1}^{\infty}a_n$也收敛. 由下面的不等式知，这个结论是显然的. 由

$$\frac{a_2}{a_1}<\frac{b_2}{b_1},\frac{a_3}{a_2}<\frac{b_3}{b_2},\cdots,\frac{a_n}{a_{n-1}}<\frac{b_n}{b_{n-1}}$$

相乘得$\frac{a_n}{a_1}<\frac{b_n}{b_1}$，即$a_n<\frac{a_1}{b_1}b_n$.

27 $\sum\limits_{n=1}^{\infty}c_n$为收敛之正项级数，$\sum\limits_{n=1}^{\infty}d_n$为发散之正项级数，则$\sum\limits_{n=1}^{\infty}|z_n|$当$\overline{\lim\limits_{n\to\infty}}\frac{|z_n|^2}{c_n^2}<\infty$时为收敛；当$\underline{\lim\limits_{n\to\infty}}\frac{|z_n|^2}{d_n^2}>0$时为发散.

证　因$\overline{\lim\limits_{n\to\infty}}\frac{|z_n|^2}{c_n^2}<\infty$，则当$m$充分大时，存在与$n$无关的定数$G$使

$$0<\frac{|z_n|^2}{c_n^2}<G\quad(n>m)$$

于是$0<|z_n|^2<Gc_n^2$，即$0<|z_n|<\sqrt{G}\cdot c_n$. 然$\sum\limits_{n=1}^{\infty}c_n$为收敛，故$\sum\limits_{n=1}^{\infty}|z_n|$亦收敛.

又因$\underline{\lim\limits_{n\to\infty}}\frac{|z_n|^2}{d_n^2}>0$，故当$m$充分大时，则存在与$n$无关的正数$g$使

$$\frac{|z_n|^2}{d_n^2}>g>0\quad(n>m)$$

即$|z_n|>\sqrt{g}\cdot d_n>0$. 于是，由假设$\sum\limits_{n=1}^{\infty}|z_n|$发散.

28 $\sum\limits_{n=1}^{\infty}d_n$为发散正项级数，且

$$\underline{\lim\limits_{n\to\infty}}\frac{d_{n+1}}{d_n}>0,\overline{\lim\limits_{n\to\infty}}\frac{d_{n+1}^2}{d_n}<\infty$$

则 $\sum_{n=1}^{\infty} |z_n|$ 因

$$\varliminf_{n\to\infty}\left[\frac{1}{d_n}\left|\frac{z_n}{z_{n+1}}\right|^2-\frac{d_n}{d_{n+1}^2}\right]>0$$

而收敛，因

$$\varlimsup_{n\to\infty}\left[\frac{1}{d_n}\left|\frac{z_n}{z_{n+1}}\right|^2-\frac{d_n}{d_{n+1}^2}\right]<0$$

而发散.

证 因 $\varliminf_{n\to\infty}\left[\frac{1}{d_n}\left|\frac{z_n}{z_{n+1}}\right|^2-\frac{d_n}{d_{n+1}^2}\right]>0$，故取 m 充分大时，必存在与 n 无关的正数 ρ，使

$$\frac{1}{d_n}\left|\frac{z_n}{z_{n+1}}\right|^2-\frac{d_n}{d_{n+1}^2}\geqslant\rho>0\quad(n>m)$$

于是
$$\frac{1}{d_n^2}\left|\frac{z_n}{z_{n+1}}\right|^2\geqslant\frac{1}{d_{n+1}^2}+\frac{\rho}{d_n}=\frac{1}{d_{n+1}^2}\left(1+\rho\frac{d_{n+1}^2}{d_n}\right)$$

因 $\delta>0$ 时，$\sqrt{1+\delta}>1+\frac{1}{2}\cdot\frac{\delta}{1+\delta}$. 于是

$$\frac{1}{d_n}\left|\frac{z_n}{z_{n+1}}\right|\geqslant\frac{1}{d_{n+1}}\sqrt{1+\rho\frac{d_{n+1}^2}{d_n}}>$$
$$\frac{1}{d_{n+1}}\left(1+\frac{1}{2}\rho\frac{d_{n+1}^2}{d_n}\cdot\frac{1}{1+\rho\frac{d_{n+1}^2}{d_n}}\right)$$

故
$$\frac{1}{d_n}\left|\frac{z_n}{z_{n+1}}\right|-\frac{1}{d_{n+1}}>\frac{1}{2}\rho\frac{d_{n+1}^2}{d_n}\cdot\frac{1}{1+\rho\frac{d_{n+1}^2}{d_n}}$$

然由假设 $\varliminf_{n\to\infty}\frac{d_{n+1}}{d_n}>0$ 及 $\varlimsup_{n\to\infty}\frac{d_{n+1}^2}{d_n}<\infty$. 故必有

$$\varliminf_{n\to\infty}\left(\frac{1}{d_n}\left|\frac{z_n}{z_{n+1}}\right|-\frac{1}{d_{n+1}}\right)>0$$

于是由正项级数的库默尔(Kummer)之判别法知，$\sum_{n=1}^{\infty}|z_n|$ 为收敛.

又设 $\varlimsup_{n\to\infty}\left[\frac{1}{d_n}\left|\frac{z_n}{z_{n+1}}\right|^2-\frac{d_n}{d_{n+1}^2}\right]<0$，则 m 充分大，必能满足

$$\left[\frac{1}{d_n}\left|\frac{z_n}{z_{n+1}}\right|-\frac{1}{d_{n+1}}\right]\left[\left|\frac{z_n}{z_{n+1}}\right|+\frac{d_n}{d_{n+1}}\right]<0\quad(n>m)$$

然

$$\left|\frac{z_n}{z_{n+1}}\right|+\frac{d_n}{d_{n+1}}>0 \quad (n>m)$$

故必有
$$\frac{1}{d_n}\left|\frac{z_n}{z_{n+1}}\right|-\frac{1}{d_{n+1}}<0 \quad (n>m)$$

于是由库默尔的正项级数的收敛判定法则知，$\sum_{n=1}^{\infty}|z_n|$ 发散.

29 $\sum_{n=1}^{\infty}|z_n|$ 当

$$\lim_{n\to\infty}\left(\left|\frac{z_n}{z_{n+1}}\right|^2-1\right)>0$$

时而收敛. 当

$$\overline{\lim_{n\to\infty}}\left(\left|\frac{z_n}{z_{n+1}}\right|^2-1\right)<0$$

时而发散.

证 于前题令 $d_n=1$ 即得.

30 $\sum_{n=1}^{\infty}|z_n|$ 当 $\lim_{n\to\infty}\left[n\left|\frac{z_n}{z_{n+1}}\right|^2-\frac{(n+1)^2}{n}\right]>0$ 时收敛，当 $\overline{\lim_{n\to\infty}}\left[n\left|\frac{z_n}{z_{n+1}}\right|^2-\frac{(n+1)^2}{n}\right]<0$ 时发散.

证 因 $\sum_{n=1}^{\infty}\frac{1}{n}$ 发散，故于题 28 中令 $d_n=\frac{1}{n}$ 即得.

31 无穷级数 $\sum_{n=1}^{\infty}c_n$ 收敛的充要条件是对任意选取的正整数 p_1，$p_2,\cdots,p_n,\cdots$，都有

$$\lim_{n\to\infty}(c_{n+1}+c_{n+2}+\cdots+c_{n+p_n})=0$$

证 级数 $\sum_{n=1}^{\infty}c_n$ 收敛的充要条件，由柯西准则知，对 $\varepsilon>0$，$\exists N=N(\varepsilon)$，使当 $n>N$ 时，对任何正整数 p_k 都有

$$|c_{n+1}+c_{n+2}+\cdots+c_{n+p_k}|<\varepsilon$$

特别地，对 $k>N$ 也有 $|c_{n+1}+c_{n+2}+\cdots+c_{n+p_n}|<\varepsilon$. 但因

$$\lim_{n\to\infty} z_n = 0 \Leftrightarrow \lim_{n\to\infty} |z| = 0$$

所以
$$\lim_{n\to\infty}(c_{n+1} + c_{n+2} + \cdots + c_{n+p_n}) = 0$$

32（达朗贝尔（D'Alembert）检验法）级数 $\sum_{n=0}^{\infty} z_n$ 当

$$\overline{\lim_{n\to\infty}}\left|\frac{z_{n+1}}{z_n}\right| < 1$$

时绝对收敛，当

$$\underline{\lim_{n\to\infty}}\left|\frac{z_{n+1}}{z_n}\right| > 1$$

时发散.

证 设 $\overline{\lim_{n\to\infty}}\left|\frac{z_{n+1}}{z_n}\right| = l < 1$，则对 $\varepsilon > 0$，有 N，当 $n > N$ 时，$\left|\frac{z_{n+1}}{z_n}\right| < l + \varepsilon$. 可取 $\varepsilon > 0$，甚小使 $0 < l + \varepsilon < 1$. 此时 $|z_{m+2}| < |z_{m+1}|(l+\varepsilon)$，$|z_{m+3}| < |z_{m+2}|(l+\varepsilon) < |z_{m+1}|(l+\varepsilon)^2$，$|z_{m+4}| < |z_{m+3}|(l+\varepsilon) < |z_{m+1}|(l+\varepsilon)^3$，…，故

$$|z_{m+2}| + |z_{m+3}| + \cdots < |z_{m+1}|(l+\varepsilon)[1 + (l+\varepsilon) + (l+\varepsilon) + \cdots]$$

因 $0 < l + \varepsilon < 1$，故右边级数收敛，从而 $\sum_{n=0}^{\infty} |z_n|$ 收敛，于是 $\sum_{n=0}^{\infty} z_n$ 绝对收敛.

又设 $\underline{\lim_{n\to\infty}}\left|\frac{z_{n+1}}{z_n}\right| > 1$，则对无穷多个 n，有

$$\left|\frac{z_{n+1}}{z_n}\right| \geqslant 1 + d \quad (d > 0)$$

即有 N，当 $m > N$ 时

$$|z_{m+2}| \geqslant |z_{m+1}|(1+d)$$
$$|z_{m+3}| \geqslant |z_{m+2}|(1+d) \geqslant |z_{m+1}|(1+d)^2$$
$$\vdots$$
$$|z_{m+k}| \geqslant |z_{m+1}|(1+d)^{k-1}$$

故 $n \to \infty$ 时不能有 $\lim_{n\to\infty} z_n = 0$，从而 $\sum_{n=0}^{\infty} z_n$ 发散.

33 设 $\sum_{n=1}^{\infty} a_n$ 收敛，且 $\sum_{n=1}^{\infty} |v_n - v_{n+1}|$ 亦收敛，则 $\sum_{n=1}^{\infty} a_n v_n$ 收敛（阿贝尔）.

证 设 $U_n = |v_n - v_{n+1}| + |v_{n+1} - v_{n+2}| + |v_{n+2} - v_{n+3}| + \cdots$

则
$$|v_n - v_{n+1}| = U_n - U_{n+1}$$

但
$$v_m - v_n = (v_m - v_{m+1}) + (v_{m+1} - v_{m+2}) + \cdots + (v_{n-1} - v_n)$$

故
$$|v_m - v_n| \leqslant (U_m - U_{m+1}) + (U_{m+1} - U_{m+2}) + \cdots + (U_{n-1} - U_n)$$

即
$$|v_m - v_n| \leqslant U_m - U_n \quad (n \geqslant m)$$

由于 $\sum\limits_{n=1}^{\infty} |v_n - v_{n+1}|$ 收敛，故 $\sum\limits_{n=1}^{\infty} (v_n - v_{n+1})$ 亦收敛. 而 $(v_1 - v_n) + (v_2 - v_3) + \cdots + (v_n - v_{n+1}) = v_1 - v_{n+1}$.

于是 $\lim\limits_{n\to\infty} v_n$ 存在，设为 g. 今设 $G = |g| = \lim\limits_{n\to\infty} |v_n|$，则
$$|v_m| \leqslant |v_n| + |v_m - v_n| \leqslant |v_n| + U_m - U_n$$
因而 $|v_m| \leqslant G + U_m$，于是设 $G + U_n = G_n$，则 $G_n > |v_n|$.

又因 $G_n - G_{n+1} = |v_n - v_{n+1}|$，故 $\{G_n\}$ 为单调减少之正项数列，又设
$$|a_{m+1}|, |a_{m+1} + a_{m+2}|, \cdots, |a_{m+1} + a_{m+2} + \cdots + a_{m+p}|$$
之最大值为 H，则由阿贝尔不等式知
$$|a_{m+1}v_{m+1} + a_{m+2}v_{m+2} + \cdots + a_{m+p}v_{m+p}| < HG_{m+1}$$

然因 $\sum\limits_{n=1}^{\infty} a_n$ 收敛，故取 m 充分大时，H 可小于任何小的正数 ε，于是
$$|a_{m+1}v_{m+1} + a_{m+2}v_{m+2} + \cdots + a_{m+p}v_{m+p}| < \varepsilon G_{m+1} < \varepsilon G_1$$

即 $\sum\limits_{n=1}^{\infty} a_n v_n$ 收敛.

34 设 $\sum\limits_{n=1}^{\infty} a_n$ 为收敛或有限振动的级数，而 $\sum\limits_{n=1}^{\infty} |v_n - v_{n+1}|$ 收敛，且 $\lim\limits_{n\to\infty} v_n = 0$，则 $\sum\limits_{n=1}^{\infty} a_n v_n$ 收敛.

证 承前题，因 $\lim\limits_{n\to\infty} v_n = 0$，即 $G = 0$. 于是，$\lim\limits_{n\to\infty} G_n = \lim\limits_{n\to\infty} U_n = 0$.

又设 $|a_{m+1}|, |a_{m+1} + a_{m+2}|, \cdots, |a_{m+1} + a_{m+2} + \cdots + a_{m+p}|$ 中的最大值为 H，则由阿贝尔不等式
$$|a_{m+1}v_{m+1} + a_{m+2}v_{m+2} + \cdots + a_{m+p}v_{m+p}| < Hv_{m+1}$$

令 $s_n = a_1 + a_2 + \cdots + a_n$. 取 $\rho(\rho \geqslant H)$ 为不小于
$$|s_{m+1} - s_m|, |s_{m+2} - s_m|, \cdots, |s_{m+p} - s_m|$$
中的任一数，故
$$|a_{m+1}v_{m+1} + \cdots + a_{m+p}v_{m+p}| < \rho v_{m+1}$$

但因$\sum_{n=1}^{\infty}a_n$收敛或为有限振动，故$|s_n|$有上界，故对一切n有$|s_n|<l$（l为某一定值），即$|s_m|<l$，从而

$$|s_n-s_m|\leqslant|s_n|+|s_m|<2l$$

取$\rho=2l$，则有

$$|a_{m+1}v_{m+1}+\cdots+a_{m+p}v_{m+p}|<2l\cdot v_{m+1}\quad(H<2l)$$

但$\lim_{n\to\infty}v_n=0$，故$\sum_{n=1}^{\infty}a_nv_n$收敛.

注　令$z_n=(\cos\theta+\mathrm{i}\sin\theta)^n(0<\theta<2\pi)$，则$\sum_{n=1}^{\infty}z_n$为有限振动的级数，若$\sum_{n=1}^{\infty}|v_n-v_{n+1}|$收敛，且$\lim_{n\to\infty}v_n=0$，则$\sum_{n=1}^{\infty}v_n(\cos\theta+\mathrm{i}\sin\theta)^n(0<\theta<2\pi)$为收敛. 例如，取$v_n=\frac{1}{n}$，则$\sum_{n=1}^{\infty}\frac{\cos n\theta+\mathrm{i}\sin n\theta}{n}$收敛. 因而$\sum_{n=1}^{\infty}\frac{\cos n\theta}{n}$与$\sum_{n=1}^{\infty}\frac{\sin n\theta}{n}(0<\theta<2\pi)$均收敛.

35 举例说明两个收敛级数的乘积不一定是收敛的，即若$\sum_{n=1}^{\infty}a_n$与$\sum_{n=1}^{\infty}b_n$收敛，它们的乘积为$\sum_{n=1}^{\infty}c_n$，其中$c_n=a_1b_n+a_2b_{n-1}+\cdots+a_nb_1$，举例说明$\sum_{n=1}^{\infty}c_n$不一定收敛.

解　设$a_n=b_n=(-1)^{n-1}\frac{1}{\sqrt{n}}$，则由交错级数的条件知

$$\sum_{n=1}^{\infty}a_n=\sum_{n=1}^{\infty}b_n=\sum_{n=1}^{\infty}(-1)^{n-1}\frac{1}{\sqrt{n}}$$

收敛.但

$$c_n=(-1)^{n-1}\sum_{k=1}^{n}\frac{1}{\sqrt{k}\sqrt{n-k+1}}$$

而

$$\sum_{k=1}^{n}\frac{1}{\sqrt{k}\sqrt{n-k+1}}\geqslant\frac{n}{n}=1$$

所以$\lim_{n\to\infty}c_n\neq 0$，故$\sum_{n=1}^{\infty}c_n$发散.

注 若在两个收敛级数中,有一个是绝对收敛的,则它们的乘积级数是收敛的.

36 试证:两条件收敛级数 $\sum_{n=1}^{\infty} a_n = 1 - \frac{1}{2^p} + \frac{1}{3^p} - \frac{1}{4^p} + \cdots$, $\sum_{n=1}^{\infty} b_n = 1 - \frac{1}{2^p} + \frac{1}{3^p} - \frac{1}{4^p} + \cdots (0 < p \leqslant \frac{1}{2})$ 的柯西乘积

$$c_n = a_1 b_n + a_2 b_{n-1} + \cdots + a_n b_1$$

级数 $\sum_{n=1}^{\infty} c_n$ 为发散.

证 因 $c_n = (-1)^{n-1}\left\{\frac{1}{(1 \cdot n)^p} + \frac{1}{[2(n-1)]^p} + \frac{1}{[3(n-2)]^p} + \cdots + \frac{1}{[r(n-r+1)]^p} + \cdots + \frac{1}{(n \cdot 1)^p}\right\}$,由于

$$r(n-r+1) < n^2 \quad (0 < r < n+1)$$

故
$$\frac{1}{[r(n-r+1)]^p} > \frac{1}{n^{2p}}$$

从而
$$|c_n| > \frac{n}{n^{2p}} = \frac{1}{n^{2p-1}}$$

因 $p \leqslant \frac{1}{2}$,故 $\lim_{n \to \infty} |c_n| \neq 0$,因此 $\sum_{n=1}^{\infty} c_n$ 不能收敛.

37 试证:条件收敛级数 $\sum_{n=1}^{\infty} a_n = 1 - \frac{1}{2} + \frac{1}{3} - \frac{1}{4} + \cdots$ 和 $\sum_{n=1}^{\infty} b_n = 1 - \frac{1}{2} + \frac{1}{3} - \frac{1}{4} + \cdots$ 的柯西乘积级数

$$\sum_{n=1}^{\infty} c_n = \sum_{n=1}^{\infty} (-1)^{n-1}\left[\frac{1}{1 \cdot n} + \frac{1}{2(n-1)} + \frac{1}{3(n-2)} + \cdots + \frac{1}{n \cdot 1}\right]$$

为收敛.

证 因

$$(n+1)|c_n| = \left(1 + \frac{1}{n}\right) + \left(\frac{1}{2} + \frac{1}{n-1}\right) + \cdots + \left(\frac{1}{n} + 1\right) = 2\left(1 + \frac{1}{2} + \frac{1}{3} + \cdots + \frac{1}{n}\right)$$

故

$$\lim_{n\to\infty}|c_n|=\lim_{n\to\infty}\frac{2}{n+1}\left(1+\frac{1}{2}+\cdots+\frac{1}{n}\right)=$$
$$\lim_{n\to\infty}\frac{2}{n+1}(C+\ln n)=0$$

又

$$|c_{n-1}|-|c_n|=\frac{2}{n}\left(1+\frac{1}{2}+\cdots+\frac{1}{n-1}\right)-\frac{2}{n+1}\left(1+\frac{1}{2}+\cdots+\frac{1}{n}\right)=$$
$$\frac{2}{n(n+1)}\left[\left(1+\frac{1}{2}+\frac{1}{3}+\cdots+\frac{1}{n-1}\right)-1\right]>0$$

于是$\{|c_n|\}$单调减小,且收敛于零,故$\sum_{n=1}^{\infty}c_n=\sum_{n=1}^{\infty}(-1)^{n-1}|c_n|$收敛.

38 求和$\sum_{r=1}^{\infty}\frac{(-1)^{r+1}\ln r}{r}$.

解 置$f(n)=\sum_{r=1}^{n}\frac{\ln r}{r}-\frac{1}{2}\ln^2 n$,则由积分(柯西)检验法知,当$n\to\infty$时,$f(n)$趋向一极限,因此

$$f(2n)-f(n)\to 0\quad(当\ n\to\infty)$$

因$\ln 2r=\ln 2+\ln r$.则

$$\sum_{r=1}^{n}\frac{\ln r}{r}=2\sum_{r=1}^{n}\frac{\ln 2r}{2r}-\ln 2\sum_{r=1}^{n}\frac{1}{r}$$

故

$$f(2n)-f(n)=\sum_{r=1}^{2n}\frac{(-1)^{r+1}\ln r}{r}+$$
$$\ln 2\left(\sum_{r=1}^{n}\frac{1}{r}-\ln n\right)-\frac{1}{2}\ln^2 2$$

因而,令$n\to\infty$便得

$$\sum_{r=1}^{\infty}\frac{(-1)^{r+1}\ln r}{r}=\frac{1}{2}\ln^2 2-C\ln 2\quad(C\ 为欧拉(\text{Euler})常数)$$

39 设λ_i是正数的无限数列,使$\sum_{i=1}^{\infty}\lambda_i$收敛,证明

$$\lim_{N\to\infty}\sum_{i=1}^{\infty}\frac{1}{N}((N\lambda_i))=0$$

这里$((x))$的意义是x的分数部分.

证 因 $0 \leqslant ((x)) < 1$，且 $((x)) \leqslant x$，故我们有

$$\frac{((N\lambda_i))}{N} < \frac{1}{N}, 0 \leqslant \frac{((N\lambda_i))}{N} \leqslant \frac{N\lambda_i}{N} = \lambda_i$$

给 $\varepsilon > 0$，选 k 使 $\sum_{i=k+1}^{\infty} \lambda_i < \frac{\varepsilon}{2}$（因 $\sum_{i=1}^{\infty} \lambda_i$ 收敛），则

$$\left| \frac{1}{N} \sum_{i=1}^{\infty} ((N\lambda_i)) \right| < \frac{k}{N} + \frac{\varepsilon}{2} < \varepsilon$$

对充分大的 N. 因此极限是零，如所断言.

40 证明：条件(1) $u_n \geqslant u_{n-1} - a_{n-1}$，$a_n \geqslant 0$，$\sum_{n=0}^{\infty} a_n < \infty$；(2) $u_n \leqslant M$ 蕴含序列 $\{u_n\}$ 收敛.

证 设 $A_n = \sum_{m=1}^{n} a_m \to A$，当 $n \to \infty$，则

$$u_{n-1} + A_{n-1} \leqslant u_n + A_{n-1} < M + A$$

因此 $\{u_n + A_{n-1}\}$ 是一个收敛数列，于是 $\{u_n\}$ 收敛.

别证：假设条件能削弱为 $(1)'\, u_n \geqslant u_{n-1} - a_{n-1}$，$(1)'' \sum_{n=0}^{\infty} a_n$ 收敛，且 $(2)' \liminf_{n\to\infty} u_n < +\infty$. 用 $(1)'$ 给出 $u_p - (a_p + a_{p+1} + \cdots + a_{q-1}) \leqslant u_q$，当 $0 < p < q$. 对每个固定的 p 取下极限，当 $q \to \infty$，给出

$$u_p - (a_p + a_{p+1} + \cdots) \leqslant \liminf_{q\to\infty} u_q$$

这里右边的数不是有限就是 $+\infty$，取上极限当 $p \to \infty$ 时，给出

$$\limsup_{p\to\infty} u_p \leqslant \liminf_{q\to\infty} u_q$$

这蕴含不是 $\lim_{p\to\infty} u_p$ 存在就是 $\lim_{p\to\infty} u_p = +\infty$，条件 $(2)'$ 确定后一情况不可能，故得 $\{u_n\}$ 收敛的论断.

41 (1) 证明：当级数 $1 + \sum_{r=1}^{\infty} \binom{r\alpha}{r-1} \frac{x^r}{r}$ 收敛，则其和 y 满足 $y = 1 + xy^{\alpha}$.

(2) 证明也有 $\sum_{r=1}^{\infty} \binom{r\alpha + \beta - 1}{r-1} \frac{x^r}{r} = \frac{y^{\beta} - 1}{\beta}$.

证 (1) 是(2) 的特殊情形，而(2) 是拉格朗日(Lagrange) 反转定理的一

个应用:若 $y=xf(y)$,则 $g(y)=\sum\limits_{n=0}^{\infty}p_n y^n$,这里 np_n 是在$\dfrac{g'(y)}{x^n}$ 的展开式中 y^{-1} 的系数.

这里 $g(y)=\dfrac{y^{\beta}-1}{\beta}$,且 $f(y)=\dfrac{y^{\alpha+1}}{y-1}$,从此可得 $y^{\beta-1}y^{\alpha n}(y-1)^{-n}$ 的展开式中 y^{-1} 的系数是

$$(-1)^n\binom{n-1-\alpha n-\beta}{n-1}=\binom{n\alpha+\beta-1}{n-1}$$

由二项式定理.因此

$$\frac{y^{\beta}-1}{\beta}=\sum_{n=1}^{\infty}\binom{n\alpha+\beta-1}{n-1}\frac{x^n}{n}$$

注 See Bromwich, Infinite Series. P158.

42 若以 s_n,t_n 分别表示两个收敛级数 $\sum\limits_{n=1}^{\infty}a_n=A$ 与 $\sum\limits_{n=1}^{\infty}b_n=B$ 的前 n 项的部分和,则

$$\lim_{n\to\infty}\frac{1}{n}(s_1t_n+s_2t_{n-1}+\cdots+s_nt_1)=A\cdot B$$

证 因复数列 $\{s_n\}$,$\{t_n\}$ 都是收敛的,所以是有界的,即有正数 M,使

$$|s_n|\leqslant M,\ |t_n|\leqslant M\quad(n=1,2,\cdots)$$

取

$$k=\max\{|A|,|B|,M\}$$

由于

$$\lim_{n\to\infty}s_n=A,\lim_{n\to\infty}t_n=B$$

故对任给 $\varepsilon>0$,可以取得 N_1,使当 $n>N_1$ 时,有

$$|s_n-A|>\frac{\varepsilon}{4k},\ |t_n-B|<\frac{\varepsilon}{4k}$$

于是,当自然数 p,q 满足 $p\geqslant N_1$ 与 $q\geqslant N_1$ 时,有

$$|s_pt_q-AB|=|s_pt_q-s_pB+s_pB-AB|\leqslant$$
$$|s_p||t_q-B|+|B||s_p-A|<\frac{\varepsilon}{2}$$

令
$$\frac{1}{n}(s_1t_n+s_2t_{n-1}+\cdots+s_nt_1)-AB=r_n$$

则
$$|r_n|=\frac{1}{n}|(s_1t_n+s_2t_{n-1}+\cdots+s_nt_1)-nAB|\leqslant$$

$$\frac{1}{n}\sum_{p+q=n+1}|s_pt_q-AB|$$

当 $n\geqslant 2N_1$ 时，上式右端的和的 n 项之中，其中有 $p<N_1$ 且 $q<N_1$ 的项的总数为 $2N_1-2$.

因为 $|s_pt_q-AB|\leqslant|s_pt_q|+|AB|\leqslant 2k^2$，所以这 $2N_1-2$ 个的总和不超过 $(2N_1-2)2k^2$. 余下的项，即其中 $p>N_1$ 且 $q>N_1$ 的项的总数为 $[n-(2N_1-2)]$ 个，这样的每一项都小于 $\frac{\varepsilon}{2}$，即

$$|s_pt_q-AB|<\frac{\varepsilon}{2}\quad(p>N_1,q>N_1)$$

于是

$$|r_n|\leqslant\frac{1}{n}\left\{(2N_1-2)2k^2+[n-(2N_1-2)]\frac{\varepsilon}{2}\right\}$$

由于

$$\lim_{n\to\infty}\frac{1}{n}[(2N_1-2)2k^2]=0$$

$$\lim_{n\to\infty}\frac{1}{n}[n-(2N_1-2)]\frac{\varepsilon}{2}=\frac{\varepsilon}{2}$$

所以可选适当大的 $N(N\geqslant 2N_1)$，当 $n>N$ 时，使 $|r_n|<\varepsilon$.

43 设两个收敛级数 $\sum_{n=1}^{\infty}a_n=A$ 与 $\sum_{n=1}^{\infty}b_n=B$ 的乘积为级数 $\sum_{n=1}^{\infty}c_n$，其中 $c_n=a_1b_n+a_2b_{n-1}+\cdots+a_nb_1$. 若以 u_n 表示级数 $\sum_{n=1}^{\infty}c_n$ 的前 n 项的部分和，则

$$\lim_{n\to\infty}\frac{u_1+u_2+\cdots+u_n}{n}=A\cdot B$$

证　令 $s_n=\sum_{k=1}^{n}a_k$，$t_n=\sum_{k=1}^{n}b_k$，因为 $u_n=\sum_{k=1}^{n}c_k$，于是

$$\begin{aligned}u_n=&a_1b_1+(a_1b_2+a_2b_1)+\cdots+(a_1b_n+a_2b_{n-1}+\cdots+a_nb_1)=\\&a_1(b_1+b_2+\cdots+b_n)+a_2(b_1+b_2+\cdots+b_{n-1})+\cdots+a_nb_1=\\&a_1t_n+a_2t_{n-1}+\cdots+a_nt_1\end{aligned}$$

即 u_n 是级数 $\sum_{n=1}^{\infty}a_n$ 与 $\sum_{n=1}^{\infty}t_n$ 的乘积级数的第 n 项，于是

$$u_1+u_2+\cdots+u_n=a_1t_1+(a_1t_2+a_2t_1)+\cdots+(a_1t_n+a_2t_{n-1}+\cdots+a_nt_1)=$$

$$s_1t_n+s_2t_{n-1}+\cdots+s_nt_1$$

由题42知

$$\lim_{n\to\infty}\frac{u_1+u_2+\cdots+u_n}{n}=A\cdot B$$

注意,若$\sum_{n=1}^{\infty}c_n$是收敛的,则因

$$\sum_{n=1}^{\infty}c_n=\lim_{n\to\infty}u_n=\lim_{n\to\infty}\frac{1}{n}(u_1+u_2+\cdots+u_n)$$

所以$\sum_{n=1}^{\infty}c_n=A\cdot B$.

44 若级数$\sum_{n=1}^{\infty}a_n=A$是绝对收敛,$\sum_{n=1}^{\infty}b_n=B$是收敛的,则它们的乘积级数$\sum_{n=1}^{\infty}c_n(c_n=a_1b_n+a_2b_{n-1}+\cdots+a_nb_1)$是收敛的,其和等于$A\cdot B$.

证 由上面的注意知,只需证明$\sum_{n=1}^{\infty}c_n$是收敛的即可.

因为$\sum_{n=1}^{\infty}|a_n|$与$\sum_{n=1}^{\infty}b_n$是收敛的,故其部分和是有界的.于是,可选取正数k,使对任意的n,均有

$$\sum_{j=1}^{n}|a_j|\leqslant k,\left|\sum_{j=1}^{n}b_j\right|\leqslant k,\left|\sum_{j=1}^{m-n}b_{n+j}\right|\leqslant 2k$$

对任给$\varepsilon>0$,存在N,当$m>n\geqslant N$时,有

$$\sum_{j=1}^{m-n}|a_{n+j}|\leqslant\frac{\varepsilon}{3k},\left|\sum_{j=1}^{m-n}b_{n+j}\right|\leqslant\frac{\varepsilon}{3k}$$

在$c_{n,m}\equiv\sum_{n+1\leqslant k<m+1}c_k=\sum_{n+1<p+q\leqslant m+1}a_pb_q(m>n\geqslant 2N)$中,把$a_p$的系数记作$B_p$,则

$$B_p=b_{n+2-p}+b_{n+3-p}+\cdots+b_{m+1-p}$$

且令$b_0=b_{-1}=b_{-2}=\cdots=0$,如果$p\leqslant N$,则因$n+2-p>N$,所以$|B_p|<\frac{\varepsilon}{3k}$;如果$p>N$,则$|B_p|\leqslant 2k$,于是

$$|c_{n,m}|=\left|\sum_{p=1}^{m}a_pB_p\right|\leqslant\left|\sum_{p=1}^{N}a_pB_p\right|+\left|\sum_{p=N+1}^{m}a_pB_p\right|<$$

$$\frac{\varepsilon}{3k}\sum_{p=1}^{N}|a_p|+2k\sum_{p=N+1}^{m}|a_p|<$$
$$\frac{\varepsilon}{3k}k+2k\cdot\frac{\varepsilon}{3k}=\varepsilon$$

45 级数 $\sum_{n=0}^{\infty}a_n=A$，$\sum_{n=0}^{\infty}b_n=B$ 为绝对收敛，作

$$c_n=a_0b_n+a_1b_{n-1}+\cdots+a_nb_0$$

则 $\sum_{n=0}^{\infty}c_n$ 亦为绝对收敛，且其和为 AB.

证 令 $\sum_{n=0}^{n}c_n=C_n$. 则

$$|C_n|\leqslant(|a_0|+|a_1|+\cdots+|a_n|)(|b_0|+|b_1|+\cdots+|b_n|)\leqslant$$
$$\sum_{n=0}^{\infty}|a_n|\cdot\sum_{n=0}^{\infty}|b_n|=A\cdot B$$

所以 $\sum_{n=0}^{\infty}c_n$ 为绝对收敛.

又令

$$A_n=a_0+a_1+\cdots+a_n,B_n=b_0+b_1+\cdots+b_n$$

则

$$C_n=c_0+\cdots+c_n=a_0b_0+(a_0b_1+a_1b_0)+(a_0b_2+a_1b_1+a_2b_0)+\cdots+$$
$$(a_0b_n+a_1b_{n-1}+\cdots+a_{n-1}b_1+a_nb_0)=$$
$$a_0B_n+a_1B_{n-1}+a_2B_{n-2}+\cdots+a_{n-1}B_1+a_nB_0$$

从而

$$C_0+C_1+\cdots+C_n=A_0B_n+\cdots+A_nB_0$$

故

$$\frac{1}{n+1}(C_0+C_1+\cdots+C_n)=\frac{1}{n+1}(A_0B_n+\cdots+A_nB_0)$$

由于 $A_n\to A,B_n\to B$，设 $C_n\to C$，则

$$\frac{1}{n+1}(C_0+\cdots+C_n)\to C,\frac{1}{n+1}(A_0B_n+\cdots+A_nB_0)\to AB$$

所以

$$C=AB$$

46 确定 x 的值使下列两个级数收敛：

(1) $\sum_{n=1}^{\infty}\left(\sin\frac{1}{n}\right)^{x}$;

(2) $\sum_{n=1}^{\infty}\left(1-\cos\frac{1}{n}\right)^{x}$.

解 我们注意,对于幂$\frac{1}{n}$,$\sin\frac{1}{n}$与$1-\cos\frac{1}{n}$的泰勒(Taylor)级数,有$\frac{1}{2n}<\sin\frac{1}{n}<\frac{1}{n}$与$\frac{1}{4n^2}<1-\cos\frac{1}{n}<\frac{1}{2n^2}$,由此直接得出(1)收敛对于$Re(x)>1$与(2)收敛对于$Re(x)>\frac{1}{2}$.

47 求级数 $S=\sum_{k=0}^{\infty}\binom{2k}{k}(-16)^{-k}(2k+1)^{-2}$ 的和.

解 希望的和 S 能变换定积分来求

$$S=\sum_{k=0}^{\infty}\binom{2k}{k}(-16)^{-k}(2k+1)^{-2}=$$

$$\sum_{k=0}^{\infty}\binom{-\frac{1}{2}}{k}\left(\frac{1}{4}\right)^{k}\int_{0}^{\infty}te^{-(2k+1)t}\mathrm{d}t=$$

$$\int_{0}^{\infty}\frac{te^{-t}}{\left(1+\frac{1}{4}e^{-2t}\right)^{1/2}}\mathrm{d}t=2(A+B-C)$$

利用代换 $e^{-t}=\frac{z^2-1}{z}$ 和分部积分,这里

$$A=\int_{1}^{a}\frac{\log z}{z+1}\mathrm{d}z$$

$$B=\int_{1}^{a}\frac{\log z}{z-1}\mathrm{d}z$$

$$C=\int_{1}^{a}\frac{\log z}{z+1}\mathrm{d}z=\frac{1}{2}(\log a)^2$$

且 a 是$a^2=a+1$ 的正根,设

$$D=\int_{0}^{1}\frac{\log z}{z+1}\mathrm{d}z=-\frac{1}{1^2}+\frac{1}{2^2}-\frac{1}{3^2}+\cdots=-\frac{\pi^2}{12}$$

$$B=\log a\cdot\log(a-1)-\int_{1}^{a}\frac{\log(z-1)}{z}\mathrm{d}z=$$

$$-(\log a)^2-D-\int_{1}^{a-1}\frac{\log t}{t+1}\mathrm{d}t=\quad(z-1=t)$$

$$-2C-D-\int_1^a \frac{\log v}{v(v+1)}\mathrm{d}v= \quad (t=\frac{1}{v})$$

$$-2C-D-C+A=-D-3C+A$$

$$A+B=\int_1^a \frac{2z\log z}{z^2-1}\mathrm{d}z=\frac{1}{2}\int_0^a \frac{\log(t+1)}{t}\mathrm{d}t= \quad (z^2=t+1)$$

$$\frac{1}{2}\log(a+1)\cdot\log a-\frac{1}{2}D-\frac{1}{2}A=$$

$$2C-\frac{1}{2}D-\frac{1}{2}A$$

这样可以得出 $S=\frac{\pi^2}{10}$.

48 求无穷级数 $\sum_{n=0}^{\infty}\frac{1}{(kn)!}$ 的和，这里 k 是任意正整数.

解 我们有

$$\frac{1}{k}\sum_{j=1}^{k}\mathrm{e}^{\mathrm{e}^{2\pi \mathrm{i}j/k}}=\frac{1}{k}\sum_{j=1}^{k}\sum_{l=1}^{\infty}\frac{\mathrm{e}^{2\pi \mathrm{i}jl/k}}{l!}=\frac{1}{k}\sum_{l=1}^{\infty}\frac{1}{l!}\sum_{j=1}^{k}\mathrm{e}^{2\pi \mathrm{i}jl/k}=$$

$$\sum_{l=1}^{\infty}\frac{1}{(kl)!}$$

因若 $k\nmid l$，则 $\sum_{j=1}^{k}\mathrm{e}^{2\pi \mathrm{i}jl/k}=0$.

49 对 $0<x<\pi$，确定下列级数的敛散性：

(1) $x+\sin x+\sin(\sin x)+\sin[\sin(\sin x)]+\cdots$;

(2) $x-\sin x+\sin(\sin x)-\sin[\sin(\sin x)]+\cdots$.

解 (1) 把第 $n+1$ 项记为 $\sin_n x$，而 $\sin_0 x=x$，则对 $0<x<\pi$，$\sin_2 x=r$ 在 0 与 1 之间，而且

$$\sin_3 x=\sin r>r-r^3/6=r/2+r(3-r^2)/6>r/2$$

我们能归纳地证明，对 $n\geqslant 3$，$\sin_{n+1}x>r/n$. 事实上，假如 $\sin_n x>r/(n-1)$，我们有

$$\begin{aligned}\sin_{n+1}x=\sin(\sin_n x)>\sin[r/(n-1)]>\\ r/(n-1)-r^3/6(n-1)^3=\\ r/n+[r/n(n-1)][1-nr^2/6(n-1)^2]>\\ r/n+[r/n(n-1)](1-r^2)>r/n\end{aligned}$$

因此所给级数被 r 乘以调和级数所控制. 于是对 $0<x<\pi$ 的所有 x 发散.

(2) 对 $0<x<\pi$，序列 $\{\sin_n x\}$ 单调减少且有下界，因此它的极限存在，设为 L，并有 $L=\sin L$，这蕴含 $L=0$. 于是，由交错级数收敛检验法知，对 $0<x<\pi$ 的所有 x，级数收敛.

50 若 $S_{2m}=\frac{1}{2^{2m}}+\frac{1}{4^{2m}}+\frac{1}{6^{2m}}+\cdots$. 求值

$$\frac{S_2}{2\times 3}+\frac{S_4}{4\times 5}+\frac{S_6}{6\times 7}+\cdots$$

解 若我们设 $T_{2m}=\frac{1}{2\times 3}\left(\frac{1}{2m}\right)^2+\frac{1}{4\times 5}\left(\frac{1}{2m}\right)^4+\frac{1}{6\times 7}\left(\frac{1}{2m}\right)^6+\cdots$，则所给表示式的值是与 $\sum_{m=1}^{\infty}T_{2m}$ 一样的.

对 $\frac{r}{1-r^2}=r+r^3+r^5+\cdots$，$|r|<1$. 由 0 到 r 积分两次，并令 $r=\frac{1}{2m}$，我们得

$$T_{2m}=1-\frac{2m+1}{2}\log\frac{2m+1}{2m}+\frac{2m-1}{2}\log\frac{2m-1}{2m}$$

$m=1,2,\cdots$，由此

$$\sum_{m=1}^{n}T_{2m}=n+\log\frac{2^n(n!)}{(2n+1)^{n+1/2}}=\log\frac{2^n\mathrm{e}^n(n!)}{(2n+1)^{n+1/2}}$$

用斯特林(Stirling) 公式，$\lim \mathrm{e}^n n!/n^{n+\frac{1}{2}}=\sqrt{2\pi}$，我们得

$$\sum_{m=1}^{\infty}T_{2m}=\frac{1}{2}\log\frac{\pi}{\mathrm{e}}$$

别解：由熟悉的公式 $\sin x=x\prod_{m=1}^{\infty}\left(1-\frac{x^2}{m^2\pi^2}\right)$，我们有

$$\log\sin x=\log x-\sum_{m=1}^{\infty}\sum_{k=1}^{\infty}\frac{1}{k}\cdot\frac{x^{2k}}{m^{2k}\pi^{2k}}$$

$$\log\sin\frac{x}{2}=\log\frac{x}{2}-\sum_{k=1}^{\infty}\frac{1}{k}\cdot\frac{x^{2k}}{\pi^{2k}}S^{2k}$$

积分产生

$$\int_0^{\pi}\log\sin\frac{x}{2}\mathrm{d}x=\pi\left(\log\frac{\pi}{2}-1\right)-\pi\sum_{k=1}^{\infty}\frac{S^{2k}}{k(2k+1)}$$

因为积分是已知的，其值是 $-\pi\log 2$，于是所需的和可得出值 $\frac{1}{2}(\log\pi-1)$.

51 证明：$\sum_{k=1}^{\infty}\frac{\zeta(2k)}{2^{2k}(2k^2+k)}=\ln\left(\frac{\pi}{e}\right)$，这里 $\zeta(n)=\sum_{j=1}^{\infty}j^{-n}$ 是黎曼(Riemann)ζ 函数.

证 我们有 $\sum_{k=1}^{\infty}\frac{\zeta(2k)}{2^{2k}(2k^2+k)}=\sum_{k=1}^{\infty}\sum_{j=1}^{\infty}\frac{(2j)^{-2k}}{2k^2+k}$ 颠倒求和次序，分解成部分分式并求其和而得

$$\sum_{j=1}^{\infty}[2\ln(2j)-(2j+1)\ln(2j+1)+(2j-1)\ln(2j-1)+2]$$

我们先考虑对应的有限和，而用斯特林公式，而得

$$\sum_{j=1}^{n}[2\ln(2j)-(2j+1)\ln(2j+1)+(2j-1)\ln(2j-1)+2]=$$
$$2n\ln(2e)+2\ln(n!)-(2n+1)\ln(2n+1)=$$
$$(2n+1)\ln\frac{2n}{2n+1}+\ln\pi$$

当 $n\to\infty$ 时趋于 $-1+\ln\pi=\ln\frac{\pi}{e}$.

52 求级数 $1+\frac{1}{3}-\frac{1}{5}-\frac{1}{7}+\frac{1}{9}+\cdots$ 的和.

解 由熟知的傅里叶(Fourier)级数

$$\sin x+\frac{\sin 3x}{3}+\frac{\sin 5x}{5}+\cdots=\frac{\pi}{4}\quad(0<x<\pi)$$

中令 $x=\frac{\pi}{4}$ 得

$$1+\frac{1}{3}-\frac{1}{5}-\frac{1}{7}+\frac{1}{9}+\cdots=\frac{\sqrt{2}}{4}\pi$$

别解：几何级数

$$(1+x^2)-(x^4+x^6)+(x^8+x^{10})-\cdots=\frac{1+x^2}{1+x^4}$$

对 $|x|<1$ 时收敛. 因此由积分，级数

$$x+\frac{x^3}{3}-\frac{x^5}{5}-\frac{x^7}{7}+\frac{x^9}{9}+\cdots\qquad(1)$$

对 $|x|<1$ 收敛到

$$\int_0^x[(1+x^2)/(1+x^4)]dx=$$

$$\frac{1}{2}\sqrt{2}\arctan[\sqrt{2}x/(1-x^2)]$$

因级数(1)对 $x=1$ 也收敛，故由阿贝尔定理

$$1+\frac{1}{3}-\frac{1}{5}-\frac{1}{7}+\frac{1}{9}+\cdots=\lim_{x\to 1}\frac{1}{2}\sqrt{2}\arctan\frac{\sqrt{2}x}{1-x^2}=\frac{\sqrt{2}}{4}\pi$$

再解：由熟知的展开式

$$\csc z=\frac{1}{z}+2z\sum_{n=1}^{\infty}\frac{(-1)^{n-1}}{(n\pi)^2-z^2}$$

我们直接得

$$\frac{\pi}{n}\csc\frac{m\pi}{n}=\frac{1}{m}+\frac{1}{n-m}-\frac{1}{n+m}-\frac{1}{2n-m}+\frac{1}{2n+m}+\cdots$$

置 $n=4$ 且 $m=1$，我们得

$$\frac{\sqrt{2}}{4}\pi=1+\frac{1}{3}-\frac{1}{5}-\frac{1}{7}+\frac{1}{9}+\cdots$$

53 设 $f_k(z)$ 在 E 上连续，$k=1,2,\cdots$，且 $\sum_{k=1}^{\infty}f_k(z)$ 一致收敛于 $f(z)$，则 $f(z)$ 在 E 上连续.

证 任取点 $z_0\in E$，需要证明，对任给的 $\varepsilon>0$，存在 $\delta>0$，当 $|z-z_0|<\delta$ 时，$|f(z)-f(z_0)|<\varepsilon_0$.

因 $\sum_{k=1}^{\infty}f_k(z)$ 一致收敛于 $f(z)$，故存在 n，使得

$$|f(z)-\sum_{k=1}^{n}f_k(z)|<\frac{\varepsilon}{3},\ |f(z_0)-\sum_{k=1}^{n}f_k(z_0)|<\frac{\varepsilon}{3}$$

上述两不等式中的第一个对 E 中任何点 z 都成立.

又对上述固定的 n 来说，函数 $\sum_{k=1}^{n}f_k(z)$ 是连续的(有限个连续函数之和必连续)，故有 $\delta>0$，当 $|z-z_0|<\delta$ 时，$\left|\sum_{k=1}^{n}f_k(z)-\sum_{k=1}^{n}f_k(z_0)\right|<\frac{\varepsilon}{3}$. 于是，当 $|z-z_0|<\delta$ 时，有

$$|f(z)-f(z_0)|\leqslant\left|f(z)-\sum_{k=1}^{n}f_k(z)\right|+\left|\sum_{k=1}^{n}f_k(z)-\sum_{k=1}^{n}f_k(z_0)\right|+\left|\sum_{k=1}^{n}f_k(z_0)-f(z_0)\right|<\frac{\varepsilon}{3}+\frac{\varepsilon}{3}+\frac{\varepsilon}{3}=\varepsilon$$

由于 z_0 的任意性,便证明了 $f(z)$ 于 E 连续. 证毕.

54 设 $f_k(z)$ 沿曲线 Γ 连续,$k=1,2,\cdots$,又 $\sum_{k=1}^{\infty} f_k(z)$ 在 Γ 上一致收敛于 $f(z)$,则 $f(z)$ 沿 Γ 可积,且

$$\int_\Gamma f(z)\mathrm{d}z = \sum_{k=1}^{\infty}\int_\Gamma f_k(z)\mathrm{d}z$$

证 因 $f(z)$ 沿 Γ 可积,故以下只要证明当 n 充分大时

$$\left|\int_\Gamma f(z)\mathrm{d}z - \sum_{k=1}^{n}\int_\Gamma f_k(z)\mathrm{d}z\right|$$

小于事先给定的 $\varepsilon>0$.

由于 $\sum_{k=1}^{\infty} f_k(z)$ 在 Γ 上一致收敛于 $f(z)$,故对 $\varepsilon>0$,存在 $N>0$,当 $n>N$ 时

$$\left|f(z) - \sum_{k=1}^{n} f_k(z)\right| < \frac{\varepsilon}{l}$$

l 为 Γ 的长. 这样就有

$$\left|\int_\Gamma f(z)\mathrm{d}z - \sum_{k=1}^{n}\int_\Gamma f_k(z)\mathrm{d}z\right| = \left|\int_\Gamma \left[f(z) - \sum_{k=1}^{n} f_k(z)\right]\mathrm{d}z\right| \leqslant$$

$$\int_\Gamma \left|f(z) - \sum_{k=1}^{n} f_k(z)\right| |\mathrm{d}z| < \frac{\varepsilon}{l}\cdot l = \varepsilon$$

证毕.

55(魏尔斯特拉斯(Weierstrass)第一定理)设 $f_k(z)$ 在区域 D 内解析,$k=1,2,\cdots$,又 $\sum_{k=1}^{\infty} f_k(z)$ 在 D 上收敛于 $f(z)$,且 $\sum_{k=1}^{\infty} f_k(z)$ 在 D 内任一闭区域上一致收敛,则(1) $f(z)$ 于 D 内解析;(2) $f(z)=\sum_{k=1}^{\infty} f_k(z)$ 可逐项微分任意多次,即

$$f^{(n)}(z) = \sum_{k=1}^{\infty} f_k^{(n)}(z) \quad (n=1,2,\cdots) \tag{1}$$

证 (1) 因 $f(z)$ 于 D 内任一闭域上连续,但 D 内任一点必为 D 内某闭区域上的点,故 $f(z)$ 在 D 内任一点连续,从而 $f(z)$ 于 D 连续.

对于含在 D 内的任一闭曲线 Γ，若 Γ 内部也含于 D，则

$$\int_{\Gamma} f(z)\mathrm{d}z = \sum_{k=1}^{\infty}\int_{\Gamma} f_k(z)\mathrm{d}z \tag{2}$$

（因 $\sum_{k=1}^{\infty} f_k(z)$ 沿 Γ 是一致收敛的）. 另一方面，由柯西定理，对任何 k 都有

$$\int_{\Gamma} f_k(z)\mathrm{d}z = 0$$

因而由式(2) 得知 $\int_{\Gamma} f(z)\mathrm{d}z = 0$，再由莫勒尔(Morrill) 定理即可断言，$f(z)$ 于 D 内解析.

(2) 只要对 D 内任意一点 z_0 证明式(1) 成立就够了. 为此，作圆 C：$|z - z_0| = p$，使 C 及其内部均含于 D 内. 由解析函数的各阶导数的积分表达式，有

$$f_k^{(n)}(z_0) = \frac{n!}{2\pi\mathrm{i}}\int_C \frac{f_k(\zeta)}{(\zeta - z_0)^{n+1}}\mathrm{d}\zeta \quad (k = 1, 2, \cdots)$$

$$f^{(n)}(z_0) = \frac{n!}{2\pi\mathrm{i}}\int_C \frac{f(\zeta)}{(\zeta - z_0)^{n+1}}\mathrm{d}\zeta \quad (n = 1, 2, \cdots)$$

由假设条件可知，$\sum_{k=1}^{\infty} f_k(\zeta)$ 在 C 上一致收敛，因为在 C 上有 $|\zeta - z_0| = p$，因而 $\sum_{k=1}^{\infty} \frac{f_k(\zeta)}{(\zeta - z_0)^{n+1}}$ 在 C 上也收敛，于是

$$\int_C \frac{f(\zeta)}{(\zeta - z_0)^{n+1}}\mathrm{d}\zeta = \sum_{k=1}^{\infty}\int_C \frac{f_k(\zeta)}{(\zeta - z_0)^{n+1}}\mathrm{d}\zeta$$

上式两端同乘以 $\frac{n!}{2\pi\mathrm{i}}$，即得 $f^{(n)}(z_0) = \sum_{k=1}^{\infty} f_k^{(n)}(z_0)$. 证毕.

56 求下列级数的收敛域：

(1) $\sum_{n=0}^{\infty}\left(\frac{z^n}{n!} + \frac{n^2}{z^n}\right)$；

(2) $\sum_{n=0}^{\infty}(-1)^n \frac{1}{z+n}$；

(3) $\sum_{n=0}^{\infty} \frac{z^n}{1+z^{2n}}$.

解 (1) 考虑级数 $\sum_{n=0}^{\infty}\frac{z^n}{n!}$. 因 $\lim\limits_{n\to\infty}\left[\frac{|z|^{n+1}}{(n+1)!}\Big/\frac{|z|^n}{n!}\right] = 0$，所以收敛域是整个复平面. 而级数 $\sum_{n=0}^{\infty}\frac{n^2}{z^n}$ 在 $|z| > 1$ 时收敛，$|z| < 1$ 时发散. 这是因为

$$\lim_{n\to\infty}\frac{\dfrac{n^2}{|z|^2}}{\dfrac{|z|^{n+1}}{(n-1)^2}}\lim_{n\to\infty}\frac{n^2}{|z|(n-1)^2}=\frac{1}{|z|}$$

当 $|z|=1$ 时，$\sum\limits_{n=0}^{\infty}\dfrac{n^2}{z^n}$ 的一般项的绝对值为 $n^2\to\infty(n\to\infty)$，所以原级数的收敛域为 $|z|>1$.

(2) 因 $\dfrac{(-1)^n}{z+n}=\dfrac{(-1)^n}{(n+x)+\mathrm{i}y}=\dfrac{(-1)^n(n+x)}{(n+x)^2+y^2}-\mathrm{i}\dfrac{(-1)^n y}{(n+x)^2+y^2}$，当 $z=x+\mathrm{i}y$ 不为零，也不是负整数时，考虑级数

$$\sum_{n=0}^{\infty}(-1)^n\frac{n+x}{(n+x)^2+y^2}\text{ 与 }\sum_{n=0}^{\infty}(-1)^n\frac{y}{(n+x)^2+y^2}$$

显然

$$\lim_{n\to\infty}\frac{n+x}{(n+x)^2+y^2}=0$$

令 $f(n)=\dfrac{n+x}{(n+x)^2+y^2}$，视 n 为连续变量，则

$$f'(n)=\frac{y^2-(n+x)^2}{[(n+x)^2+y^2]^2}<0\quad(n\text{ 充分大时})$$

即 $\left\{\dfrac{n+x}{(n+x)^2+y^2}\right\}$ 是单减的，由莱布尼茨(Leibniz)判别法知，$\sum\limits_{n=0}^{\infty}(-1)^n\cdot\dfrac{n+x}{(n+x)^2+y^2}$ 收敛. 同理 $\sum\limits_{n=0}^{\infty}(-1)^n\dfrac{y}{(n+x)^2+y^2}$ 也收敛.

当 $z=0$ 时，级数第一项为 ∞，当 z 为负整数时，级数均有一项为 ∞，故发散.

所以，收敛域为除去点 $z=0$ 与负整数点外的复平面.

(3) 当 $|z|<1$ 时，$\dfrac{|z|^n}{|1+z^{2n}|}<\dfrac{|z|^n}{1-|z|^{2n}}$，而

$$\lim_{n\to\infty}\frac{\dfrac{|z|^{n+1}}{1-|z|^{2n+2}}}{\dfrac{|z|^n}{1-|z|^{2n}}}=\lim_{n\to\infty}\frac{1-|z|^{2n}}{1-|z|^{2n+2}}|z|=|z|$$

故当 $|z|<1$ 时，级数 $\sum\limits_{n=0}^{\infty}\dfrac{z^n}{1+z^{2n}}$ 绝对收敛.

当 $|z|>1$ 时

$$\left|\frac{z^n}{1+z^{2n}}\right|<\frac{|z|^n}{|z|^{2n}-1}<\frac{|z|^n}{|z|^{2n-1}}=\frac{1}{|z|^{n-1}}$$

显然$\sum\limits_{n=1}^{\infty}\frac{1}{|z|^{n-1}}$收敛,故此时级数$\sum\limits_{n=0}^{\infty}\frac{z^n}{1+z^{2n}}$也绝对收敛.

当$|z|=1$时,$\left|\frac{z^n}{1+z^{2n}}\right|\geqslant\frac{|z|^n}{1+|z|^{2n}}=\frac{1}{2}$,一般项不趋于零,级数发散.

所以,收敛域为整个复平面除去单位圆周$|z|=1$.

57 设$\sum\limits_{n=0}^{\infty}a_n$收敛,且$U_1(x)=\sum\limits_{n=0}^{\infty}|v_n(x)-v_{n+1}(x)|$亦收敛,今设$\lambda,\mu$为固定值,而$U_1(x)<\lambda$,及$|v_1(x)|<\mu$,则$\sum\limits_{n=0}^{\infty}a_nv_n(x)$一致收敛.

证 因$\sum\limits_{n=0}^{\infty}|v_n(x)-v_{n+1}(x)|$收敛,故$\sum\limits_{n=0}^{\infty}(v_n(x)-v_{n+1}(x))$亦收敛,而$(v_1(x)-v_2(x))+(v_2(x)-v_3(x))+\cdots+(v_n(x)-v_{n+1}(x))=v_1(x)-v_{n+1}(x)$,于是$\lim\limits_{n\to\infty}v_n(x)=g(x)$存在,从而

$$\begin{aligned}&|v_n(x)|\leqslant|v_1(x)|+|v_1(x)-v_n(x)|\leqslant\\&|v_1(x)|+|v_1(x)-v_2(x)|+\cdots+|v_n(x)-v_{n+1}(x)|\end{aligned}$$

于是

$$|g(x)|\leqslant|v_1(x)|+U_1(x)$$

今设

$$G_1(x)=|g(x)|+U_1(x)$$

因$\sum\limits_{n=0}^{\infty}a_n$收敛,故$\lim\limits_{n\to\infty}a_n=0$.由阿贝尔不等式知

$$|a_{m+1}v_{m+1}(x)+\cdots+a_{m+p}v_{m+p}(x)|<\varepsilon\cdot G_1(x)$$

由假设$U_1(x)<\lambda$,$|v_1(x)|<\mu$,则$|g(x)|<\lambda+\mu$,故$G_1(x)<2\lambda+\mu$,于是

$$|a_{m+1}v_{m+1}(x)+\cdots+a_{m+p}v_{m+p}(x)|<\varepsilon(2\lambda+\mu)$$

即$\sum\limits_{n=0}^{\infty}a_nv_n(x)$一致收敛.

58 设$\sum\limits_{n=0}^{\infty}a_n$收敛,$\lambda_0,\lambda_1,\lambda_2,\cdots$为单调增加正项发散数列,则

$$\frac{a_0}{\lambda_0^x}+\frac{a_1}{\lambda_1^x}+\cdots+\frac{a_n}{\lambda_n^x}+\cdots$$

对于 $\mathrm{Re}\,x$ 之任何 x 为一致收敛.

证 设 $x=\alpha+\mathrm{i}\beta$,则 $\mathrm{Re}\,x>0$ 必 $\alpha>0$.

今设 $u_n=\frac{1}{\lambda_n^{\alpha}}$,$v_n=\frac{1}{\lambda_n^{\alpha+\mathrm{i}\beta}}$,则

$$\sum_{n=0}^{\infty}(u_n-u_{n+1})=\sum_{n=0}^{\infty}\left(\frac{1}{\lambda_n^{\alpha}}-\frac{1}{\lambda_n^{\alpha+1}}\right)$$

为正项级数,又因 $\alpha>0$,故它收敛,且其和为$\frac{1}{\lambda_0^{\alpha}}$.

又$\sum_{n=0}^{\infty}|v_n-v_{n+1}|=\sum_{n=0}^{\infty}\left|\frac{1}{\lambda_{n+1}^{\alpha+\mathrm{i}\beta}}-\frac{1}{\lambda_n^{\alpha+\mathrm{i}\beta}}\right|$,则

$$\frac{v_n-v_{n+1}}{u_n-u_{n+1}}=\frac{\lambda_n^{-\alpha-\mathrm{i}\beta}-\lambda_{n+1}^{-\alpha-\mathrm{i}\beta}}{\lambda_n^{-\alpha}-\lambda_{n+1}^{-\alpha}}=\lambda_n^{-\mathrm{i}\beta}\left\{1+\frac{\mathrm{e}^{-\rho_n^{\alpha}}-\mathrm{e}^{-\rho_n^{(\alpha+\mathrm{i}\beta)}}}{1-\mathrm{e}^{-\rho_n^{\alpha}}}\right\}$$

但 $\rho_n=\ln\frac{\lambda_{n+1}}{\lambda_n}$.

于是

$$\left|\frac{v_n-v_{n+1}}{u_n-u_{n+1}}\right|\leqslant 1+\frac{|1-\mathrm{e}^{-\mathrm{i}\rho_n^{\beta}}|}{\mathrm{e}^{\rho_n^{\alpha}}-1}\leqslant 1+\frac{|1-\mathrm{e}^{-\mathrm{i}\rho_n^{\beta}}|}{\rho_n}$$

然
$$1-\mathrm{e}^{-\mathrm{i}\rho_n^{\beta}}=2\sin\frac{1}{2}\beta\rho_n\left(\sin\frac{1}{2}\beta\rho_n-\mathrm{i}\cos\frac{1}{2}\beta\rho_n\right)$$

故
$$|1-\mathrm{e}^{-\mathrm{i}\rho_n^{\beta}}|=\left|2\sin\frac{1}{2}\beta\rho_n\right|\leqslant\rho_n|\beta|$$

所以

$$|v_n-v_{n+1}|<\left(1+\frac{|\beta|}{\alpha}\right)(u_n-u_{n+1})$$

但$\sum_{n=0}^{\infty}(u_n-u_{n+1})$收敛,故正项级数$\sum_{n=0}^{\infty}|v_n-v_{n+1}|$亦收敛,而且

$$\sum_{n=0}^{\infty}|v_n-v_{n+1}|<\left(1+\frac{|\beta|}{\alpha}\right)\frac{1}{\lambda_0^{\alpha}}$$

右边当 $\alpha>0$ 时为有限值,而 $|v_0|=\frac{1}{\lambda_0^{\alpha}}$,故 $\alpha>0$ 时,$|v_0|$ 为有限值,从而由前题知,所给级数于 $\mathrm{Re}(x)>0$ 内一致收敛.

59 对于一致收敛级数 $\sum_{n=1}^{\infty}f_n(z)$ 的变域中的点 a,若存在 $\lim_{z\to\infty}f_n(z)=a_n$,$n=1,2,\cdots$(有限确定值),则 $\sum_{n=1}^{\infty}a_n$ 收敛,设其和为

A,且

$$\lim_{z\to a}\left\{\sum_{n=1}^{\infty}f_n(z)\right\}=A$$

证 由于$\sum\limits_{n=1}^{\infty}f_n(z)$一致收敛,故对其变域内任意点及$\varepsilon>0$,只要$n$充分大,有

$$|f_{n+1}(z)+f_{n+2}(z)+\cdots+f_{n+p}(z)|<\varepsilon\quad(p=1,2,\cdots)$$

于是让z充分靠近a时,有

$$|a_{n+1}+a_{n+2}+\cdots+a_{n+p}|\leqslant\varepsilon\quad(p=1,2,\cdots)$$

从而$\sum\limits_{n=1}^{\infty}a_n$收敛,令其和为$A$.设

$$S_n(z)=\sum_{n=1}^{n}f_n(z),F(z)=\sum_{n=1}^{\infty}f_n(z)=S_n(z)+R_n(z),A_n=\sum_{n=1}^{n}a_n$$

则

$$F(z)-A=(S_n(z)-A_n)+(A_n-A)+R_n(z)$$

对$\varepsilon>0$,只要n充分大时有

$$|A_n-A|<\varepsilon\text{ 且 }|R_n(z)|<\varepsilon$$

对如此大的n,再令z充分靠近a,可有

$$|S_n(z)-A_n|<\varepsilon$$

于是得

$$|F(z)-A|<3\varepsilon$$

从而

$$\lim_{z\to a}F(z)=A$$

60 设级数$\sum\limits_{n=1}^{\infty}f_n(z)$收敛于$F(z)$,且其每项为连续函数,并设$\sum\limits_{k=n+1}^{\infty}f_k(x)=R_n(z)$,若对其变域内的一点$a$,有$\lim\limits_{n\to\infty}\{\lim\limits_{z\to a}R_n(z)\}=0$,则$F(z)$在点$a$连续.

证 设$S_n(z)=\sum\limits_{k=1}^{n}f_k(z)$,并令

$$\lim_{z\to a}R_n(z)=p_n\tag{1}$$

则

$$|F(z)-F(a)|\leqslant|S_n(z)-S_n(a)|+|R_n(z)-p_n|+|R_n(a)|+|p_n|$$

依所设,由于级数在 $z=a$ 收敛,所以

$$\lim_{n\to\infty}|R_n(a)|=0$$

再由题给条件可得$\lim\limits_{n\to\infty}|p_n|=0$.

另一方面,因级数的各项为连续,所以

$$\lim_{z\to a}|S_n(z)-S_n(a)|=0$$

再由式(1) 知,$\lim\limits_{z\to a}|R_n(z)-p_n|=0$.

所以当 $n\to\infty$,且 $z\to a$ 时得

$$\lim_{z\to a}|F(z)-F(a)|=0$$

所以 $F(z)$ 在 $z=a$ 处连续.

61 设 $|z|\neq 1$,试证明以下论断:

(1) 若级数 $\sum\limits_{n=1}^{\infty}a_n$ 收敛,则级数 $\sum\limits_{n=1}^{\infty}\dfrac{a_nz^n}{1-z^n}$ 处处收敛;

(2) 若级数 $\sum\limits_{n=1}^{\infty}a_n$ 发散,则级数 $\sum\limits_{n=1}^{\infty}\dfrac{a_nz^n}{1-z^n}$ 在级数 $\sum\limits_{n=1}^{\infty}a_nz^n$ 的收敛域内收敛,在这个域外发散.

证 (1) 若 $\sum\limits_{n=1}^{\infty}a_n$ 收敛,则 $\lim\limits_{n\to\infty}a_n=0$,故有 $|a_n|\leqslant M(n=1,2,\cdots)$. 当 $|z|<1$ 时,$\left|\dfrac{a_nz^n}{1-z^n}\right|\leqslant\dfrac{|a_n||z|^n}{1-|z|^n}\leqslant\dfrac{M|z|^n}{1-|z|^n}$,而

$$\lim_{n\to\infty}\frac{\dfrac{M|z|^{n+1}}{1-|z|^{n+1}}}{\dfrac{M|z|^n}{1-|z|^n}}=\lim_{n\to\infty}\frac{1-|z|^n}{1-|z|^{n+1}}|z|=|z|$$

所以,当 $|z|<1$ 时,$\sum\limits_{n=1}^{\infty}\dfrac{M|z|^n}{1-|z|^n}$ 收敛,故级数 $\sum\limits_{n=1}^{\infty}\dfrac{a_nz^n}{1-z^n}$ 在 $|z|<1$ 时绝对收敛.

当 $|z|>1$ 时

$$\sum_{n=1}^{\infty}\frac{a_nz^n}{1-z^n}=\sum_{n=1}^{\infty}\left(-a_n-\frac{a_n}{z^n-1}\right)=-\sum_{n=1}^{\infty}a_n-\sum_{n=1}^{\infty}\frac{a_nz^{-n}}{1-z^{-n}}$$

此时 $\left|\dfrac{1}{z^n}\right|<1$,由上面的讨论知,级数 $\sum\limits_{n=1}^{\infty}\dfrac{a_nz^{-n}}{1-z^{-n}}$ 在 $|z|>1$ 时绝对收敛,所以 $\sum\limits_{n=1}^{\infty}\dfrac{a_nz^n}{1-z^n}$ 在 $|z|>1$ 时也收敛.

(2) 若级数 $\sum_{n=1}^{\infty} a_n$ 发散，这时 $\overline{\lim_{n\to\infty}} \sqrt[n]{|a_n|} \geqslant 1$，因此可以证明级数 $\sum_{n=1}^{\infty} a_n z^n$ 的收敛域是一个圆域，其半径 $R \leqslant 1$，且在 $|z| < R$ 时绝对收敛.

当 $|z| > 1$ 时，我们用反证法证明 $\sum_{n=1}^{\infty} \frac{a_n z^n}{1-z^n}$ 发散.

倘若 $\sum_{n=1}^{\infty} \frac{a_n z^n}{1-z^n}$ 收敛，则 $\lim_{n\to\infty} \frac{a_n z^n}{1-z^n} = 0$. 所以

$$\left|\frac{a_n z^n}{1-z^n}\right| = |a_n| \left|\frac{z^n}{1-z^n}\right| < \frac{1}{2} \quad (n > N_1)$$

由于

$$\frac{|z|^n}{1+|z|^n} \leqslant \frac{|z|^n}{|1-z^n|} \leqslant \frac{|z|^n}{|z|^n - 1} \quad (|z| > 1)$$

故

$$\lim_{n\to\infty} \left|\frac{z^n}{1-z^n}\right| = 1 > \frac{1}{2}$$

于是

$$\left|\frac{z^n}{1 \quad z^n}\right| > \frac{1}{2} \quad (n > N_2)$$

因此必有 $|a_n| \leqslant 1 (n > N_3)$，所以

$$\left|\frac{a_n}{1-z^n}\right| \leqslant \frac{1}{|1-z^n|} \quad (n > N_3)$$

而

$$\lim_{n\to\infty} \left|\frac{1-z^n}{1-z^{n+1}}\right| = \frac{1}{|z|} \quad (\text{因为 } |z| > 1)$$

所以，级数 $\sum_{n=1}^{\infty} \frac{a^n}{1-z^n}$ 绝对收敛($|z| > 1$). 从而，$\sum_{n=1}^{\infty} \frac{a^n}{1-z^n} - \sum_{n=1}^{\infty} \frac{a_n z^n}{1-z^n} = \sum_{n=1}^{\infty} a_n$ 也收敛，矛盾.

当 $|z| < 1$ 时，由于 $\lim_{n\to\infty} \left[|a_n z^n| \Big/ \left|\frac{a_n z^n}{1-z^n}\right| \right] = 1$，所以 $\sum_{n=1}^{\infty} |a_n z^n|$ 与 $\sum_{n=1}^{\infty} \left|\frac{a_n z^n}{1-z^n}\right|$ 同时收敛与发散.

当 $|z| < R \leqslant 1$ 时，$\sum_{n=1}^{\infty} |a_n z^n|$ 收敛，故 $\sum_{n=1}^{\infty} \left|\frac{a_n z^n}{1-z^n}\right|$ 收敛，即在 $\sum_{n=1}^{\infty} a_n z^n$ 的收敛域内，级数 $\sum_{n=1}^{\infty} \frac{a_n z^n}{1-z^n}$ 绝对收敛.

当 $R\leqslant|z|<1$ 时，$\sum\limits_{n=1}^{\infty}a_n z^n$ 发散，我们来证明级数 $\sum\limits_{n=1}^{\infty}\dfrac{a_n z^n}{1-z^n}$ 也发散.

用反证法，若 $\sum\limits_{n=1}^{\infty}\dfrac{a_n z^n}{1-z^n}$ 在 $R\leqslant|z|<1$ 内收敛，则

$$\lim_{n\to\infty}\frac{a_n z^n}{1-z^n}=0$$

所以 $\left|\dfrac{a_n z^n}{1-z^n}\right|<1(n>N)$.

而

$$\left|\frac{a_n z^{2n}}{1-z^n}\right|=\left|\frac{a_n z^n}{1-z^n}\right||z|^n<|z|^n\quad(n>N)$$

所以 $\sum\limits_{n=1}^{\infty}\left|\dfrac{a_n z^{2n}}{1-z^n}\right|$ 在 $R\leqslant|z|<1$ 内收敛，于是

$$\sum_{n=1}^{\infty}\frac{a_n z^n}{1-z^n}-\sum_{n=1}^{\infty}\frac{a_n z^{2n}}{1-z^n}=\sum_{n=1}^{\infty}a_n z^n$$

在 $R\leqslant|z|<1$ 也收敛，矛盾.

注 级数 $\sum\limits_{n=1}^{\infty}2^n$ 发散，而 $\sum\limits_{n=1}^{\infty}2^n z^n$ 在 $|z|<R=\dfrac{1}{2}$ 时收敛，在 $|z|>\dfrac{1}{2}$ 时发散.

62 求级数 $\sum\limits_{n=1}^{\infty}\dfrac{z^n}{(1-z^n)(1-z^{n+1})}$ 的和函数($|z|\neq 1$).

解 因为

$$S_n(z)=\sum_{k=1}^{n}\frac{z^k}{(1-z^k)(1-z^{k+1})}=$$
$$\sum_{k=1}^{n}\left[\frac{z^k}{(1-z)(1-z^k)}-\frac{z^{k+1}}{(1-z)(1-z^{k+1})}\right]=$$
$$\frac{z}{(1-z)^2}-\frac{z^{n+1}}{(1-z)(1-z^{n+1})}\quad(|z|\neq 1)$$

所以

$$f(z)=\lim_{n\to\infty}S_n(z)=\begin{cases}\dfrac{z}{(1-z)^2}, & |z|<1\\ \dfrac{1}{(1-z)^2}, & |z|>1\end{cases}$$

63 求级数 $\sum_{n=1}^{\infty}\frac{z^{2^{n-1}}}{z^{2^n}-1}$ 的和函数($|z|\neq 1$).

解法 1 因为

$$S_n(z)=\sum_{k=1}^{n}\frac{z^{2^{k-1}}}{z^{2^k}-1}=\sum_{k=1}^{n}\left(\frac{1}{z^{2^{k-1}}-1}-\frac{1}{z^{2^k}-1}\right)=\frac{1}{z-1}-\frac{1}{z^{2^n}-1}$$

所以

$$f(z)=\lim_{n\to\infty}S_n(z)=\lim_{n\to\infty}\left(\frac{1}{z-1}-\frac{1}{z^{2^n}-1}\right)=$$

$$\begin{cases}\frac{z}{z-1}, & |z|<1\\ \frac{1}{z-1}, & |z|>1\end{cases}$$

解法 2 考虑级数

$$\sum_{n=0}^{\infty}\frac{z^{2^n}}{\prod_{k=0}^{n}(1+z^{2^k})}=S(z)$$

则

$$\frac{1}{1-z}S(z)=\sum_{n=0}^{\infty}\frac{z^{2^n}}{1-z^{2^{n+1}}}=-\sum_{n=1}^{\infty}\frac{z^{2^{n-1}}}{z^{2^n}-1}$$

可以证明

$$\sum_{n=1}^{\infty}\frac{z^{2^n}}{\prod_{k=0}^{n}(1+z^{2^k})}=\begin{cases}\frac{z^2}{1+z}, & |z|<1\\ \frac{1}{1+z}, & |z|>1\end{cases}$$

(提示:$\frac{1}{1-z}\sum_{n=1}^{\infty}\frac{z^{2^n}}{\prod_{k=1}^{n}(1+z^{2^k})}=\sum_{n=1}^{\infty}\frac{z^{2^n}}{1-z^{2^{n+1}}}=\sum_{n=1}^{\infty}\left(\frac{1}{1-z^{2^n}}-\frac{1}{1-z^{2^{n+1}}}\right)$).

所以

$$\sum_{n=1}^{\infty}\frac{z^{2^{n-1}}}{z^{2^n}-1}=\frac{1}{z-1}S(z)=\frac{1}{z-1}\left[\frac{z}{1+z}+\sum_{n=1}^{\infty}\frac{z^{2^n}}{\prod_{k=0}^{n}(1+z^{2^k})}\right]=$$

$$\begin{cases}\frac{z}{z-1}\left(\frac{z}{1+z}+\frac{z^2}{1+z}\right)=\frac{z}{z-1}, & |z|<1\\ \frac{1}{z-1}=\left(\frac{z}{1+z}+\frac{1}{1+z}\right)=\frac{1}{z-1}, & |z|>1\end{cases}$$

64 级数 $\sum_{n=0}^{\infty} f_n(z)$ 在某域 G 为内闭一致收敛的充要条件是 G 内每点 z_0 存在一个邻域，在其中级数一致收敛.

证 必要性是显然的，因若 $|z-z_0|\leqslant\rho$ 为以 z_0 为心且属于 G 的闭圆，则级数在其中必是一致收敛的，因此在 z_0 的邻域 $|z-z_0|<\rho$ 内也一致收敛.

为证充分性，用反证法. 设条件成立，但在某一闭集 $F\subset G$ 内不一致收敛，则必有 $\varepsilon_0>0$ 与任意大的自然数 $n_k(n_k<n_{k+1})$ 以及点 $z_k\in F$，使

$$|f(z_k)-s_{n_k}(z_k)|\geqslant\varepsilon_0$$

点列 $\{z_k\}$ 能找出 z 列 $\{z_{k'}\}$，这个 z 列趋于某一点 $z_0\in F$（F 是闭集）. 因 $z_0\in G$，故对这点存在一个邻域 $U\subset G$（由假设），在其上级数一致收敛，因此 U 中所有点 z，若 n 充分大则必有

$$|f(z)-s_n(z)|<\varepsilon_0$$

在另一方面，由假定，有任意大的数 $n_{k'}$ 存在，使得位于 U 中的点 $z_{k'}$（自其中某一个起，所有点 $\{z_{k'}\}$ 都属于 U），有

$$|f(z_{k'})-s_{n_{k'}}(z_{k'})|\geqslant\varepsilon_0$$

这是一个矛盾.

65 证明：级数 $\sum_{n=1}^{\infty} f_n(z)$ 在集 G 上一致收敛的充要条件是：对任给 $\varepsilon>0$，存在 N，当 $n>N$ 时，使对所有的 $z\in G$ 及任意的自然数 p，均有

$$\left|\sum_{k=n+1}^{n+p} f_k(z)\right|<\varepsilon$$

证 设 $\sum_{n=1}^{\infty} f_n(z)$ 在 G 上一致收敛于 $f(z)$，则

$$\left|f(z)-\sum_{k=1}^{n} f_k(z)\right|<\frac{\varepsilon}{2}\quad(n>N,z\in G)$$

故

$$\left|\sum_{k=n+1}^{n+p} f_k(z)\right|=\left|\sum_{k=1}^{n+p} f_k(z)-\sum_{k=1}^{n} f_k(z)\right|\leqslant$$
$$\left|\sum_{k=1}^{n+p} f_k(z)-f(z)\right|+\left|f(z)-\sum_{k=1}^{n} f_k(z)\right|<\frac{\varepsilon}{2}+\frac{\varepsilon}{2}=\varepsilon$$

（$n>N,z\in G,p$ 为任意自然数）.

反之,因$\left|\sum_{k=n+1}^{n+p} f_k(z)\right|<\frac{\varepsilon}{2}$,$n>N$,$z\in G$,$p$为任意自然数,固定$n$,令$p\to\infty$,则有

$$\left|\sum_{k=n+1}^{\infty} f_k(z)\right|=\left|\sum_{k=1}^{\infty} f_k(z)-\sum_{k=1}^{n} f_k(z)\right|\leqslant\frac{\varepsilon}{2}<\varepsilon$$

所以,$\sum_{n=1}^{\infty} f_n(z)$在集$G$上一致收敛.

66 证明:几何级数$\sum_{n=0}^{\infty} z^n$满足以下条件:

(1) 当$|z|<1$时,收敛;

(2) 在$|z|\leqslant r<1$内一致收敛;

(3) 在$|z|<1$内不一致收敛.

证 (1) 当$|z|<1$时

$$\lim_{n\to\infty} S_n(z)=\lim_{n\to\infty}\sum_{k=0}^{n} z^k=\lim_{n\to\infty}\frac{1-z^{n+1}}{1-z}=\frac{1}{1-z}$$

所以$\sum_{n=1}^{\infty} z^n$收敛.

(2) 在$|z|\leqslant r<1$内,显然有$|z|^n\leqslant r^n$,而级数$\sum_{n=0}^{\infty} r^n$收敛,故级数$\sum_{n=0}^{\infty} z^n$一致收敛.

也可用上题来证明,因为

$$\left|\sum_{k=n+1}^{n+p} z^k\right|=\left|\frac{z^{n+1}(1-z^p)}{1-z}\right|\leqslant\frac{r^{n+1}(1+r^p)}{1-r}\to 0\quad(n\to\infty)$$

(3) 在$|z|<1$内,不论怎样大的n,取z为正实数,则有

$$\left|\sum_{k=n+1}^{n+p} z^k\right|=\frac{|z|^{n+1}|1-z^p|}{|1-z|}=\frac{z^{n+1}(1-z^p)}{1-z}$$

令$p=n$,取$z_n=\frac{n}{n+1}<1$,有

$$\left|\sum_{k=n+1}^{n+p} z^k\right|=\frac{n\left[1-\left(1+\frac{1}{n}\right)^{-n}\right]}{\left(1+\frac{1}{n}\right)^{n}}>\frac{n}{9}$$

所以$\sum_{n=1}^{\infty} z^n$在$|z|<1$不一致收敛.

67 证明：级数 $\sum_{n=1}^{\infty} f_n(z)$ 在域 G 内所有各有界闭集上一致收敛的充要条件是：对 G 内每一点 z_0，存在一个邻域 $U_\rho(z_0)$，级数在 $U_\rho(z_0)$ 内是一致收敛的.

证 对 G 内任一点 z_0，作闭邻域 $|z-z_0|\leqslant\rho$，使它包含在域 G 中，由于级数 $\sum_{n=1}^{\infty} f_n(z)$ 在 G 内所有各有界闭集上一致收敛，所以 $\sum_{n=1}^{\infty} f_n(z)$ 在此闭邻域上一致收敛，因此在邻域 $|z-z_0|<\rho$(即 $U_\rho(z_0)$) 内也是一致收敛的.

反之，设条件成立，倘若级数 $\sum_{n=1}^{\infty} f_n(z)$ 在某一个闭集 $E(E\subset G)$ 内不一致收敛，则对某个 ε_0 与任意大的自然数 n_k 及点 $z_k\in E$ 使得

$$|f(z_k)-s_{n_k}(z_k)|\geqslant\varepsilon_0$$

其中 $s_{n_k}(z_k)=\sum_{j=1}^{n_k} f_j(z_k)$，$f(z_k)=\sum_{j=1}^{\infty} f_j(z_k)$，因为 $\sum_{n=1}^{\infty} f_n(z)$ 在 z_k 的某邻域内一致收敛，故可设和函数为 $f(z)$，$n_k\to+\infty(k\to\infty)$.

由有界点列 $\{z_k\}$ 中，取出收敛的子列 $\{z_{k_j}\}$，$z_k\in E$，而 E 为闭集，所以有

$$\lim_{j\to\infty} z_{k_j}=z_0\in E$$

于是由题设有邻域 $U_\rho(z_0)\subset G$，级数 $\sum_{n=1}^{\infty} f_n(z)$ 在 $U_\rho(z_0)$ 内一致收敛. 故对这个 ε_0，存在 N，使当 $n>N$ 时，在 $U_\rho(z_0)$ 内所有点处，都有

$$|f(z)-s_n(z_0)|<\varepsilon_0$$

但上面的极限只要 k_j 充分大，$z_{k_j}\in U_\rho(z_0)$，选 k，使 $n_k>N$，这时却有

$$|f(z_{k_j})-s_{n_{k_j}}(z_{k_j})|\geqslant\varepsilon_0$$

矛盾.

68 求复数列 $\left\{\dfrac{z^n}{1+z^{2n}}\right\}$ 的一致收敛的集合($|z|\neq 1$).

解 因为 $\lim\limits_{n\to\infty}\dfrac{z^n}{1+z^{2n}}=0$($|z|<1$ 或 $|z|>1$).

(1) 当 $|z|\leqslant r<1$ 时，$\left|\dfrac{z^n}{1+z^{2n}}\right|\leqslant\dfrac{|z|^n}{1-|z|^{2n}}\leqslant\dfrac{r^n}{1-r^{2n}}$，由于 $\lim\limits_{n\to\infty}\dfrac{r^n}{1-r^{2n}}=0$，所以，对任给 $\varepsilon>0$，存在 N，当 $n>N$ 时，有

$$\left|\frac{z^n}{1+z^{2n}}\right|<\varepsilon$$

对所有的 $|z| \leqslant r < 1$ 成立，故此时 $\left\{\frac{z^n}{1+z^{2n}}\right\}$ 是一致收敛的.

(2) 当 $|z| \geqslant R > 1$ 时

$$\left|\frac{z^n}{1+z^{2n}}\right| = \frac{1}{\left|\frac{1}{z^n}+z^n\right|} \leqslant \frac{1}{\left||z|^n - \left|\frac{1}{z^n}\right|\right|} \leqslant \frac{1}{R^n - \frac{1}{R^n}}$$

而

$$\lim_{n\to\infty} \frac{1}{R^n - \frac{1}{R^n}} = 0 \quad (R > 1)$$

所以，此时如前可证序列也一致收敛.

(3) 在 $|z| < 1$ 内，这时 $|z|$ 可取任意接近于 1 的值，例如取 $z_n = \frac{n}{n+1}$ $(z_n \in |z| < 1)$，又由

$$\lim_{n\to\infty} \frac{z_n^n}{1+z_n^{2n}} = \lim_{n\to\infty} \frac{\left(\frac{n}{n+1}\right)^n}{1+\left[\left(\frac{n}{n+1}\right)^n\right]^2} = \frac{\frac{1}{\mathrm{e}}}{1+\frac{1}{\mathrm{e}^2}} = \frac{\mathrm{e}}{1+\mathrm{e}^2}$$

所以，存在 N_0. 当 $n > N_0$ 时，有 $\frac{z_n^n}{1+z_n^{2n}} > \frac{1}{2} \cdot \frac{\mathrm{e}}{1+\mathrm{e}^2}$. 于是，若取 $\varepsilon_0 - \frac{1}{2} \cdot \frac{\mathrm{e}}{1+\mathrm{e}^2}$，则不论 n 如何大 $(n > N_0)$，总有 $z_n = \frac{n}{n+1}$，使

$$\left|\frac{z_n^n}{1+z_n^{2n}}\right| > \varepsilon_0$$

故 $\left\{\frac{z^n}{1+z^{2n}}\right\}$ 在 $|z| < 1$ 内非一致收敛.

当 $|z| > 1$ 时，也有 $z_n = \frac{n+1}{n}$ 任意接近于 1，且有

$$\lim_{n\to\infty} \frac{z^n}{1+z^{2n}} = \lim_{n\to\infty} \frac{\left(1+\frac{1}{n}\right)^n}{1+\left[\left(1+\frac{1}{n}\right)^n\right]^2} = \frac{\mathrm{e}}{1+\mathrm{e}^2}$$

故在此区域内也非一致收敛.

综上所述，数列 $\left\{\frac{z^n}{1+z^{2n}}\right\}$ 的一致收敛集合为 $|z| \leqslant r < 1$ 与 $|z| \geqslant R > 1$.

69 证明：级数 $\sum_{n=1}^{\infty} \frac{1}{n^2}\left(z^n + \frac{1}{z^n}\right)$ 当 $|z| = 1$ 时一致收敛，当 $|z| \neq 1$

时发散.

证 (1) 当 $|z|<1$ 时,因为 $\left|\frac{1}{n^2}z^n\right|\leqslant\frac{1}{n^2}$,所以级数 $\sum\limits_{n=1}^{\infty}\frac{1}{n^2}z^n$ 收敛.

又由 $\lim\limits_{n\to\infty}\left|\frac{n^2z^n}{(n+1)^2z^{n+1}}\right|=\frac{1}{|z|}>1$,故级数 $\sum\limits_{n=1}^{\infty}\frac{1}{n^2}\cdot\frac{1}{z^n}$ 发散.

所以,此时级数 $\sum\limits_{n=1}^{\infty}\frac{1}{n^2}\left(z^n+\frac{1}{z^n}\right)$ 发散.

(2) 当 $|z|>1$ 时,$\sum\limits_{n=1}^{\infty}\frac{1}{n^2}\cdot\frac{1}{z^n}$ 收敛,而 $\sum\limits_{n=1}^{\infty}\frac{1}{n^2}z^n$ 发散,后者是因为 $\lim\limits_{n\to\infty}\left|\frac{z^{n+1}}{(n+1)^2}\cdot\frac{n^2}{z^n}\right|=|z|>1$.

所以,此时原级数也发散.

(3) 当 $|z|=1$ 时,由于 $\left|\frac{1}{n^2}\left(z^n+\frac{1}{z^n}\right)\right|\leqslant\frac{2}{n^2}$,而 $\sum\limits_{n=1}^{\infty}\frac{2}{n^2}$ 收敛,故级数 $\sum\limits_{n=1}^{\infty}\frac{1}{n^2}\left(z^n+\frac{1}{z^n}\right)$ 在 $|z|=1$ 上一致收敛.

70 求级数 $\sum\limits_{n=1}^{\infty}\mathrm{e}^{-z\ln n}$ 的一致收敛的集合.

解 $|\mathrm{e}^{-z\ln n}|=\mathrm{e}^{-x\ln n}=\frac{1}{n^x}(\mathrm{Re}\,z=x)$.

(1) 当 $x>1$ 时,$\sum\limits_{n=1}^{\infty}\frac{1}{n^x}$ 收敛.

所以,此时 $\sum\limits_{n=1}^{\infty}\mathrm{e}^{-z\ln n}$ 收敛,但非一致收敛.我们只需证明:

存在一个 $\varepsilon_0>0$,不管多大的自然数 n,总有一个 $z_n(\mathrm{Re}\,z_n>1)$ 与一个自然数 p_n,使得

$$\left|\sum_{m=n+1}^{n+p_n}f_m(z_n)\right|\geqslant\varepsilon_0$$

其中 $f_m(z_n)=\mathrm{e}^{-z_n\ln m}$.对给定的 n,取 $z_n=1+\frac{1}{n}$,$p_n=n$.因 $\mathrm{e}^{-z_n\ln n}=\frac{1}{n^{n+\frac{1}{n}}}$,所以

$$\left|\sum_{m=n+1}^{n+p_n}f_m(z_n)\right|=\left|\sum_{m=n+1}^{n+n}\frac{1}{m^{1+\frac{1}{n}}}\right|=$$

$$\left|\frac{1}{(n+1)^{1+\frac{1}{n}}}+\frac{1}{(n+2)^{1+\frac{1}{n}}}+\cdots+\frac{1}{(n+n)^{1+\frac{1}{n}}}\right|\geqslant$$

$$\frac{n}{(2n)^{1+\frac{1}{n}}}=\frac{1}{2^{1+\frac{1}{n}}n^{\frac{1}{n}}}\to\frac{1}{2}\quad(n\to\infty)$$

于是可取 $\varepsilon_0=\frac{1}{4}$，当 n 充分大时有 $\left|\sum\limits_{m=n+1}^{n+p_n}f_m(z_n)\right|>\frac{1}{4}$，故 $\sum\limits_{n=1}^{\infty}\mathrm{e}^{-z\ln n}$ 在 $\mathrm{Re}\,z=x>1$ 时非一致收敛.

(2) 当 $\mathrm{Re}\,z=x\geqslant 1+\delta(\delta>0)$ 时

$$|\mathrm{e}^{-z\ln n}|=\frac{1}{n^x}\leqslant\frac{1}{n^{1+\delta}}$$

而 $\sum\limits_{n=1}^{\infty}\frac{1}{n^{1+\delta}}$ 收敛，所以 $\sum\limits_{n=1}^{\infty}\mathrm{e}^{-z\ln n}$ 在 $\mathrm{Re}\,z=x\geqslant 1+\delta(\delta>0)$ 一致收敛.

(3) 当 $\mathrm{Re}\,z=x<1$ 时，可用反证法证明 $\sum\limits_{n=1}^{\infty}\mathrm{e}^{-z\ln n}$ 发散.

倘若在某一点 $z_0=x_0+\mathrm{i}y_0(x_0<1)$ 收敛，则可证明：当 $\mathrm{Re}\,z=x>x_0$ 时级数也收敛.

因为若令 $\alpha_m=\sum\limits_{k=n+1}^{m}\mathrm{e}^{-z_0\ln k}(m>n)$，$\alpha_n=0$，这时

$$\sum_{k=n+1}^{n+p}\mathrm{e}^{-z\ln k}=\sum_{k=n+1}^{n+p}\mathrm{e}^{-(z-z_0)\ln k-z_0\ln k}=\sum_{k=n+1}^{n+p}(\alpha_k-\alpha_{k-1})b_k$$

其中

$$\alpha_k-\alpha_{k-1}=\mathrm{e}^{-z_0}\mathrm{e}^{\ln k},b_k=\mathrm{e}^{-(z-z_0)\ln k}$$

由阿贝尔变换

$$\sum_{k=n+1}^{n+p}(\alpha_k-\alpha_{k-1})b_k=\alpha_{n+p}b_{n+p}-\sum_{k=n+1}^{n+p-1}\alpha_k(b_{k+1}-b_k)\quad(\text{因为 }\alpha_n=0)$$

因 $\sum\limits_{n=1}^{\infty}\mathrm{e}^{-z_0\ln n}$ 收敛，故可选 m 充分大，使 $m>n>N$ 时

$$|\alpha_m|=\left|\sum_{k=n+1}^{m}\mathrm{e}^{-z_0\ln k}\right|<\varepsilon$$

因

$$|b_{n+p}|=|\mathrm{e}^{-(z-z_0)\ln(n+p)}|=\mathrm{e}^{-(x-x_0)\ln(n+p)}$$

$$|b_{k+1}-b_k|=|\mathrm{e}^{-(z-z_0)\ln(k+1)}-\mathrm{e}^{-(z-z_0)\ln k}|=\left|(z-z_0)\cdot\int_{\ln k}^{\ln(k+1)}\mathrm{e}^{-t(z-z_0)}\mathrm{d}t\right|\leqslant$$

$$|z-z_0|\left|\int_{\ln k}^{\ln(k+1)} e^{-t(x-x_0)}\,dt\right|=$$
$$\left|\frac{z-z_0}{x-x_0}\right|\left|e^{-(x-x_0)\ln(k+1)}-e^{-(x-x_0)\ln k}\right|$$

所以

$$\left|\sum_{k=n+1}^{n+p} e^{-z\ln k}\right|=\left|\sum_{k=n+1}^{n+p}(\alpha_k-\alpha_{k-1})b_k\right|\leqslant$$
$$|\alpha_{n+p}||b_{n+p}|\left|\sum_{k=n+1}^{n+p-1}\alpha_k(b_{k+1}-b_k)\right|<\varepsilon e^{-(x-x_0)\ln(n+p)}+$$
$$\varepsilon\sum_{k=n+1}^{n+p}\left|\frac{z-z_0}{x-x_0}\right|\left|e^{-(x-x_0)\ln(k+1)}-e^{-(x-x_0)\ln k}\right|$$

由 $x>x_0$ 有 $-(x-x_0)<0$,故 $e^{-(x-x_0)\ln(n+p)}\to 0(n\to\infty)$.

于是

$$\sum_{k=n+1}^{n+p-1}\left|e^{-(x-x_0)\ln(k+1)}-e^{-(x-x_0)\ln k}\right|=$$
$$\sum_{k=n+1}^{n+p-1}\left(e^{-(x-x_0)\ln k}-e^{-(x-x_0)\ln(k+1)}\right)=$$
$$e^{-(x-x_0)\ln(n+1)}-e^{-(x-x_0)\ln(n+p)}<1$$

故

$$\left|\sum_{k=n+1}^{n+p} e^{-z\ln k}\right|<\varepsilon+\left|\frac{z-z_0}{x-x_0}\right|\varepsilon=\left(1+\left|\frac{z-z_0}{x-x_0}\right|\right)\varepsilon$$

所以,级数 $\sum_{n=1}^{\infty} e^{-z\ln n}$ 在 $\mathrm{Re}\,z=x>x_0(x_0<1)$ 时收敛.但是,显然 $\mathrm{Re}\,z=z=x=1>x_0$,而 $\sum_{n=1}^{\infty} e^{-\ln n}=\sum_{n=1}^{\infty}\frac{1}{n}$ 发散,矛盾.因而级数 $\sum_{n=1}^{\infty} e^{-z\ln n}$ 在 $\mathrm{Re}\,z=x<1$ 时发散.

综上所述,级数 $\sum_{n=1}^{\infty} e^{-z\ln n}$ 一致收敛的集合为 $\mathrm{Re}\,z=x\geqslant 1+\delta(\delta>0)$.

71 级数 $\sum_{n=0}^{\infty}\frac{z}{(1+z^2)^n}$ 于区间 $0\leqslant z\leqslant 1$ 绝对收敛,但不一致收敛,而级数 $\sum_{n=1}^{\infty}\frac{(-1)^{n-1}}{z+n}$ 于区间 $0\leqslant z\leqslant 1$ 一致收敛但不绝对收敛.

证 级数 $\sum_{n=0}^{\infty}\frac{z}{(1+z^2)^n}$ 于 $z=0$ 的收敛性不在话下,对 $0<z\leqslant 1$ 有

$$\sum_{n=0}^{\infty}\left|\frac{z}{(1+z^2)^n}\right|=\sum_{n=0}^{\infty}\frac{z}{(1+z^2)^n}=z+\frac{1}{z}<+\infty$$

故为绝对收敛.

而

$$\sum_{t=n}^{\infty}\frac{z}{(1+z^2)^t}=\begin{cases}0, z=0\\ \dfrac{1}{z(1+z^2)^{n-1}}, z\neq 0\end{cases}$$

由此知不管 n 如何,总有 z(充分接近 0),使

$$\left|\frac{1}{z(1+z^2)^{n-1}}\right|>1$$

故级数不一致收敛.

又对 $0\leqslant z\leqslant 1$,有

$$0<\frac{1}{z+n}-\frac{1}{z+n+1}+\frac{1}{z+n+2}-\cdots<\frac{1}{z+n}\leqslant\frac{1}{n}$$

于是

$$\left|\sum_{j=n}^{\infty}\frac{(-1)^{j-1}}{z+j}\right|<\frac{1}{n}$$

故 $\sum\limits_{n=1}^{\infty}\frac{(-1)^{n-1}}{z+n}$ 一致收敛,而

$$\sum_{n=1}^{\infty}\left|\frac{(-1)^{n-1}}{z+n}\right|=\sum_{n=1}^{\infty}\frac{1}{z+n}\geqslant\sum_{n=1}^{\infty}\frac{1}{n}$$

从而级数非绝对收敛.

72 证明:级数 $\sum\limits_{n=1}^{\infty}\frac{z}{(1+z^2)^n}$ 在 $|z|\geqslant 0$, $|\arg z|\leqslant\frac{\pi}{4}$ 时绝对收敛,但非一致收敛.

证 令 $z=re^{i\varphi}$, $r\geqslant 0$, $|\varphi|\leqslant\frac{\pi}{4}$. 因为

$$\left|\frac{z}{(1+z^2)^n}\right|=\left|\frac{re^{i\varphi}}{(1+r^2e^{2i\varphi})^n}\right|=$$

$$\frac{r}{(1+2r^2\cos 2\varphi+r^4)^{n/2}}\leqslant\frac{r}{(\sqrt{1+r^4})^n}\quad\left(|\varphi|<\frac{\pi}{4}\right)$$

又几何级数 $\sum\limits_{n=1}^{\infty}\frac{r}{(\sqrt{1+r^4})^n}$ 收敛,所以级数 $\sum\limits_{n=1}^{\infty}\frac{z}{(1+z^2)^n}$ 绝对收敛,下面证明它不一致收敛.

因为,当 $z \neq 0$ 时

$$S_n(z) = \sum_{k=1}^{\infty} \frac{z}{(1+z^2)^k} = z\frac{\frac{1}{1+z^2}\left[1-\frac{1}{(1+z^2)^n}\right]}{1-\frac{1}{1+z^2}} = \frac{1}{z}\left[1-\frac{1}{(1+z^2)^n}\right]$$

故和函数

$$S(z) = \lim_{n\to\infty} S_n(z) = \frac{1}{z}$$

因此,余项

$$R_n(z) = S(z) - S_n(z) = \frac{1}{z(1+z^2)^n}$$

对取定的 n,取 $z = z_n = \frac{1}{\sqrt{n}}$. 由于

$$\lim_{n\to\infty} R_n(z_n) = \lim_{n\to\infty} \frac{\sqrt{n}}{\left(1+\frac{1}{n}\right)^n} = \infty$$

所以原级数在所述域内非一致收敛.

73 证明:若级数 $\sum_{n=1}^{\infty} f_n(z)$ 在区域 G 内的每一个闭域上一致收敛,且 $f_n(z)$ 在 G 内解析,则级数 $\sum_{n=1}^{\infty} |f'_n(z)|$ 在上述闭域上也一致收敛.

证 设 $\overline{G}'$ 是 G 内的任一闭域,z_0 是 $\overline{G}'$ 上的任意一点. 作圆周 Γ: $|z-z_0|=2d$,使闭圆 k: $|z-z_0| \leqslant 2d$,$k \subset G$. 考虑邻域 $U_d(z_0)$: $|z-z_0| < d$,当 $z \in U_d(z_0)$,$\zeta \in \Gamma$ 时,$|\zeta - z| > d$.

因为级数 $\sum_{n=1}^{\infty} |f_n(z)|$ 在 G 内的每一个闭域上一致收敛,所以在 Γ 上也一致收敛,于是,对任给 $\varepsilon > 0$,存在 N,当 $n > N$ 时及任意的自然数 p 与所有的 $\zeta \in \Gamma$,有

$$\sum_{k=n+1}^{n+p} |f_k(\zeta)| < \varepsilon$$

又因 $f_n(z)$ 在 G 内解析,所以由柯西公式知,当 $\zeta \in \Gamma$,$z \in U_d(z_0)$ 时,有

$$f'_n(z)=\frac{1}{2\pi i}\int_\Gamma\frac{f_n(\zeta)d\zeta}{(\zeta-z)^2}$$

于是

$$\sum_{k=n+1}^{n+p}|f'_k(z)|=\sum_{k=n+1}^{n+p}\left|\frac{1}{2\pi i}\int_\Gamma\frac{f_k(\zeta)d\zeta}{(\zeta-z)^2}\right|\leqslant$$

$$\frac{1}{2\pi}\int_\Gamma\frac{\sum\limits_{k=n+1}^{n+p}|\zeta_k(\zeta)|}{|\zeta-z|^2}|d\zeta|<\frac{1}{2\pi}\int_\Gamma\frac{\varepsilon}{d^2}|d\zeta|=\frac{\varepsilon}{d}$$

这对邻域 $U_d(z_0)$ 内任一点 z 都成立.

所以,级数 $\sum\limits_{n=1}^{\infty}|f'_n(z)|$ 在 $U_d(z_0)$ 内一致收敛. 而 z_0 是 $\overline{G}'$ 内任意一点,由有限覆盖定理知:$\overline{G}'$ 可以被有限个邻域 U 盖住,而在每一个这种邻域 U 内,$\sum\limits_{n=1}^{\infty}|f'_n(z)|$ 是一致收敛的,故级数 $\sum\limits_{n=1}^{\infty}|f'_n(z)|$ 在区域 $\overline{G}'$ 上一致收敛.

74 求下列级数的收敛域:

(1) $\sin z+\frac{1}{2}\sin^2 z+\frac{1}{3}\sin^3 z+\cdots+\frac{1}{n}\sin^n z+\cdots$;

(2) $z^2+\frac{z^2}{1+z^2}+\frac{z^2}{(1+z^2)^2}+\cdots+\frac{z^2}{(1+z^2)^n}+\cdots$.

解 (1) 令 $\sin z=w$,则

$$w+\frac{w^2}{2}+\frac{w^3}{3}+\cdots+\frac{w^n}{n}+\cdots$$

这个级数的收敛域是 $|w|\leqslant 1,w\neq 1$(实际上 $|w|<1$ 是显然的,当 $|w|=1(w\neq 1)$ 时

$$\mathrm{Re}\left(\sum_{n=1}^{\infty}\frac{w^n}{n}\right)=\sum_{n=1}^{\infty}\frac{\cos n\theta}{n},\mathrm{Im}\left(\sum_{n=1}^{\infty}\frac{w^n}{n}\right)=\sum_{n=1}^{\infty}\frac{\sin n\theta}{n}$$

而前面证明过此二级数收敛),即 $|\sin z|\leqslant 1,\sin z\neq 1$.

令 $z=x+iy$,则上式为

$$\sqrt{\sin^2 x+\sin h^2 y}\leqslant 1\quad(x\neq\frac{4n+1}{2}\pi,n\text{ 为整数})$$

即

$$|\cos x|\geqslant|\sin hy|\quad(x\neq\frac{4n+1}{2}\pi)$$

故收敛域为图 1 中阴影部分去掉实轴上的点 $x=\frac{4n+1}{2}\pi$ 及无穷远点.

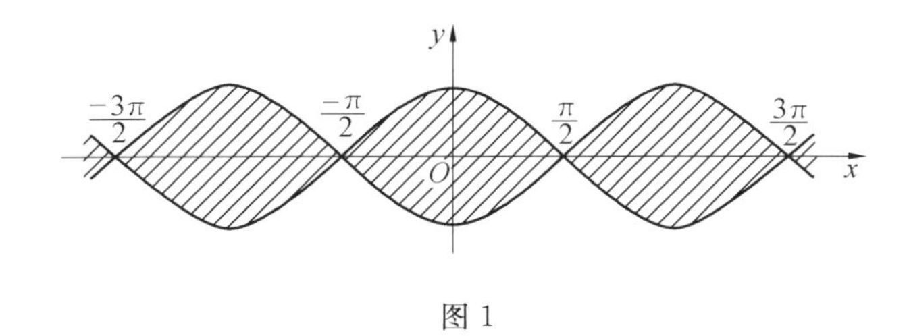

图 1

(2) 级数(2) 是以$\frac{1}{1+z^2}$为公比的无穷等比级数,则

$$\sum_{n=0}^{\infty}\frac{z^2}{(1+z^2)^n}=\lim_{n\to\infty}\sum_{k=0}^{n}\frac{z^2}{(1+z^2)^k}=\lim_{n\to\infty}\frac{z^2\left[1-\frac{1}{(1+z^2)^{n+1}}\right]}{1-\frac{1}{1+z^2}}=$$

$$\lim_{n\to\infty}\left[1+z^2-\frac{1}{(1+z^2)^n}\right]\quad\left(\frac{1}{1+z^2}\neq 1\right)$$

所以当 $|1+z^2|>1$ 时收敛,当 $|1+z^2|\leqslant 1$(但 $1+z^2\neq 1$) 时发散.

特别地,当$\frac{1}{1+z^2}=1$,即 $z=0$ 时原级数收敛. 故所求收敛域为

$$|1+z^2|>1 \text{ 及 } z=0$$

令 $z=re^{i\theta}$,则知为双纽线 $r^2=-2\cos 2\theta$ 的外部及原点(图 2).

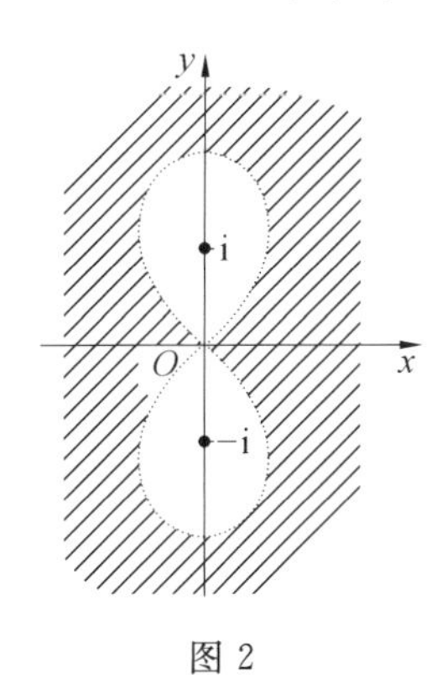

图 2

75 设 a 为与 z 无关的参数,而 $w=a+z\sin w$(开普勒(Kepler)方程),证明下列展开式

$$w=a+z\sin a+\frac{z^2}{2!}\cdot\frac{\mathrm{d}\sin^2 a}{\mathrm{d}a}+\frac{z^3}{3!}\cdot\frac{\mathrm{d}^2\sin^3 a}{\mathrm{d}a^2}=\cdots$$

证　已知

$$w=a+z\sin w \tag{1}$$

视 w 为独立变数 z,a 的函数，微分得

$$\frac{\partial w}{\partial z}=\sin w+z\cos w\frac{\partial w}{\partial z},\frac{\partial w}{\partial a}=1+z\cos w\frac{\partial w}{\partial a}$$

于是令

$$z\cos w\neq 1 \tag{2}$$

上两式变为

$$\frac{\partial w}{\partial z}=\frac{\sin w}{1-z\cos w},\frac{\partial w}{\partial a}=\frac{1}{1-z\cos w}$$

由此得

$$\frac{\partial w}{\partial z}=\sin w\frac{\partial w}{\partial a} \tag{3}$$

再对 z 微分得

$$\frac{\partial^2 w}{\partial z^2}=\frac{\partial}{\partial w}\left(\sin w\frac{\partial w}{\partial a}\right)=\cos w\frac{\partial w}{\partial a}\cdot\frac{\partial w}{\partial a}+\sin w\frac{\partial^2 w}{\partial z\partial a}=$$
$$\frac{\partial}{\partial a}\left(\sin w\frac{\partial w}{\partial z}\right)$$

将式(3)代入得

$$\frac{\partial^2 w}{\partial z^2}=\frac{\partial}{\partial a}\left(\sin^2 w\frac{\partial w}{\partial a}\right) \tag{4}$$

再对 z 微分得

$$\frac{\partial^3 w}{\partial z^3}=\frac{\partial}{\partial a}\cdot\frac{\partial}{\partial z}\left(\sin^2 w\frac{\partial w}{\partial a}\right)=\frac{\partial}{\partial a}\cdot\frac{\partial}{\partial a}\left(\sin^2 w\frac{\partial w}{\partial z}\right)=$$
$$\frac{\partial^2}{\partial a^2}\left(\sin^3 w\frac{\partial w}{\partial a}\right)\quad(\text{由式(3)})$$

依次进行，一般地，有

$$\frac{\partial^n w}{\partial z^n}=\frac{\partial^{n-1}}{\partial a^{n-1}}\left(\sin^n w\frac{\partial w}{\partial a}\right)$$

求其在 $z=0$ 处的值，则

$$\left(\frac{\partial^n w}{\partial z^n}\right)_0=\frac{\partial^{n-1}}{\partial a^{n-1}}\left(\sin^n w\frac{\partial w}{\partial a}\right)_0=\frac{\partial^{n-1}}{\partial a^{n-1}}\left(\sin^n w_0\frac{\partial w_0}{\partial a}\right)=$$
$$\frac{\partial^{n-1}}{\partial a^{n-1}}\left(\sin^n a\frac{\partial a}{\partial a}\right)=\frac{\partial^{n-1}}{\partial a^{n-1}}(\sin^n a)$$

右边关于 a 的偏微分是由于把在 w 中与之有关的 z 视为常数来处理的，因此在微分之后令 $z=0$，或在微分之前令 $z=0$，结果应该一致.

这样，显然 $z=0$ 适合条件(2)，故在 $z=0$ 近旁 w 为解析，于是可展为

Maclaurin 级数

$$u=w_0+z\left(\frac{\partial w}{\partial z}\right)_0+\frac{z^2}{2!}\left(\frac{\partial^2 w}{\partial z^2}\right)_0+\frac{z^3}{3!}\left(\frac{\partial^3 w}{\partial z^3}\right)_0+\cdots=$$

$$a+z\sin a+\frac{z^2}{2!}\cdot\frac{\mathrm{d}\sin^2 a}{\mathrm{d}a}+\frac{z^3}{3!}\cdot\frac{\mathrm{d}^2\sin^3 a}{\mathrm{d}a^2}+\cdots+$$

$$\frac{z^n}{n!}\cdot\frac{\mathrm{d}^{n-1}\sin^n a}{\mathrm{d}a^{n-1}}+\cdots$$

76 级数 $\sum\limits_{n=1}^{\infty}a_n\mathrm{e}^{-\lambda_n z}$ 称为狄利克雷级数，其中 a_n 为复系数，λ_n 是满足条件

$$\lambda_{n+1}>\lambda_n\quad(n=1,2,\cdots),\lim_{n\to\infty}\lambda_n=\infty$$

的非负实数.

若此级数在点 $z_0=x_0+\mathrm{i}y_0$ 收敛，则它在半平面 $\mathrm{Re}\ z=x>x_0$ 的所有点处均收敛，而且在每一个角

$$|\arg(z-z_0)|\leqslant\varphi_0<\frac{\pi}{2}$$

内一致收敛.

证 (1) 假定 $z_0=0$，因为级数在 $z=0$ 时是收敛的，所以 $\sum\limits_{n=1}^{\infty}a_n$ 是收敛的.

令 $r_n=\sum\limits_{k=n}^{\infty}a_k$，则 $\lim r_n=0$. 所以，对任给 $\varepsilon>0$，存在 N，当 $n>N$ 时，有

$$|r_n|<\varepsilon$$

考虑级数 $\sum\limits_{n=1}^{\infty}a_n\mathrm{e}^{-\lambda_n z}(\mathrm{Re}\ z=x>0)$. 再令 $R_{n,m}=\sum\limits_{k=1}^{m}a_k\mathrm{e}^{-\lambda_k z}(m>n>N)$.

由于 $a_k=r_k-r_{k+1}$，所以

$$\begin{aligned}|R_{n,m}|=&\left|\sum_{k=1}^{m}(r_k-r_{k+1})\mathrm{e}^{-\lambda_k z}\right|=\\&|r_n\mathrm{e}^{-\lambda_n z}-r_{n+1}(\mathrm{e}^{-\lambda_n z}-\mathrm{e}^{-\lambda_{n+1}z})-\cdots-\\&r_m(\mathrm{e}^{-\lambda_{m-1}z}-\mathrm{e}^{-\lambda_m z})-r_{m+1}\mathrm{e}^{-\lambda_m z}|\leqslant\\&|r_n|\,\mathrm{e}^{-\lambda_n z}+|r_{n+1}|\,|\mathrm{e}^{-\lambda_n z}-\mathrm{e}^{-\lambda_{n+1}z}|+\cdots+\\&|r_m|\,|(\mathrm{e}^{-\lambda_{m-1}z}-\mathrm{e}^{-\lambda_m z})|+|r_{m+1}|\,\mathrm{e}^{-\lambda_m z}<\\&\varepsilon(\mathrm{e}^{-\lambda_n z}+|\mathrm{e}^{-\lambda_n z}-\mathrm{e}^{-\lambda_{n+1}z}|+\cdots+\\&|\mathrm{e}^{-\lambda_{m-1}z}-\mathrm{e}^{-\lambda_m z}|+\mathrm{e}^{-\lambda_m z})\end{aligned}\qquad(*)$$

这里 $m > n > N$.

因 $z_0 = 0$,令 $z = re^{i\varphi}$,由于 $|\varphi| \leqslant \varphi_0 < \frac{\pi}{2}$,所以

$$x = \mathrm{Re}\, z = r\cos\varphi \geqslant r\cos\varphi_0 \quad (x > 0)$$

于是

$$\frac{x}{r} = \cos\varphi \geqslant \cos\varphi_0$$

故

$$\frac{r}{x} = \frac{1}{\cos\varphi} \leqslant \frac{1}{\cos\varphi_0}$$

由这个不等式得

$$|e^{-\lambda_n z} - e^{-\lambda_{n+1} z}| = |z| \left|\int_{\lambda_n}^{\lambda_{n+1}} e^{-tz}\,dt\right| \leqslant |z| \int_{\lambda_n}^{\lambda_{n+1}} e^{-xt}\,dt =$$
$$\frac{|z|}{x}(e^{-\lambda_n x} - e^{-\lambda_{n+1} x}) \leqslant \frac{1}{\cos\varphi_0}(e^{-\lambda_n x} - e^{-\lambda_{n+1} x})$$

因 $m > n > N$,由式(*)可得

$$|R_{n,m}| < \frac{\varepsilon}{\cos\varphi_0}[e^{-\lambda_n x} + (e^{-\lambda_n x} - e^{-\lambda_{n+1} x}) + \cdots +$$
$$(e^{-\lambda_{m-1} x} - e^{-\lambda_m x}) + e^{-\lambda_m x}] =$$
$$\frac{2\varepsilon e^{-\lambda_n x}}{\cos\varphi_0} < \frac{2\varepsilon}{\cos\varphi_0}$$

故级数 $\sum\limits_{n=1}^{\infty} a_n e^{-\lambda_n z}$ 在半平面 $x = \mathrm{Re}\, z > 0 = z_0$ 内的每一个角

$$|\arg(z - z_0)| \leqslant \varphi_0 < \frac{\pi}{2}$$

内是一致收敛的.

(2) 当 $z_0 \neq 0$ 时,改写

$$e^{-\lambda_n z} = e^{-\lambda_n z_0} e^{-\lambda_n (z - z_0)}$$

则

$$\sum_{n=1}^{\infty} a_n e^{-\lambda_n z} = \sum_{n=1}^{\infty} a_n e^{-\lambda_n z_0} e^{-\lambda_n (z - z_0)}$$

令

$$b_n = a_n e^{-\lambda_n z_0},\ \zeta = z - z_0$$

于是

$$\sum_{n=1}^{\infty} a_n e^{-\lambda_n z} = \sum_{n=0}^{\infty} b_n e^{-\lambda_n \zeta}$$

这时在 $z_0=x_0+\mathrm{i}y_0$ 收敛,即是在 $\zeta=0$ 收敛.这样便化为(1)中的情形,故在

$$|\arg\zeta|=|\arg(z-z_0)|\leqslant\varphi_0<\frac{\pi}{2}$$

内是一致收敛的.

至于在 $z=x+\mathrm{i}y$(其中 $x=\operatorname{Re}z>x_0=\operatorname{Re}z_0$)处的收敛性,可由 $\varphi_0<\dfrac{\pi}{2}$ 的任意性得到.

77 级数 $\sum\limits_{n=1}^{\infty}a_n\mathrm{e}^{-\lambda_n z}$ 称为广义狄利克雷级数,其中 a_n 为复系数,λ_n 是满足条件

$$|\lambda_n|\leqslant|\lambda_{n+1}|\quad(n=1,2,\cdots),\lim_{n\to\infty}\lambda_n=\infty$$

的复数.

若 λ_n 还满足条件

$$\alpha\leqslant\arg\lambda_n=\varphi_n\leqslant\beta,\lim_{n\to\infty}\frac{\ln n}{\lambda_n}=0,\overline{\lim_{n\to\infty}}\frac{\ln|a_n|}{|\lambda_n|}=k<+\infty$$

则级数对所有满足条件

$$x\cos\varphi-y\sin\varphi>k\quad(其中\ \varphi\in[\alpha,\beta])$$

的点 $z=x+\mathrm{i}y$ 收敛.而对满足

$$x\cos\varphi-y\sin\varphi<k\quad(其中\ \varphi\in[\alpha,\beta])$$

的点 $z=x+\mathrm{i}y$ 发散.

证 (1)设 $\lambda_n=|\lambda_n|(\cos\varphi_n+\mathrm{i}\sin\varphi_n),\varphi_n\in[\alpha,\beta],z=x+\mathrm{i}y$,且

$$x\cos\varphi_n-y\sin\varphi_n-k=c>0$$

因为 $\overline{\lim\limits_{n\to\infty}}\dfrac{\ln|a_n|}{|\lambda_n|}=k,\lim\limits_{n\to\infty}\dfrac{\ln n}{\lambda_n}=0$,所以

$$\frac{\ln|a_n|}{|\lambda_n|}<k+\frac{c}{2}\quad(n>N_1)$$

$$\frac{\ln n}{|\lambda_n|}<\frac{1}{2p}\quad(n>N_2,pc>1)$$

故

$$\begin{aligned}|a_n\mathrm{e}^{-\lambda_n z}|&=\mathrm{e}^{\ln|a_n|}|\mathrm{e}^{-\lambda_n z}|\leqslant\\&\mathrm{e}^{|\lambda_n|(k+\frac{c}{2})}\mathrm{e}^{-|\lambda_n|(x\cos\varphi_n-y\sin\varphi_n)}=\\&\mathrm{e}^{|\lambda_n|(k+\frac{c}{2})}\mathrm{e}^{-|\lambda_n|(k+c)}=\end{aligned}$$

$$e^{-|\lambda_n|\frac{c}{2}} \quad (n > N = \max\{N_1, N_2\})$$

由于 $n > N_2$ 时，$2p\ln n < |\lambda_n|$，所以 $n > N$ 时，有

$$|a_n e^{-\lambda_n z}| \leqslant e^{-|\lambda_n|\frac{c}{2}} \leqslant e^{-pc\ln n} = \frac{1}{n^{pc}}$$

而 $\sum\limits_{n=1}^{\infty} \frac{1}{n^{pc}}$ 收敛(因为 $pc > 1$)，故 $\sum\limits_{n=1}^{\infty} a_n e^{-\lambda_n z}$ 绝对收敛，即满足题设中的点 $z = x + iy$，级数 $\sum\limits_{n=1}^{\infty} a_n e^{-\lambda_n z}$ 收敛.

(2) 若 $x\cos\varphi_n - y\sin\varphi_n - k = c < 0$，则

$$|a_n e^{-\lambda_n z}| = e^{\ln|a_n| - \lambda_n(x\cos\varphi_n - y\sin\varphi_n)} = e^{\ln|a_n| - |\lambda_n|(k+c)}$$

由 $\overline{\lim\limits_{n\to\infty}} \frac{\ln|a_n|}{|\lambda_n|} = k$，令 $\varepsilon = -\frac{c}{2} > 0$，所以 $\ln|a_n| > |\lambda_n|(k-\varepsilon)$ 对无穷多个 n 成立. 于是

$$|a_n e^{-\lambda_n z}| \geqslant e^{|\lambda_n|(k-\varepsilon) - |\lambda_n|(k-2\varepsilon)} = e^{|\lambda_n|\varepsilon} > 1$$

故级数 $\sum\limits_{n=1}^{\infty} a_n e^{-\lambda_n z}$ 的一般项不趋于零，所以对任何满足条件

$$x\cos\varphi - y\sin\varphi < k$$

的点 $z = x + iy$，级数发散.

78 证明：黎曼 ζ 函数 $\zeta(z) = \sum\limits_{n=1}^{\infty} n^{-z}$ 在区域 $A = \{z \mid \mathrm{Re}\, z > 1\}$ 内为解析，并求 $\zeta'(z)$.

证 在区域 A 内任意取一闭圆盘 B. 并设 B 与直线 $\mathrm{Re}\, z = 1$ 的距离为 δ(图 3).

因

$$|n^{-z}| = |e^{-z\ln n}| = e^{-x\ln n} = n^{-x}$$

($\ln n$ 为实对数)

但 $x \geqslant 1 + \delta$，对 $z \in B$. 于是 $|n^{-z}| \leqslant n^{-(1+\delta)}$，对所有 $z \in B$. 令 $M_n = n^{-(1+\delta)}$，则 $\sum\limits_{n=1}^{\infty} M_n$ 收敛.

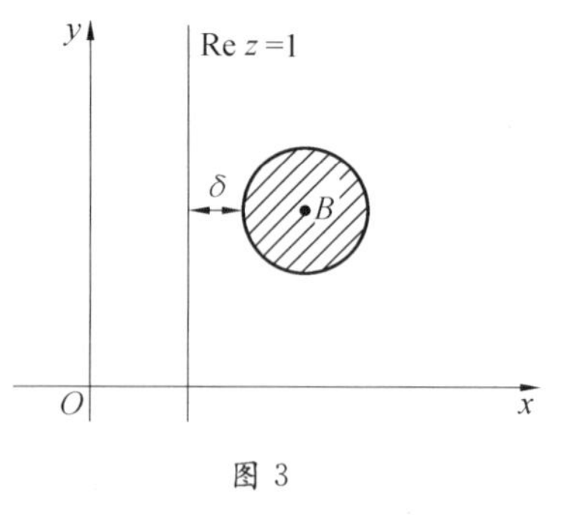

图 3

故由魏尔斯特拉斯 M 检验法知，$\sum\limits_{n=1}^{\infty} n^{-z}$ 在 B 一致收敛，由于 B 任取，故知 $\zeta(z)$ 在 A 为解析. 此时

$$\zeta'(z)=-\sum_{n=1}^{\infty}(\ln n)n^{-z}$$

79 证明：$\sum_{n=1}^{\infty}(\ln n)^k n^{-z}$ 在 $A=\{z \mid \operatorname{Re} z>1\}$ 解析.

证 因 $\zeta(z)=\sum_{n=1}^{\infty}n^{-z}$ 在 A 解析，而且 $\zeta'(z)=\sum_{n=1}^{\infty}(-\ln n)n^{-z}$ 也在 A 的任一闭圆盘上一致收敛，从而 $\zeta'(z)$ 在 A 解析. 由归纳法知

$$\zeta^{(k)}(z)=\sum_{n=1}^{\infty}(-\ln n)^k n^{-z}$$

在 A 的任一闭圆盘上一致收敛，因此在 A 解析. 故 $(-1)^k\zeta^{(k)}(z)=\sum_{n=1}^{\infty}(\ln n)^k n^{-z}$ 在 A 解析.

80 证明：$f(z)=\sum_{n=1}^{\infty}\frac{z^n}{n^2}$ 在 $A=\{z \mid |z|<1\}$ 解析，并求 $f'(z)$.

证 因 $\left|\frac{z^n}{n^2}\right|<\frac{1}{n^2}$ 对所有 $z\in A$ 成立. 而 $\sum_{n=1}^{\infty}\frac{1}{n^2}$ 收敛，故 $\sum_{n=1}^{\infty}\frac{z^n}{n^2}$ 在 A 一致收敛. 从而 $f(z)=\sum_{n=1}^{\infty}\frac{z^n}{n^2}$ 在 A 为解析. 此外

$$f'(z)=\sum_{n=1}^{\infty}\frac{nz^{n-1}}{n^2}=\sum_{n=1}^{\infty}\frac{z^{n-1}}{n}$$

注意：$f'(z)$ 在 $z=1$ 发散，因此 $f(z)$ 不能扩充到任一包含闭单位圆的区域上为解析.

81 求 $\int_r\left(\sum_{n=-1}^{\infty}z^n\right)\mathrm{d}z$，这里 r 为半径是 $\frac{1}{2}$ 的圆.

解 设 B 为 $A=\{z \mid |z|<1\}$ 中的闭圆盘，它与圆 $|z|=1$ 的距离为 δ. 则对 $z\in B$，$|z^n|=|z|^n<(1-\delta)^n(n\geqslant 0)$.

由于 $\sum_{n=0}^{\infty}(1-\delta)^n$ 收敛，故 $\sum_{n=0}^{\infty}z^n$ 在 B 一致收敛，因此 $\sum_{n=0}^{\infty}z^n$ 在 A 解析，于是由柯西定理得

$$\int_r\left(\sum_{n=-1}^{\infty}z^n\right)\mathrm{d}z=\int_r\frac{1}{z}\mathrm{d}z+\int_r\left(\sum_{n=0}^{\infty}z^n\right)\mathrm{d}z=2\pi\mathrm{i}$$

82 证明：$\sum_{n=1}^{\infty} \mathrm{e}^{-n} \sin nz$ 在区域 $A=\{z \mid -1<\operatorname{Im} z<1\}$ 内解析.

证 设 D 为 A 上的任一闭圆盘，令 δ 为 D 与边界 $\operatorname{Im} z=\pm 1$ 的距离，则对 $z=x+\mathrm{i}y \in D$. 我们有

$$\left|\mathrm{e}^{-n} \sin nz\right|=\left|\mathrm{e}^{-n} \frac{\mathrm{e}^{nz\mathrm{i}}-\mathrm{e}^{-nz\mathrm{i}}}{2\mathrm{i}}\right| \leqslant \mathrm{e}^{-n} \frac{\mathrm{e}^{-2nv}+1}{2\mathrm{e}^{-ny}} \leqslant \mathrm{e}^{-n(y+1)} \leqslant \mathrm{e}^{-n\delta}$$

而 $\sum_{n=1}^{\infty} \mathrm{e}^{-n\delta}$ 收敛，故 $\sum_{n=1}^{\infty} \mathrm{e}^{-n} \sin nz$ 在 B 一致收敛，从而在 A 解析.

83 证明：$\sum_{n=1}^{\infty} \frac{1}{z^{n}}$ 在 $A=\{z \mid |z|>1\}$ 解析.

证 设 D 为 A 上的任一闭圆盘，则有 $r>1$ 使 $|z|>r$ 对所有 $z \in D$，由于 $\left|\frac{1}{z^{n}}\right|<\frac{1}{r^{n}}$，而 $\sum_{n=1}^{\infty}\left(\frac{1}{r}\right)^{n}$ 收敛$\left(因 \frac{1}{r}<1\right)$，故 $\sum_{n=1}^{\infty} \frac{1}{z^{n}}$ 在 D 一致且绝对收敛，因 $\frac{1}{z^{n}}$ 在 A 解析，故 $\sum_{n=1}^{\infty} \frac{1}{z^{n}}$ 在 A 解析.

84 求 $1+z(1-z(1+z(1-z(1+\cdots))))$，对 $|z|<1$.

解 移去括弧给出

$$1+z-z^{2}-z^{3}+z^{4}+z^{5}-\cdots$$

对 $|z|<1$ 为绝对收敛，我们可以重新组项而得

$$(1+z)(1-z^{2}+z^{4}-z^{6}+\cdots)$$

对 $|z|<1$ 表示为 $\frac{1+z}{1+z^{2}}$.

别解：所给级数绝对收敛，对 $|z|<1$. 因此它有极限 L，且必满足 $L=1+z(1-zL)$. 因此

$$L=\frac{1+z}{1+z^{2}}$$

85 确定级数 $S=\sum_{n=1}^{\infty} \sin^{n} n$ 是否收敛.

证 我们将证 $\limsup_{n \rightarrow \infty}\left|\sin^{n} n\right|=1$，从而所给级数发散.

因$\frac{\pi}{2}$为无理数,故存在无穷多有理数$\frac{p}{q}$,具$(p,q)=1$,使

$$\left|\frac{\pi}{2}-\frac{p}{q}\right|<\frac{1}{q^2} \tag{1}$$

我们可设q为奇数,且可取收敛于$\frac{\pi}{2}$的渐近分数,由式(1)有

$$\left|\frac{q\pi}{2}-p\right|<\frac{1}{q}$$

因而$\frac{q\pi}{2}-\frac{1}{q}<p<\frac{q\pi}{2}+\frac{1}{q}$. 以致$|\sin p|>\cos\frac{1}{q}>1-\frac{1}{2q^2}$. 因$\frac{p}{q}$靠近$\frac{\pi}{2}$,可设$\frac{p}{q}<2$,且$p<2q$. 则

$$|\sin^p p|>\left(1-\frac{1}{2q^2}\right)^p>\left(1-\frac{1}{2q^2}\right)^{2q}\geqslant 1-\frac{1}{q}>1-\frac{2}{p}$$

因此,由让n跑遍满足式(1)的无穷多个p和奇数q,我们看出

$$\limsup_{n\to\infty}|\sin^n n|=1$$

86 证明$\sum_{n=1}^{\infty}\frac{n-1}{n!}=1$.

证 因级数绝对收敛,故

$$\sum_{n=1}^{\infty}\frac{n-1}{n!}=\sum_{n=1}^{\infty}\frac{1}{(n-1)!}-\sum_{n=1}^{\infty}\frac{1}{n!}=\mathrm{e}-(\mathrm{e}-1)=1$$

87 求收敛无穷级数的值

$$S=\sum_{k=1}^{\infty}\left(\sum_{p=1}^{2k-1}1/p\right)/2k(2k+2)$$

解 我们有

$$4S=\sum_{k=1}^{\infty}\frac{\sum_{p=1}^{2k-1}\frac{1}{p}}{k(k+1)}=$$

$$\sum_{k=1}^{\infty}\frac{1}{k(k+1)}+\left(\frac{1}{2}+\frac{1}{3}\right)\sum_{k=2}^{\infty}\frac{1}{k(k+1)}+$$

$$\left(\frac{1}{4}+\frac{1}{5}\right)\sum_{k=3}^{\infty}\frac{1}{k(k+1)}+\cdots$$

但

$$\sum_{k=m}^{\infty}\frac{1}{k(k+1)}=\frac{1}{m}$$

因此

$$4S=1+\sum_{k=2}^{\infty}\frac{\frac{1}{2k-2}+\frac{1}{2k-1}}{k}=$$
$$1+\frac{1}{2}\sum_{k=2}^{\infty}\frac{1}{k(k-1)}+\sum_{k=2}^{\infty}\frac{1}{k(2k-1)}=$$
$$1+\frac{1}{2}+2\sum_{k=2}^{\infty}\left(\frac{1}{2k-1}-\frac{1}{2k}\right)=$$
$$\frac{3}{2}+2\left(\frac{1}{3}-\frac{1}{4}+\frac{1}{5}-\frac{1}{6}+\cdots\right)=$$
$$\frac{3}{2}+2\left[\ln 2-\left(1-\frac{1}{2}\right)\right]=\frac{1}{2}+2\ln 2$$

所以

$$S=\frac{1}{8}+\frac{\ln 2}{2}$$

88 证明：当 $n\to\infty$ 时，$a_n\to 0$，这里

$$a_n=1-\frac{n-1}{1!}+\frac{(n-2)^2}{2!}-\frac{(n-3)^3}{3!}+\cdots+\frac{1}{(n-1)!}$$

证 若

$$f(z)=(\mathrm{e}^z-z)^{-1}=\mathrm{e}^z(1-z\mathrm{e}^{-z})^{-1}=$$
$$\mathrm{e}^{-z}+z\mathrm{e}^{-2z}+z^2\mathrm{e}^{-3z}+\cdots$$

被展开成幂级数 $f(z)=\sum\limits_{n=0}^{\infty}a_nz^n$，假定 $f(z)$ 的每个奇异点满足 $|z|>1$，则 $\sum a_n$ 收敛且 $a_n\to 0$ 如所希望.

今若 $z=\mathrm{e}^z$ 具有 $|z|\leqslant 1$，我们将有

$$x+\mathrm{i}y=\mathrm{e}^{x+\mathrm{i}y}=\mathrm{e}^x(\cos y+\mathrm{i}\sin y)\quad (x^2+y^2\leqslant 1)$$

以致 $y^2<\left(\frac{\pi}{2}\right)^2$ 且 $x=\frac{y}{\tan y}>0$，因此 $|z|=\mathrm{e}^x|\mathrm{e}^{\mathrm{i}y}|=\mathrm{e}^x>1$. 这个矛盾完成了证明.

89 设 $f_0(x)$ 在 $a\leqslant x\leqslant b$ 上有界且可积，令

$$f_n(x)=\int_a^x f_{n-1}(t)\mathrm{d}t\quad (n=1,2,\cdots,a\leqslant x\leqslant b)$$

求$\sum_{n=1}^{\infty} f_n(x)$.

解 $f_n(x)$ 是 $f_0(x)$ 的一个 n 层累积分,我们有

$$f_n(x)=\int_a^x \frac{(x-t)^{n-1}}{(n-1)!} f_0(t)\mathrm{d}t$$

$$|f_n(x)| \leqslant \frac{(x-a)^{n-1}}{(n-1)!}\max|f_0(x)| \quad (\text{对 } a\leqslant x\leqslant b)$$

因此和与积分可以交换而得

$$\sum_{n=1}^{\infty} f_n(x)=\int_a^x \mathrm{e}^{x-t} f_0(t)\mathrm{d}t=\mathrm{e}^x\int_a^x \mathrm{e}^{-t} f_0(t)\mathrm{d}t$$

别解:如前解一样可以证明级数一致收敛于 $y(x)$(比如说),我们则有 $y'(x)=y(x)+f_0(x)$.解这个微分方程给出

$$y(x)=\mathrm{e}^x\int_a^x \mathrm{e}^{-t} f_0(t)\mathrm{d}t$$

90 证明:$\int_0^1 \mathrm{e}^{c(1-x^2)}\mathrm{d}x=\sum_{n=0}^{\infty}\frac{2^n c^n}{3\cdot 5\cdot \cdots \cdot (2n+1)}$.

证 重复用分部积分给出

$$\int_0^1 \mathrm{e}^{c(1-x^2)}\mathrm{d}x=1+\frac{2c}{3}+\frac{4c^2}{3\cdot 5}+\cdots+\frac{2^n c^n}{3\cdot 5\cdot \cdots \cdot (2n+1)}+\frac{2^{n+1}c^{n+1}}{3\cdot 5\cdot \cdots \cdot (2n+1)}\int_0^1 x^{2n+2}\mathrm{e}^{c(1-x^2)}\mathrm{d}x$$

因右边的积分有界,且积分的系数当 $n\to\infty$ 时趋于 0,故得出结果.

别解:把被积函数展为$(1-x^2)$ 的幂级数,用 $\sin\theta$ 代替 x,并逐项积分用 Wallis 公式,则

$$\int_0^1 \mathrm{e}^{c(1-x^2)}\mathrm{d}x=\int_0^1\sum_{n=0}^{\infty}\frac{c^n(1-x^2)^n}{n!}=$$

$$\int_0^{\frac{\pi}{2}}\sum_{n=0}^{\infty}\frac{c^n\cos^{2n+1}\theta\mathrm{d}\theta}{n!}=$$

$$\sum_{n=0}^{\infty}\frac{c^n\cdot 2\cdot 4\cdot \cdots \cdot 2n}{n!\ \cdot 1\cdot 3\cdot \cdots \cdot (2n+1)}=$$

$$\sum_{n=0}^{\infty}\frac{2^n c^n}{1\cdot 3\cdot \cdots \cdot (2n+1)}$$

再解:定义 $S(x)=\sum_{n=0}^{\infty}\frac{2^n c^n x^{2n+1}}{3\cdot 5\cdot \cdots \cdot (2n+1)}$,不难验证 $S(x)$ 满足线性微

分方程

$$S'(x)-2cxS(x)=1$$

引进积分因子 e^{-cx^2}，且由 $(x,S)=(0,0)$ 到 $(1,S(1))$ 积分得出希望结果具形

$$e^{-c}S(1)=\int_0^1 e^{-cx^2}\mathrm{d}x$$

91 $\{f_n(z)\}$ 与 $\{g_n(z)\}$ 为有界闭区域 D 上一致收敛的解析函数列，而 $\lim\limits_{n\to\infty} f_n(z)=f(z)$，$\lim\limits_{n\to\infty} g_n(z)=g(z)$. 试证

$$\lim_{n\to\infty}\frac{f_1(z)+\cdots+f_n(z)}{n}=f(z)$$

$$\lim_{n\to\infty}\frac{f_1(z)g_n(z)+\cdots+f_n(z)g_1(z)}{n}=f(z)g(z)$$

且收敛也是一致的.

证 因 $\{f_n(z)\}$ 在 D 上一致收敛，故对 $\varepsilon>0$，存在 n_0，使 $n>n_0$ 时对任何 $z\in D$，有

$$|f_n(z)-f(z)|<\varepsilon$$

于是

$$\left|\sum_{i=n_0+1}^{n} f_i(z)-(n-n_0)f(z)\right|<(n-n_0)\varepsilon$$

令 $A_n=\dfrac{f_1(z)+\cdots+f_n(z)}{n}$，则

$$|nA_n-n_0A_{n_0}-(n-n_0)f(z)|<(n-n_0)\varepsilon$$

$$\left|A_n-\frac{n_0A_{n_0}}{n}-\left(1-\frac{n_0}{n}\right)f(z)\right|<\left(1-\frac{n_0}{n}\right)\varepsilon$$

$$\left|A_n-f(z)-\frac{n_0}{n}(A_{n_0}-f(z))\right|<\left(1-\frac{n_0}{n}\right)\varepsilon$$

所以当 $n\to\infty$ 时，A_n 一致地趋于 $f(z)$（因 $f(z)$ 有界），又令 $f_n(z)=f(z)+p_n(z)$，$p_n(z)$ 在 D 上一致收敛于 0，故由前证，$\dfrac{p_1(z)+\cdots+p_n(z)}{n}$ 一致收敛于 0，而

$$\frac{1}{n}(f_1g_n+\cdots+f_ng_n)=\frac{f}{n}(g_1+\cdots+g_n)+(p_1g_n+\cdots+p_ng_1)$$

由于 $\{p_n(z)\}$ 于 D 上一致收敛于 0，故 $(p_1g_n+\cdots+p_ng_1)$ 亦一致收敛于 0，而

$\frac{1}{n}(g_1+\cdots+g_n)$ 一致收敛于 g,故 $\frac{1}{n}(f_1g_n+\cdots+f_ng_1)$ 一致收敛于 $f\cdot g$.

92 若 $f(z)$ 对 $|z|<r$ 为正则,且满足函数方程

$$|f(x+\mathrm{i}y)|=|f(x)+\mathrm{i}f(y)|$$

对实值 x 与 y,则

$$f(z)=Az, f(z)=A\sin bz \text{ 或 } f(z)=A\sin hbz$$

这里 A 和 b 是常数,且 b 是实数.

证 因 $\sin(x+\mathrm{i}y)=\sin x\cos hy+\mathrm{i}\cos x\sin hy$. 故

$$\begin{aligned}|\sin(x+\mathrm{i}y)|^2=&\sin^2x\cos h^2y+\cos^2x\sin h^2y=\\&\sin^2x(1+\sin^2hy)+(1-\sin^2x)\sin h^2y=\\&\sin^2x+\sin h^2y=|\sin x+\mathrm{i}\sin hy|^2=\\&|\sin x+\sin \mathrm{i}y|^2\end{aligned}$$

因此

$$|\sin(x+\mathrm{i}y)|=|\sin x+\sin \mathrm{i}y|$$

同样可证

$$|\sin h(x+\mathrm{i}y)|=|\sin hx+\sin h\mathrm{i}y|$$

于是 $z,\sin z,\sin hz$ 满足所给方程,余下将证它不能再有其他解.

设 $f(z)$ 在 $|z|<r$ 内正则,且满足所给函数方程,置 $z=0$,我们求得 $f(0)=0$,因此可置

$$f(z)=\sum_{n=p}^{\infty}c_nz^n \quad (\text{对 } |z|<r)$$

这里 $p\geqslant 1$,除非 $f(z)$ 恒等于 0,我们可设 $c_p\neq 0$,很清楚只需考虑规范化的解,具 $c_p=1$.

我们看

$$\begin{aligned}|f(x+\mathrm{i}y)|^2=&\sum_k c_k(x+\mathrm{i}y)^k\cdot\sum_l\bar{c}_l(x-\mathrm{i}y)^l=\\&\sum_{k,l}c_k\bar{c}_l(x+\mathrm{i}y)^k(x-\mathrm{i}y)^l\end{aligned}$$

而且

$$\begin{aligned}|f(x)+f(\mathrm{i}y)|^2=&\sum_k c_k[x^k+(\mathrm{i}y)^k]\cdot\sum_l\bar{c}_l[x^l+(-\mathrm{i}y)^l]=\\&\sum_{k,l}c_k\bar{c}_l[x^k+(\mathrm{i}y)^k][x^l+(-\mathrm{i}y)^l]\end{aligned}$$

若所给函数方程被满足,则两个级数中的对应项关于 x 与 y 的次数 m 必须符合,这就产生关于 $f(z)$ 的系数的递归公式

$$\sum_{k+l=m} c_k \bar{c}_l (x+\mathrm{i}y)^k (x-\mathrm{i}y)^l = \sum_{k+l=m} c_k \bar{c}_l [x^k + (\mathrm{i}y)^k][x^l + (-\mathrm{i}y)^l]$$

首先考虑 $m=2p$，这就产生

$$(x+\mathrm{i}y)^p (x-\mathrm{i}y)^p = [x^p + (\mathrm{i}y)^p][x^p + (-\mathrm{i}y)^p]$$

或

$$(x^2+y^2)^p = \begin{cases} x^{2p} + y^{2p}, 若\ p=2q+1 \\ (x^p + y^p)^2, 若\ p=4q \\ (x^p - y^p)^2, 若\ p=4q+2 \end{cases}$$

可见有一个恒等，仅若 $p=1$，因此 $f(z)$ 的展开式必须从 z 的一次幂开始，以致

$$f(z) = z + c_2 z^2 + c_3 z^3 + \cdots$$

因递归公式中的项出现共轭时，它可以写成形式

$$\mathrm{Re} \sum_{1 \leqslant l \leqslant m/2}' c_{m-l} \bar{c}_l [(x+\mathrm{i}y)^{m-l}(x-\mathrm{i}y)^l - (x^{m-l} + (\mathrm{i}y)^{m-l})(x^l + (-\mathrm{i}y)^l)] = 0$$

这里最初的和号指示对偶数 m，项数具 $l=m/2$ 必须乘以 1/2. 置 $m=3$，我们求

$$\mathrm{Re}\{c_2(x-\mathrm{i}y)[(x+\mathrm{i}y)^2 - (x^2-y^2)]\} = 0$$

或

$$\mathrm{Re}\{c_2(x-\mathrm{i}y) \cdot 2\mathrm{i}yx\} = 0$$

因此 c_2 的实虚部分二者必须为 0，以致 $c_2=0$，其次置 $m=4$. 我们求

$$\mathrm{Re}\{c_3(x-\mathrm{i}y)[(x+\mathrm{i}y)^3 - (x^3 - \mathrm{i}y^3)]\} = 0$$

或

$$\mathrm{Re}\{c_3(x^2+y^2) \cdot 3\mathrm{i}xy\} = 0$$

因此 c_3 的虚数部分必须为 0，或 c_k 必须为实数. 末了置 $m=n+1$，这里 $n>3$，我们求

$$\mathrm{Re}\{c_n(x-\mathrm{i}y)[(x+\mathrm{i}y)^n - (x^n + \mathrm{i}^n y^n)] + \cdots\} = 0$$

这里省略的项仅包含较早的项. 由这我们有

$$\mathrm{Re}\{c_n(x-\mathrm{i}y)[nx^{n-1}\mathrm{i}y + (1/2)n(n-1)x^{n-2}(\mathrm{i}y)^2 + \cdots] + \cdots\} = 0$$

因此

$$\mathrm{Re}\{c_n[\mathrm{i}nx^n y - (1/2)n(n-3)x^{n-1}y^2 + \cdots] + \cdots\} = 0$$

这表明 c_n 的实虚部分二者对早先的系数来说是唯一确定的，对 $n>3$，因此 c_n 它自己被唯一确定. 综合起来我们有

$$f(z) = z + c_3 z^3 + c_4 z^4 + \cdots$$

这里 c_3 为实数，剩下的系数根据 c_3 唯一确定.

另一方面，已知解

$$z, (1/b)\sin bz, (1/b)\sin hbz$$

供给解的形式有 $c_3=0, c_3=-b^2/6$，与 $c_3=b^2/6$，即解有任意实数 c_3，因剩下的

系数根据 c_3 唯一确定，再不能有另外的规范化的解，每个所求的解至多差一常数因子.

93 求函数方程 $f(2z)=2f(z)f'(z)$ 的所有解析解.

解 反复微分所给方程，对所有 $n\geqslant 0$，有

$$2^{n-1}f^{(n)}(2z)=\sum_{q=0}^{n}\binom{n}{q}f^{(q)}(z)f^{(n-q+1)}(z)$$

很显然原点不是一个极，简明的归纳论证可得出：

(1) 若 $f(0)=k\neq 0$. 则 $f^{(n)}=k(2k)^{-n}$ 对所有 n. 因此 $f(z)=k\exp(z/2k)$.

(2) 若 $f(0)=0$，则 $f^{(2n+1)}(0)=0$ 对所有 n：

① 若 $f'(0)=0$，则 $f^{(2n+1)}(0)=0$，因此 $f(z)\equiv 0$；

② 若 $f'(0)\neq 0$，它必须等于 1，且 $f^{(2n+1)}(0)=Q^n$，这里 Q 是随意复数，若 $Q=0$，这意味着 $f(z)=z$，若 $Q\neq 0$，则 $f(z)=c^{-1}\sin cz$，这里 $c^2=-Q$.

直接代换表明这四种类型的函数满足所给方程.

94 设 $f(z)$ 对 $|z|<r$ 为正则，且满足函数方程

$$f(x+y+z)f(x+wy+w^2z)f(x+w^2y+wz)=\prod_{r=0}^{2}[f(x)+w^rf(y)+w^{2r}f(z)] \tag{1}$$

这里 $w^2+w+1=0$，x,y,z 为任意复数，则 $f(z)=az$，a 为任意复常数.

证 在(1) 中我们用 y,z,x 代替 x,y,z 得

$$f(y+z+x)f(y+wz+w^2x)f(y+w^2z+wx)=\prod_{r=0}^{2}[f(y)+w^rf(z)+w^{2r}f(x)]$$

与式(1) 比较，我们看出

$$f(x+wy+w^2z)f(x+w^2y+wz)=f(y+wz+w^2x)f(y+w^2z+wx)$$

因而得

$$f(wu)f(v)=f(u)f(wv) \tag{2}$$

因此若我们置

$$f(z)=\sum_{n=0}^{\infty}c_nz^n \tag{3}$$

则由式(2) 得出 $c_rc_sw^r=c_rc_sw^s$，以致 $c_rc_s=0$ 除非是 $r\equiv s\pmod 3$.

今若我们在式(1)中令 $y=z,x=z+h$,则得

$$f(3z+h)f^2(h)=[f(z+h)+2f(z)][f(z+h)-f(z)]^2$$

因此 $f(0)=0$ 且

$$f(3z)[f'(0)]^2=3f(z)[f'(z)]^2 \tag{4}$$

若 $f'(0)=0$,便得出 $f(z)\equiv 0$. 因此在式(3)中我们可设 $c_0=0,c_1\neq 0$,且 $c_r=0$ 除非 $r\equiv 1(\mathrm{mod}\ 3)$. 所以式(3)变为

$$f(z)=\sum_{n=0}^{\infty}a_n z^{3n+1}\quad (a_0\neq 0) \tag{5}$$

在式(4)中置换式(5)得

$$3^{3n}a_0^2a_n=\sum_{r+s\leqslant n}(3r+1)(3s+1)a_ra_sa_{n-r-s} \tag{6}$$

对 $n=1$,式(6)简化为

$$3^3a_0^2a_1=a_0^2a_1+4a_0^2a_1+4a_0^2a_1$$

以致 $a_1=0$. 对 $n=2$ 我们得

$$3^6a_0^2a_2=a_0^2a_2+7a_0^2a_2+7a_0^2a_2$$

以致 $a_2=0$. 若我们设 $a_1=\cdots=a_{n-1}=0$,则式(6)蕴含 $3^{3n}a_0^2a_n=(6n+3)a_0^2a_n$,因此对所有 $n\geqslant 0,a_n=0$.

95(阿贝尔第一定理) 若 $\sum_{n=0}^{\infty}c_nz^n$ 在点 $z_0\neq 0$ 收敛,则(1) $\sum_{n=0}^{\infty}c_nz^n$ 在圆 $|z|<|z_0|$ 内绝对收敛;(2)对任给的 ε,$0<\varepsilon<|z_0|$,级数 $\sum_{n=0}^{\infty}c_nz^n$ 在圆 $|z|\leqslant|z_0|-\varepsilon$ 上一致收敛.

证 (1)设 z 为圆 $|z|<|z_0|$ 内任一点. 需证级数 $\sum_{n=0}^{\infty}|c_nz^n|$ 收敛.

已知级数 $\sum_{n=0}^{\infty}c_nz_0^n$ 收敛,故 $c_nz_0^n\to 0(n\to\infty$ 时),因而必有正数 M,使得

$$|c_nz_0^n|\leqslant M\quad (n=0,1,2,\cdots)$$

于是

$$|c_nz^n|=|c_nz_0^n|\cdot\left|\frac{z}{z_0}\right|^n\leqslant M\cdot\left|\frac{z}{z_0}\right|^n\quad (n=0,1,2,\cdots)$$

又因 $|z|<|z_0|$,故 $\left|\frac{z}{z_0}\right|<1$,因而级数 $\sum_{n=0}^{\infty}M\left|\frac{z}{z_0}\right|^n$ 收敛. 根据正项级数的比

较判别法即知 $\sum_{n=0}^{\infty}|c_n z^n|$ 收敛.

(2) 因为 $0<|z_0|-\varepsilon<|z_0|$，所以由第(1)部分知，级数 $\sum_{n=0}^{\infty}|c_n|\cdot(|z_0|-\varepsilon)^n$ 收敛. 又因为对闭圆 $|z|\leqslant|z_0|-\varepsilon$ 上的一切点 z 显然有

$$|c_n z^n|\leqslant|c_n|(|z_0|-\varepsilon)^n \quad (n=0,1,2,\cdots)$$

因此，由一致收敛的魏尔斯特拉斯判别法知，幂级数 $\sum_{n=0}^{\infty}c_n z^n$ 在圆 $|z|\leqslant|z_0|-\varepsilon$ 上一致收敛. 证毕.

注 对于题中的结论(2)可以简略地叙述为：当幂级数在一个圆内收敛时，那么将此圆再稍稍压小一点，幂级数就在压小了的圆域上一致收敛了.

96 求 $\sum_{n=1}^{\infty}n^n z^n$ 的收敛半径.

解法 1 因为对任何 $z\neq 0$，必有充分大的 n，使 $|nz|>1$，从而 $n^n z^n\nrightarrow 0$，所以级数 $\sum_{n=1}^{\infty}n^n z^n$ 在任何非零点发散. 因此它只在 $z=0$ 时收敛，即收敛半径 $R=0$(任何幂级数 $\sum_{n=0}^{\infty}c_n z^n$ 至少有一个收敛点 $z=0$，$\sum_{n=1}^{\infty}n^n z^n$ 是仅在点 $z=0$ 收敛的例子).

解法 2 因为 $\sqrt[n]{n^n}=n\to\infty$，所以 $R=0$.

97 求 $\sum_{n=1}^{\infty}\dfrac{z^n}{n^n}$ 的收敛半径.

解法 1 因为对任何有限数 z，必有充分大的 n，使 $\left|\dfrac{z}{n}\right|<\dfrac{1}{2}$. 从而 $\left|\dfrac{z^n}{n^n}\right|<\dfrac{1}{2^n}$，所以 $\sum_{n=1}^{\infty}\dfrac{z^n}{n^n}$ 收敛. 这表明收敛半径不是任何有限数，从而 $R=+\infty$.

解法 2 因为 $\lim\sqrt[n]{\dfrac{1}{n^n}}=\lim\dfrac{1}{n}=0$，所以 $R=+\infty$.

98 求 $\sum_{n=0}^{\infty}[2+(-1)^n]^n z^n$ 的收敛半径.

解 虽然 $\sqrt[n]{[2+(-1)^n]^n}=2+(-1)^n$，当 $n\to\infty$ 时的极限不存在，但却

有

$$\overline{\lim_{n\to\infty}}\sqrt[n]{[2+(-1)^n]^n}=\overline{\lim_{n\to\infty}}[2+(-1)^n]=3$$

因此所求收敛半径 $R=\frac{1}{3}$.

99 求给定幂级数的收敛半径：

(1) $\sum_{n=0}^{\infty}\frac{z^n}{n!}$;

(2) $\sum_{n=0}^{\infty}\frac{z^{n^2}}{n!}$;

(3) $\sum_{n=0}^{\infty}z^n\cos \mathrm{i}n$;

(4) $\sum_{n=0}^{\infty}(n+a^n)z^n$.

解 (1) 方法 1：因为 $\lim_{n\to\infty}\left|\frac{z^{n+1}}{(n+1)!}\Big/\frac{z^n}{n!}\right|=0<1$，$z$ 为任意复数. 所以对任意的 z，级数 $\sum_{n=0}^{\infty}\frac{z^n}{n!}$ 都收敛，故 $R=+\infty$.

注意：这里实质上是视为正项数值级数处理（z 任意固定）.

方法 2：因为 $(n!)^2=(1\cdot n)[2(n-1)][3(n-2)\cdots(n\cdot 1)]$ 右边每一括号都不小于 n，这里因为 $k(n-k+1)-n=(k-1)\cdot(n-k)\geqslant 0(k=1,\cdots,n)$，所以 $(n!)^2>n^n$，即 $\sqrt[n]{n!}>\sqrt{n}$，故 $\sqrt[n]{\frac{1}{n!}}<\frac{1}{\sqrt{n}}\to 0(n\to\infty)$.

于是，$\overline{\lim_{n\to\infty}}\sqrt[n]{|c_n|}=\lim_{n\to\infty}\sqrt[n]{\frac{1}{n!}}=0$，所以 $R=+\infty$.

(2) 方法 1：因为 $\lim_{n\to\infty}\left|\frac{\frac{z^{(n+1)^2}}{(n+1)!}}{\frac{z^{n^2}}{n!}}\right|=\lim_{n\to\infty}\frac{|z|^{2n+1}}{n+1}=\begin{cases}0, & |z|\leqslant 1\\ \infty, & |z|>1\end{cases}$，所以 $R=1$.

方法 2：显然 $c_n^2=\frac{1}{n!}$，其余系数均为零. 所以

$$\overline{\lim_{n\to\infty}}\sqrt[n]{|c_n|}=\lim_{n\to\infty}\sqrt[n^2]{\frac{1}{n!}}=\lim_{n\to\infty}\sqrt[n^2]{\frac{n^n}{n!}\cdot\frac{1}{n^n}}$$

下面证明

$$\lim_{n\to\infty}\sqrt[n^2]{\frac{n^n}{n!}}=\lim_{n\to\infty}\left(\sqrt[n]{\frac{n^n}{n!}}\right)^{\frac{1}{n}}=e^0=1$$

因为

$$e^n=1+\frac{n}{1!}+\frac{n^2}{2!}+\cdots+\frac{n^{n-1}}{(n-1)!}+\frac{n^n}{n!}\left[1+\frac{n}{n+1}+\frac{n^2}{(n+1)(n+2)}+\cdots\right]$$

上式右边前 n 项中的每一项都小于等于$\frac{n^n}{n!}$,这是因为

$$\frac{n^{n-k}}{(n-1)!}\cdot\frac{n^k}{(n-k+1)(n-k+2)\cdots n}=\frac{n^n}{n!}$$

而

$$\frac{n^k}{(n-k+1)\cdots n}\geqslant 1$$

所以

$$\frac{n^{n-k}}{(n-k)!}\leqslant\frac{n^n}{n!}\quad(k=1,2,\cdots,n-1)$$

于是

$$e^n<n\cdot\frac{n^n}{n!}+\frac{n^n}{n!}\left[1+\frac{n}{n+1}+\frac{n^2}{(n+1)(n+2)}+\cdots\right]=$$

$$n\cdot\frac{n^n}{n!}+\frac{n^n}{n!}\cdot\frac{1}{1-\frac{n}{n+1}}=(2n+1)\frac{n^n}{n!}$$

又显然 $e^n>\frac{n^n}{n!}$,所以 $\frac{e^n}{2n+1}<\frac{n^n}{n!}<e^n$,而 $\lim\limits_{n\to\infty}\left(\sqrt[n]{\frac{e^n}{2n+1}}\right)^{\frac{1}{n}}=1$,又 $\lim\limits_{n\to\infty}\sqrt[n^2]{\frac{1}{n^n}}=1$,所以$\overline{\lim\limits_{n\to\infty}}\sqrt[n]{|c_n|}=1$,故 $R=1$.

(3) 方法 1:因为 $\cos in=\frac{e^n+e^{-n}}{2}$,所以

$$\lim_{n\to\infty}\left|\frac{e^{n+1}+e^{-(n+1)}}{2}z^{n+1}\Big/\frac{e^n+e^{-n}}{2}z^n\right|=e|z|$$

故当 $|z|<\frac{1}{e}$ 时收敛,$|z|>\frac{1}{e}$ 时发散,故 $R=\frac{1}{e}$.

方法 2:$\sqrt[n]{|c_n|}=\sqrt[n]{\frac{1}{2}(e^n+e^{-n})}=\frac{1}{\sqrt[n]{2}}\sqrt[n]{e^n+e^{-n}}$,又

$$e<\sqrt[n]{e^n+e^{-n}}<\sqrt[n]{e^n+e}=e^{\frac{1}{n}}(e^{n-1}+1)^{\frac{1}{n}}<e^{\frac{1}{n}}\cdot e$$

所以

$$\lim_{n\to\infty}\sqrt[n]{e^n+e^{-n}}=e$$

故$\lim\limits_{n\to\infty}\sqrt[n]{|c_n|}=\lim\limits_{n\to\infty}\frac{1}{\sqrt[n]{2}}\sqrt[n]{e^n+e^{-n}}=e$,因此$R=\frac{1}{e}$.

(4) 方法 1:因为$\lim\limits_{n\to\infty}\left|\frac{(n+1+a^{n+1})z^{n+1}}{(n+a^n)z^n}\right|=\lim\limits_{n\to\infty}\left|\frac{n+1+a^{n+1}}{n+a^n}\right||z|$.

① 若$|a|\leqslant 1$,则$\lim\limits_{n\to\infty}\left|\frac{n+1+a^{n+1}}{n+a^n}\right||z|=|z|$,所以$R=1$.

② 若$|a|>1$,则$\lim\limits_{n\to\infty}\left|\frac{n+1+a^{n+1}}{n+a^n}\right|=\lim\limits_{n\to\infty}\left|\frac{\frac{n}{a^n}+\frac{1}{a^n}+a}{\frac{n}{a^n}+1}\right|=|a||z|$,这是因为$\lim\limits_{n\to\infty}\left|\frac{n}{a^n}\right|=0$,所以$\lim\limits_{n\to\infty}\frac{n}{a^n}=0$,故$R=\frac{1}{|a|}$.

方法 2:① 若$|a|\leqslant 1$,则$n-|a|^n<|n+a^n|<n+|a|^n$.所以

$$n-|a|\leqslant n-|a|^n<|n+a^n|<n+|a|^n\leqslant n+|a|$$
$$(\text{因为 }|a|^n\leqslant|a|)$$

但$\lim\limits_{n\to\infty}\sqrt[n]{n-|a|}=\lim\limits_{n\to\infty}\sqrt[n]{n+|a|}=1$,所以$\lim\limits_{n\to\infty}\sqrt[n]{|n+a^n|}=1$,故$R=1$.

② 若$|a|>1$,则$\lim\limits_{n\to\infty}\frac{|a|^n}{n}=\infty$,所以

$$|a|^n>Mn\quad(M>1,n>N)$$
$$|n+a^n|\leqslant n+|a|^n<2|a|^n\quad(n>N)$$

又

$$|n+a^n|\geqslant|a|^n-n>|a|^n/2\quad(\text{因为 }|a|^n>2n)$$

所以

$$\sqrt[n]{\frac{|a|^n}{2}}<\sqrt[n]{|n+a^n|}<\sqrt[n]{2|a|^n}$$

即

$$\frac{|a|}{\sqrt[n]{2}}<\sqrt[n]{|n+a^n|}<|a|\sqrt[n]{2}$$

而

$$\lim_{n\to\infty}\frac{|a|}{\sqrt[n]{2}}=\lim_{n\to\infty}|a|\sqrt[n]{2}=|a|$$

所以

$$\lim_{n\to\infty}\sqrt[n]{|n+a^n|}=|a|$$

所以

$$R=\frac{1}{|a|}$$

100 证明:在级数$\sum_{n=1}^{\infty}c_nz^n$中,若$\lim_{n\to\infty}\left|\frac{c_{n+1}}{c_n}\right|=l$,则$\lim_{n\to\infty}\sqrt[n]{|c_n|}=l$.

证 因为$\lim_{n\to\infty}\left|\frac{c_{n+1}}{c_n}\right|=l$.而

$$\lim_{n\to\infty}\sqrt[n]{|c_n|}=\lim_{n\to\infty}\sqrt[n]{|c_1|\left|\frac{c_2}{c_1}\right|\left|\frac{c_3}{c_2}\right|\cdots\left|\frac{c_n}{c_{n-1}}\right|}=$$
$$\lim_{n\to\infty}e^{\frac{1}{n}\left(\ln|c_1|+\ln\left|\frac{c_2}{c_1}\right|+\cdots+\ln\left|\frac{c_n}{c_{n-1}}\right|\right)}$$

又

$$\lim_{n\to\infty}\ln\left|\frac{c_n}{c_{n-1}}\right|=\ln l$$

所以

$$\lim_{n\to\infty}\frac{\ln|c_1|+\ln\left|\frac{c_2}{c_1}\right|+\cdots+\ln\left|\frac{c_n}{c_{n-1}}\right|}{n}=\ln l$$

故

$$\lim_{n\to\infty}\sqrt[n]{|c_n|}=\lim_{n\to\infty}e^{\ln l}=l$$

注 可用这里求比值的极限方法求幂级数的收敛半径(如常用在系数中出现阶乘时),这样就不必像题99中那样带着z.

我们注意上题中,反之不一定成立,例如考虑级数$\sum_{n=1}^{\infty}[2+(-1)^n]z^n$,显然$\lim_{n\to\infty}\sqrt[n]{|c_n|}=\lim_{n\to\infty}\sqrt[n]{2+(-1)^n}=1$,但

$$\lim_{n\to\infty}\left|\frac{c_{n+1}}{c_n}\right|=\lim_{n\to\infty}\frac{2+(-1)^{n+1}}{2+(-1)^n}=\begin{cases}1, n\text{ 为偶数}\\3, n\text{ 为奇数}\end{cases}$$

所以极限不存在.

101 若级数$\sum_{n=0}^{\infty}c_nz^n$的收敛半径为$R(0<R<+\infty)$,则确定下列给定级数的收敛半径$R$:

(1) $\sum_{n=0}^{\infty}n^kc_nz^n$;

(2) $\sum_{n=0}^{\infty}(1+a^n)c_n z^n(|a|\neq 1)$.

解 (1) 因为$\overline{\lim_{n\to\infty}}\sqrt[n]{|c_n|}=\frac{1}{R}$,而$\lim_{n\to\infty}\sqrt[n]{n^k}=\lim_{n\to\infty}(\sqrt[n]{n})^k=1$.所以

$$\overline{\lim_{n\to\infty}}\sqrt[n]{n^k|c_n|}=\lim_{n\to\infty}\sqrt[n]{n^k}\cdot\overline{\lim_{n\to\infty}}\sqrt[n]{|c_n|}=\frac{1}{R}$$

故$\sum_{n=0}^{\infty}n^k c_n z^n$的收敛半径为$R$.

(2)① 若$|a|<1$,则

$$1-|a|^n\leqslant|1+a^n|\leqslant1+|a|^n<2$$

由于$\lim_{n\to\infty}|a|^n=0$,所以$|a|^n<\frac{1}{2}(n>N)$,故$n>N$时

$$\frac{1}{2}<1-|a|^n\leqslant|1+a^n|<2$$

所以

$$\sqrt[n]{\frac{1}{2}}<\sqrt[n]{|1+a^n|}<\sqrt[n]{2}$$

故$\lim_{n\to\infty}\sqrt[n]{|1+a^n|}=1$,因为

$$\overline{\lim_{n\to\infty}}\sqrt[n]{|c_n|}=\frac{1}{R}$$

所以

$$\overline{\lim_{n\to\infty}}\sqrt[n]{|(1+a^n)c_n|}=\frac{1}{R}$$

② 若$|a|>1$,由于$\lim_{n\to\infty}|a|^n=\infty$,所以

$$\frac{1}{2}|a|^n<|a|^n-1\leqslant|1+a^n|\leqslant1+|a|^n<2|a|^n$$

而

$$\lim_{n\to\infty}\sqrt[n]{\frac{1}{2}|a|^n}=\lim_{n\to\infty}\sqrt[n]{2a^n}=|a|$$

所以

$$\overline{\lim_{n\to\infty}}\sqrt[n]{|(1+a^n)c_n|}=\lim_{n\to\infty}\sqrt[n]{|a_n|}\cdot\lim_{n\to\infty}\sqrt[n]{|1+a^n|}=\frac{|a|}{R}$$

故有:

当$|a|<1$时,$\sum_{n=0}^{\infty}(1+a^n)c_n z^n$的收敛半径为$R$;

当 $|a|>1$ 时，$\sum\limits_{n=0}^{\infty}(1+a^n)c_n z^n$ 的收敛半径为 $R/|a|$.

102 若级数 $\sum\limits_{n=0}^{\infty}a_n z^n$ 与 $\sum\limits_{n=0}^{\infty}b_n z^n$ 的收敛半径分别为 r_1 与 r_2，问以下级数有怎样的收敛半径 R：

(1) $\sum\limits_{n=0}^{\infty}(a_n \pm b_n)z^n$；

(2) $\sum\limits_{n=0}^{\infty}a_n b_n z^n$；

(3) $\sum\limits_{n=0}^{\infty}\dfrac{a_n}{b_n}z^n(b_n \neq 0)$.

解　只考虑 r_1,r_2 为正实数的情况.

(1) 方法 1：因为 $\sum\limits_{n=0}^{\infty}a_n z^n$ 在 $|z|<r_1$ 收敛，$\sum\limits_{n=0}^{\infty}b_n z^n$ 在 $|z|<r_2$ 收敛，不妨设 $r_1<r_2$，则 $\sum\limits_{n=0}^{\infty}(a_n+b_n)z^n$ 在 $|z|<r_1$ 收敛，所以 $R\geqslant\min\{r_1,r_2\}$.

方法 2：令 $\dfrac{1}{R}=\overline{\lim\limits_{n\to\infty}}\sqrt[n]{|a_n+b_n|}$，因为

$$|a_n+b_n|\leqslant|a_n|+|b_n|\leqslant 2\max\{|a_n|,|b_n|\}$$

所以

$$\sqrt[n]{|a_n\pm b_n|}\leqslant\sqrt[n]{2\max\{|a_n|,|b_n|\}}=$$
$$\sqrt[n]{2}\max\{\sqrt[n]{|a_n|},\sqrt[n]{|b_n|}\}$$

先证明

$$\overline{\lim_{n\to\infty}}\sqrt[n]{2}\max\{\sqrt[n]{|a_n|},\sqrt[n]{|b_n|}\}=$$
$$\max\{\overline{\lim_{n\to\infty}}\sqrt[n]{|a_n|},\overline{\lim_{n\to\infty}}\sqrt[n]{|b_n|}\}=\max\left\{\frac{1}{r_1},\frac{1}{r_2}\right\}$$

事实上，对任给 $\varepsilon>0$，存在 N，当 $n>N$ 时，有 $\sqrt[n]{2}\cdot\sqrt[n]{|a_n|}<\dfrac{1}{r_1}+\varepsilon$，$\sqrt[n]{2}\cdot\sqrt[n]{|b_n|}<\dfrac{1}{r_2}+\varepsilon$，故当 $n>N$ 时有

$$\sqrt[n]{2}\max\{\sqrt[n]{|a_n|},\sqrt[n]{|b_n|}\}<\max\left\{\frac{1}{r_1},\frac{1}{r_2}\right\}+\varepsilon \tag{1}$$

另一方面，因为 $\sqrt[n]{2}\sqrt[n]{|a_n|}>\dfrac{1}{r_1}-\varepsilon$，$\sqrt[n]{2}\sqrt[n]{|b_n|}>\dfrac{1}{r_2}-\varepsilon$ 对无穷多个 n 成

立,所以

$$\sqrt[n]{2}\max\{\sqrt[n]{|a_n|},\sqrt[n]{|b_n|}\}>\max\left\{\frac{1}{r_1},\frac{1}{r_2}\right\}-\varepsilon \tag{2}$$

对无穷多个 n 成立.

由式(1),(2) 可知

$$\varlimsup_{n\to\infty}\sqrt[n]{2}\max\{\sqrt[n]{|a_n|},\sqrt[n]{|b_n|}\}=\max\left\{\frac{1}{r_1},\frac{1}{r_2}\right\}$$

下面我们来证明:$\varlimsup\limits_{n\to\infty}\sqrt[n]{|a_n+b_n|}\leqslant\max\left\{\frac{1}{r_1},\frac{1}{r_2}\right\}$. 即

$$\frac{1}{R}\leqslant\max\left\{\frac{1}{r_1},\frac{1}{r_2}\right\}$$

用反证法,若$\frac{1}{R}>\max\left\{\frac{1}{r_1},\frac{1}{r_2}\right\}$,令 $\varepsilon_0=\frac{1}{R}-\max\left\{\frac{1}{r_1},\frac{1}{r_2}\right\}-\varepsilon_1>0$(如 $\varepsilon_1<\frac{1}{2}\left(\frac{1}{R}-\max\left\{\frac{1}{r_1},\frac{1}{r_2}\right\}\right)$ 即可,这时 $\varepsilon_1>0$).

当 $n>N$ 时

$$\sqrt[n]{2}\max\{\sqrt[n]{|a_n|},\sqrt[n]{|b_n|}\}<\max\left\{\frac{1}{r_1},\frac{1}{r_2}\right\}+\varepsilon_0=\frac{1}{R}-\varepsilon_1$$

这时

$$\sqrt[n]{|a_n\pm b_n|}\leqslant\sqrt[n]{2}\max\{\sqrt[n]{|a_n|},\sqrt[n]{|b_n|}\}<\frac{1}{R}-\varepsilon_1\quad(n>N)$$

所以$\frac{1}{R}\leqslant\frac{1}{R}-\varepsilon_1$,而 $\varepsilon_1>0$ 矛盾. 故$\frac{1}{R}\leqslant\max\left\{\frac{1}{r_1},\frac{1}{r_2}\right\}$,即 $R\geqslant\max\{r_1,r_2\}$.

(2) 方法 1:令$\varlimsup\limits_{n\to\infty}\sqrt[n]{|a_n\cdot b_n|}=\frac{1}{R}$,则

$$\lim_{n\to\infty}\sqrt[n]{|a_n||b_n|}\leqslant\varlimsup_{n\to\infty}\sqrt[n]{|a_n|}\cdot\varlimsup_{n\to\infty}\sqrt[n]{|b_n|}$$

即

$$\frac{1}{R}\leqslant\frac{1}{r_1}\cdot\frac{1}{r_2}$$

所以 $R\geqslant r_1r_2$.

方法 2:因为

$$\varlimsup_{n\to\infty}\sqrt[n]{|a_n|}=\frac{1}{r_1},\varlimsup_{n\to\infty}\sqrt[n]{|b_n|}=\frac{1}{r_2}$$

所以

$$\sqrt[n]{|a_n|}<\frac{1}{r_1}+\varepsilon,\sqrt[n]{|b_n|}<\frac{1}{r_2}+\varepsilon\quad(n>N)$$

故 $n>N$ 时

$$\sqrt[n]{|a_nb_n|}<\left(\frac{1}{r_1}+\varepsilon\right)\left(\frac{1}{r_2}+\varepsilon\right)=\frac{1}{r_1r_2}+\varepsilon' \qquad (3)$$

于是得$\overline{\lim\limits_{n\to\infty}}\sqrt[n]{|a_nb_n|}\leqslant\frac{1}{r_1r_2}$,即$\frac{1}{R}\leqslant\frac{1}{r_1r_2}$.

否则,反设$\frac{1}{R}>\frac{1}{r_1r_2}$,令$\varepsilon=\frac{1}{R}-\frac{1}{r_1r_2}+\varepsilon'$(取$\varepsilon'$充分小使$\varepsilon>0$即可),$\sqrt[n]{|a_nb_n|}>\frac{1}{R}-\varepsilon=\frac{1}{r_1r_2}+\varepsilon$对无穷个$n$成立,这与式(3)矛盾,所以$\frac{1}{R}\leqslant\frac{1}{r_1r_2}$,即$R\geqslant r_1r_2$.

(3) 方法 1:令$\overline{\lim\limits_{n\to\infty}}\sqrt[n]{\left|\frac{a_n}{b_n}\right|}=\frac{1}{R}$,因为

$$\overline{\lim_{n\to\infty}}\sqrt[n]{|a_n|}=\overline{\lim_{n\to\infty}}\sqrt[n]{\frac{|a_n|}{|b_n|}}\cdot\sqrt[n]{|b_n|}\leqslant\overline{\lim_{n\to\infty}}\sqrt[n]{\left|\frac{a_n}{b_n}\right|}\cdot\overline{\lim_{n\to\infty}}\sqrt[n]{|b_n|}$$

所以

$$\overline{\lim_{n\to\infty}}\sqrt[n]{\left|\frac{a_n}{b_n}\right|}\geqslant\frac{\overline{\lim\limits_{n\to\infty}}\sqrt[n]{|a_n|}}{\overline{\lim\limits_{n\to\infty}}\sqrt[n]{|b_n|}}$$

即

$$1/R\geqslant\frac{1}{r_1}\bigg/\frac{1}{r_2}$$

所以

$$R\leqslant\frac{r_1}{r_2}$$

方法 2:因为

$$\overline{\lim_{n\to\infty}}\sqrt[n]{|a_n|}=\frac{1}{r_1},\overline{\lim_{n\to\infty}}\sqrt[n]{|b_n|}=\frac{1}{r_2}$$

所以

$$\sqrt[n]{|b_n|}<\frac{1}{r_2}+\varepsilon\quad(n>N),\sqrt[n]{|a_n|}>\frac{1}{r_1}-\varepsilon\quad(\text{无穷多个 } n)$$

所以

$$\sqrt[n]{\left|\frac{a_n}{b_n}\right|}>\frac{\frac{1}{r_1}-\varepsilon}{\frac{1}{r_2}+\varepsilon}=\frac{r_2}{r_1}-\frac{\varepsilon(r_1+r_2)}{1-\varepsilon r_2}=\frac{r_2}{r_1}-\varepsilon'\quad(\text{无穷多个 } n)\qquad(4)$$

故$\overline{\lim\limits_{n\to\infty}}\sqrt[n]{\left|\frac{a_n}{b_n}\right|}\geqslant\frac{r_2}{r_1}$,即$R\leqslant\frac{r_1}{r_2}$,否则取

$$\varepsilon=\frac{r_2}{r_1}-\frac{1}{R}-\varepsilon'>0$$

则$\sqrt[n]{\left|\frac{a_n}{b_n}\right|}<\frac{1}{R}+\varepsilon=\frac{r_2}{r_1}-\varepsilon'(n>N)$这与式(4)矛盾.

注 上面收敛半径之间的关系,均可出现等号不成立的情况.例如:

①$R>\min\{r_1,r_2\}$的情况.

令$a_n=1,b_n=-1+\frac{1}{n!}$,则$r_1=1,r_2=1$.而$a_n+b_n=\frac{1}{n!}$,所以$R=\infty$.

②$+\infty>R>r_1r_2$的情况

$$a_n=\begin{cases}a_{2k}=2^k\\a_{2k+1}=3^k\end{cases},b_n=\begin{cases}b_{2k}=3^k\\b_{2k+1}=2^k\end{cases}$$

所以

$$r_1=r_2=\frac{1}{3}$$

而

$$R=\frac{1}{\overline{\lim\limits_{n\to\infty}}\sqrt[n]{|a_nb_n|}}=\frac{1}{6}>\frac{1}{9}=r_1r_2$$

③$R<\frac{r_1}{r_2}$的情况

$$a_n=\begin{cases}a_{2k}=\frac{1}{k}\\a_{2k+1}=\frac{1}{k^k}\end{cases},b_n=\begin{cases}b_{2k}=\frac{1}{k^k}\\b_{2k+1}=\frac{1}{k}\end{cases}$$

所以$r_1=r_2=1$.故

$$c_n=\frac{a_n}{b_n}=\begin{cases}c_{2k}=k^{k-1}\\c_{2k+1}=\frac{1}{k^{k-1}}\end{cases}$$

即

$$R=0<1=\frac{r_1}{r_2}$$

103 若$\{a_n\}$是单减趋于零的正实数序列,试证明级数$\sum\limits_{n=1}^{\infty}a_nz^n$的收敛半径$R$不小于1,并且如果$R=1$,则在它收敛圆周上的所有点除了$z=1$可能发散外,都收敛.

证法 1 因为$\lim\limits_{n\to\infty} a_n=0$,所以$|a_n|<1(n>N)$,于是,$|a_nz^n|<|z|^n$,而$\sum\limits_{n=1}^{\infty}|z|^n$在$|z|<1$时收敛,所以$\sum\limits_{n=1}^{\infty}a_nz^n$在$|z|<1$时收敛,故$R\geqslant 1$.若$R=1$,令$z=e^{i\theta}(0<\theta<2\pi)$,$z\neq 1$.则

$$\begin{aligned}\sum_{k=n+1}^{n+p}a_kz^k=\sum_{k=n+1}^{n+p}a_ke^{ik\theta}&=e^{i(n+1)\theta}(a_{n+1}+a_{n+2}e^{i\theta}+\cdots+a_{n+p}e^{i(p-1)\theta})=\\&e^{i(n+1)\theta}\{(a_{n+1}-a_{n+2})+[(a_{n+2}-a_{n+3})+(a_{n+2}e^{i\theta}-a_{n+3}e^{i\theta})]+\\&[(a_{n+3}-a_{n+4})+(a_{n+3}e^{i\theta}-a_{n+4}e^{i\theta})+(a_{n+3}e^{i2\theta}-a_{n+4}e^{i2\theta})]+\cdots+\\&[(a_{n+p-1}-a_{n+p})+(a_{n+p-1}e^{i\theta}-a_{n+p}e^{i\theta})+\cdots+(a_{n+p-1}e^{i(p-2)\theta}-\\&a_{n+p}e^{i(p-2)\theta})]\}+(a_{n+p}+a_{n+p}e^{i\theta}+\cdots+a_{n+p}e^{i(p-1)\theta})=\\&e^{i(n+1)\theta}\left[\sum_{j=0}^{p-2}\sigma_j(a_{n+j+1}+a_{n+j+2})+a_{n+p}\sigma_{p-1}\right]\end{aligned}$$

其中

$$\sigma_j=1+e^{i\theta}+e^{i2\theta}+\cdots+e^{ij\theta}=\frac{1-e^{i(j+1)\theta}}{1-e^{i\theta}}=e^{ij\frac{\theta}{2}}\frac{\sin\frac{j+1}{2}\theta}{\sin\frac{\theta}{2}}$$

于是$|\sigma_j|\leqslant\frac{1}{\sin\theta/2}$,所以

$$\left|\sum_{k=n+1}^{n+p}a_kz^k\right|\leqslant\frac{1}{\sin\frac{\theta}{2}}\left[\sum_{j=0}^{p-2}(a_{n+j+1}-a_{n+j+2})+a_{n+p}\right]=\frac{a_{n+p}}{\sin\frac{\theta}{2}}\to 0\quad(n\to\infty)$$

这是因为$\{a_n\}$是单减趋于零的正实数列,故

$$a_n-a_{n+1}>0\quad(n=1,2,\cdots),a_n\to 0\quad(n\to\infty)$$

所以当$|z|=1$而$z\neq 1$时收敛.但当$z=1$时,若$a_n=\frac{1}{n}$,则$\sum\limits_{n=1}^{\infty}\frac{1}{n}$发散,若$a_n=\frac{1}{n^2}$,则$\sum\limits_{n=1}^{\infty}\frac{1}{n^2}$收敛.

证法 2 若$R=1$,当$|z|=1$,$z\neq 1$时

$$|S_n(z)|=\left|\sum_{n=1}^{n}z^n\right|=\left|\frac{z-z^{n+1}}{1-z}\right|\leqslant\frac{2}{|1-z|}$$

又$\{a_n\}$单调趋于零,其中$a_n>0$,由狄利克雷判别法知,对任意的$z\neq 1$,$|z|=1$,级数$\sum\limits_{n=1}^{\infty}a_nz^n$收敛.

证法 3 设$R=1$,注意圆周$|z|=1$上的点都可写为$\cos\theta+i\sin\theta$.

首先指出，当 $z=1$ 时，$\sum_{n=0}^{\infty}c_nz^n$ 可能发散，例如 $\sum_{n=1}^{\infty}\frac{1}{n}z^n$，显然 $a_n=\frac{1}{n}$ 单调下降趋于零，而其在 $z=1$ 发散. 故只需证明当 $0<\theta<2\pi$ 时，$\sum_{n=0}^{\infty}c_nz^n$ 在点 $z=\cos\theta+\mathrm{i}\sin\theta$ 收敛. 在点 $z=\cos\theta+\mathrm{i}\sin\theta$ 时有

$$\sum_{n=0}^{\infty}c_nz^n=\sum_{n=0}^{\infty}c_n\cos n\theta+\mathrm{i}\sum_{n=0}^{\infty}c_n\sin n\theta$$

因为 c_n 单调下降趋于零，又对任何 n 有

$$\left|\sum_{k=1}^{n}\cos k\theta\right|=\left|\frac{\sin(n+\frac{1}{2})\theta-\sin\frac{1}{2}\theta}{2\sin\frac{1}{2}\theta}\right|\leqslant\left|\frac{1}{\sin\frac{1}{2}\theta}\right|$$

$$\left|\sum_{k=1}^{n}\sin k\theta\right|=\left|\frac{\cos\frac{1}{2}\theta-\cos(n+\frac{1}{2})\theta}{2\sin\frac{1}{2}\theta}\right|\leqslant\left|\frac{1}{\sin\frac{1}{2}\theta}\right|$$

即对任意固定的 θ(注意 $0<\theta<2\pi$)，$\sum_{k=1}^{n}\sin k\theta$ 有界，所以由狄利克雷判别法(参看菲赫金哥尔茨《微积分学教程》中译本二卷二分册第十一章 §3 第 372 段）知，$\sum_{n=0}^{\infty}c_n\cos n\theta$ 和 $\sum_{n=0}^{\infty}c_n\sin n\theta$ 都收敛，从而 $\sum_{n=0}^{\infty}c_nz^n$ 收敛. 证毕.

注 由证法 2 知，若 $R>1$，则级数 $\sum_{n=1}^{\infty}a_nz^n$ 在收敛圆周 $|z|=R$ 上的全部点都收敛.

104 若级数 $\sum_{n=0}^{\infty}a_nz^n$ 满足条件 $|a_0+a_1z_0+\cdots+a_nz_0^n|<pn^c$ $(n=0,1,2,\cdots)$，其中 p 与 c 为正数，z_0 为任意一点，则级数在 $|z|<|z_0|$ 时绝对收敛.

证 因为 $\left|\sum_{k=0}^{n}a_kz_0^k\right|<pn^c(n=0,1,2,\cdots)$，所以

$$|a_nz_0^n|=\left|\sum_{k=0}^{n}a_kz_0^k-\sum_{k=0}^{n-1}a_kz_0^k\right|<pn^c+p(n-1)^c<(p+1)n^c$$

又

$$|a_nz^n|=|a_n||z_0|^n\left|\frac{z}{z_0}\right|^n<(p+1)n^c\left|\frac{z}{z_0}\right|^n$$

令$\dfrac{z}{z_0}=\zeta$，因为$\overline{\lim\limits_{n\to\infty}}\sqrt[n]{(p+1)n^c}=1$，所以级数$\sum\limits_{n=0}^{\infty}(p+1)n^c\mid\zeta\mid^n=\sum\limits_{n=0}^{\infty}(p+1)n^c\left|\dfrac{z}{z_0}\right|^n$的收敛半径$R=1$，于是当$\mid z\mid<\mid z_0\mid$时，$\mid\zeta\mid=\left|\dfrac{z}{z_0}\right|<R=1$，故级数$\sum\limits_{n=0}^{\infty}(p+1)n^c\left|\dfrac{z}{z_0}\right|^n$收敛. 由比较判别法知，当$\mid z\mid<\mid z_0\mid$时，级数$\sum\limits_{n=0}^{\infty}a_nz^n$绝对收敛.

在题 105 ～ 107 中研究所给幂级数在收敛圆周上的性态.

105 $\sum\limits_{n=0}^{\infty}\dfrac{z^n}{n+1}$.

解 由于$\lim\limits_{n\to\infty}\sqrt[n]{\dfrac{1}{n+1}}=\lim\limits_{n\to\infty}\left(\dfrac{1}{\sqrt[n]{n}}\sqrt[n]{\dfrac{n}{n+1}}\right)=1$，故收敛半径$R=1$.

当$z=1$时，$\sum\limits_{n=0}^{\infty}\dfrac{z^n}{n+1}=\sum\limits_{n=0}^{\infty}\dfrac{1}{n+1}$发散.

下面证明：当$\mid z\mid=1, z\neq1$时级数收敛，为简单起见，令

令

$$\begin{cases}s_{nk}=\sum\limits_{j=n+1}^{k}z^j, k\geqslant n+1\\ s_{nk}=0, k=n\end{cases}$$

$$\sum_{k=n+1}^{n+p}\frac{z^k}{k+1}=\sum_{k=n+1}^{n+p}\frac{s_{nk}-s_{n,k-1}}{k+1}=$$
$$\sum_{k=n+1}^{n+p-1}\frac{s_{n,k}}{k+1}+\frac{s_{n,n+p}}{n+p+1}-\sum_{k=n+1}^{n+p}\frac{s_{n,k-1}}{k+1}=$$
$$\sum_{k=n+1}^{n+p-1}\left(\frac{1}{k+1}-\frac{1}{k+2}\right)s_{n,k}+\frac{s_{n,n+p}}{n+p+1}$$

而

$$\mid s_{nk}\mid=\mid z^{n+1}(1+z+\cdots+z^{k-n-1})\mid=$$
$$\left|\frac{z^{n+1}(1-z^{k-n})}{1-z}\right|\leqslant\frac{2}{\mid1-z\mid}$$

故

$$\left|\sum_{k=n+1}^{n+p}\frac{z^k}{k+1}\right|\leqslant\sum_{k=n+1}^{n+p}\left(\frac{1}{k+1}-\frac{1}{k+2}\right)\frac{2}{\mid1-z\mid}+$$
$$\frac{1}{n+p+1}\cdot\frac{2}{\mid1-z\mid}=\frac{1}{n+2}\cdot\frac{2}{\mid1-z\mid}$$

于是当 $z \neq 1$ 时，有 $\lim\limits_{n\to\infty} \dfrac{1}{n+2} \cdot \dfrac{2}{|1-z|} = 0$，所以，对任给 $\varepsilon > 0$，存在 N，当 $n > N$ 时，对任意的自然数 p 均有

$$\left|\sum_{k=n+1}^{n+p} \frac{z^k}{k+1}\right| \leqslant \frac{1}{n+2} \cdot \frac{2}{|1-z|} < \varepsilon$$

106 $\sum\limits_{n=1}^{\infty} \dfrac{(-1)^n}{n} z^n$.

解 显然 $R=1$，当 $z=-1$ 时，$\sum\limits_{n=1}^{\infty} \dfrac{(-1)^n}{n} z^n = \sum\limits_{n=1}^{\infty} \dfrac{1}{n}$ 发散.

下面证明：当 $|z|=1, z\neq -1$ 时，级数收敛.

令 $z=\mathrm{e}^{\mathrm{i}\theta}(0 \leqslant \theta \leqslant 2\pi, \theta \neq \pi)$，$a_k = (-1)^k \mathrm{e}^{\mathrm{i}k\theta}$，$b_k = \dfrac{1}{k}$，则

$$\left|\sum_{k=1}^{n} a_k\right| = \left|\sum_{k=1}^{n} (-1)^k \mathrm{e}^{\mathrm{i}k\theta}\right| = \left|\frac{\mathrm{e}^{\mathrm{i}\theta} - (-1)^n \mathrm{e}^{\mathrm{i}(n+1)\theta}}{1+\mathrm{e}^{\mathrm{i}\theta}}\right| \leqslant \frac{2}{|1+\mathrm{e}^{\mathrm{i}\theta}|} \quad (n=1,2,\cdots)$$

又

$$|b_{k+1} - b_k| = \frac{1}{k} - \frac{1}{k+1} = \frac{1}{k(k+1)} < \frac{1}{k^2}$$

故 $\sum\limits_{k=1}^{\infty} |b_{k+1} - b_k|$ 收敛. 显然 $\lim\limits_{k\to\infty} b_k = 0$，级数

$$\sum_{n=1}^{\infty} a_n b_n = \sum_{n=1}^{\infty} (-1)^n \frac{\mathrm{e}^{\mathrm{i}n\theta}}{n} = \sum_{n=1}^{\infty} (-1)^n \frac{z^n}{n}$$

收敛（$|z|=1, z\neq -1$）.

107 $\sum\limits_{n=1}^{\infty} \dfrac{z^{p^n}}{n}$（$p$ 为自然数）.

解 这里当 $n \neq p^k$ 时，$a_n = 0$；当 $n = p^k$ 时，$a_n = \dfrac{1}{k}$. 所以

$$\varlimsup_{n\to\infty} \sqrt[n]{|a_n|} = \lim_{k\to\infty} \sqrt[p^k]{\frac{1}{k}} = \lim_{k\to\infty} \left(\sqrt[k]{\frac{1}{k}}\right)^{\frac{1}{p}} = 1$$

故 $R=1$.

令 $\zeta = z^p$，则 $\sum\limits_{n=1}^{\infty} \dfrac{1}{n}\zeta^n = \sum\limits_{n=1}^{\infty} \dfrac{z^{p^n}}{n}$，当 $\zeta = 1$（即 $z^p = 1$）时，为调和级数，此时

级数发散.

当 $|z|=1, z^p \neq 1$,即 $z \neq e^{\frac{2k\pi}{p}i}(k=0,1,\cdots,p-1)$ 时,$|\zeta|=1, \zeta \neq 1$,由题 103 知 $\sum\limits_{n=1}^{\infty} \frac{1}{n}\zeta^n$ 收敛.或者,令 $|\zeta|=e^{i\theta}, 0<\theta<2\pi$,这时 $\sum\limits_{n=1}^{\infty} \frac{1}{n}\zeta^n=\sum\limits_{n=1}^{\infty} \frac{1}{n}e^{in\theta}$ 收敛,所以,在收敛圆周 $|z|=1$ 上,除去 $z=e^{\frac{2k\pi}{p}}(k=0,1,\cdots,p-1)$ 外均收敛(非绝对收敛).

108 研究下列级数的收敛性:

(1) $2\sin\frac{z}{3}+4\sin\frac{z}{9}+8\sin\frac{z}{27}+\cdots+2^n\sin\frac{z}{3^n}+\cdots$;

(2) $|c|<1, \sum\limits_{n=1}^{\infty} c^{n^2}e^{nz}$;

(3) $z+\frac{a-b}{2!}z^2+\frac{(a-b)(a-2b)}{3!}z^3+\frac{(a-b)(a-2b)}{4!}\cdot\frac{(a-3b)}{4!}z^4+\cdots$;

(4) $\sum\limits_{n=1}^{\infty}\frac{nz^{n-1}}{z^n-\left(1+\frac{1}{n}\right)^n}$.

解 (1) 因 $\lim\limits_{n\to\infty}3^n\sin\frac{z}{3^n}=z$,故存在 $k=k(z)$(与 n 无关),使 $\left|3^n\sin\frac{z}{3^n}\right|<k$. 因此 $\left|2^n\sin\frac{z}{3^n}\right|<k\left(\frac{2}{3}\right)^n$. 而 $\sum\limits_{n=1}^{\infty}k\left(\frac{2}{3}\right)^n$ 收敛,故已知级数绝对收敛.

(2) 因 $|c|<1$ 时

$$\lim_{n\to\infty}\frac{u_{n+1}}{u_n}=\lim_{n\to\infty}c^{(n+1)^2-n^2}e^z=\lim_{n\to\infty}e^z c^{2n+1}=0$$

所以已知级数对所有 z 绝对收敛.

(3) 因 $\lim\limits_{n\to\infty}\frac{u_{n+1}}{u_n}=\lim\limits_{n\to\infty}\frac{a-nb}{n+1}z=bz$. 所以所给级数于 $|bz|<1$,即 $|z|<\left|\frac{1}{b}\right|$ 时绝对收敛.

(4) 因当 $|z|<1$ 时,$\left|z^n-\left(1+\frac{1}{n}\right)^n\right|\geqslant\left(1+\frac{1}{n}\right)^n-|z|^n\geqslant 1+1+\frac{n-1}{2^n}+\cdots-1>1$,故所给级数每项的模小于级数 $\sum\limits_{n=1}^{\infty}n|z^{n-1}|$ 的对应项,而后

一级数收敛,因此所给级数于 $|z|<1$ 绝对收敛.

109 证明:若 $\varphi(z)=\sum_{n=0}^{\infty}a_nz^n$,其收敛半径为 $R(>0)$,$f(z)=z^{\alpha}\varphi(z)$($\alpha$ 为常数),则 $f'(z)=\sum_{n=0}^{\infty}(\alpha+n)a_nz^{\alpha+n-1}$.

证 因为当 $|z|<R$ 时,$\varphi'(z)=\sum_{n=0}^{\infty}a_nz^{n-1}\cdot n$,又 $f(z)=z^{\alpha}\varphi(z)$. 所以当 $|z|<R$ 时

$$f'(z)=\alpha z^{\alpha-1}\varphi(z)+z^{\alpha}\varphi'(z)=\sum_{n=0}^{\infty}(\alpha+n)a_nz^{\alpha+n-1}$$

在题 110 ~ 113 中求给定幂级数收敛圆内的和函数.

110 $\sum_{n=1}^{\infty}(2^n-1)z^{n-1}$.

解 收敛半径 $R=\dfrac{1}{\overline{\lim\limits_{n\to\infty}}\sqrt[n]{2^{n+1}-1}}=\dfrac{1}{\overline{\lim\limits_{n\to\infty}}\sqrt[n]{2^{n+1}}}=\dfrac{1}{2}$.

当 $|z|<\frac{1}{2}$ 时,$|2z|<1$,于是

$$\sum_{n=1}^{\infty}z^{n-1}=\frac{1}{1-z}$$

$$\sum_{n=1}^{\infty}2^nz^{n-1}=2\sum_{n=1}^{\infty}(2z)^{n-1}=\frac{2}{1-2z}$$

所以

$$\sum_{n=1}^{\infty}(\alpha^n-1)z^{n-1}=\frac{\alpha}{1-2z}-\frac{1}{1-z}=\frac{1}{(1-2z)(1-z)}$$

111 $\sum_{n=1}^{\infty}(-1)^{n-1}nz^n$.

解法 1 $\sum_{n=1}^{\infty}(-1)^{n-1}nz^n=z\sum_{n=1}^{\infty}(-1)^{n-1}nz^{n-1}$.

令 $f(z)=\sum_{n=1}^{\infty}(-1)^{n-1}z^n$,其收敛半径 $R=1$,由魏尔斯特拉斯定理知,$f(z)$ 是在 $|z|<1$ 内的解析函数,且

$$f'(z)=\sum_{n=1}^{\infty}[(-1)^{n-1}z^n]'=\sum_{n=1}^{\infty}(-1)^{n-1}nz^{n-1}$$

于是

$$\sum_{n=1}^{\infty}(-1)^{n-1}nz^n=zf'(z)$$

但

$$f'(z)=\left(\sum_{n=1}^{\infty}(-1)^{n-1}z^n\right)'=\left(\frac{z}{1+z}\right)'=\frac{1}{(1+z)^2}\quad(|z|<1)$$

所以

$$\sum_{n=1}^{\infty}(-1)^{n-1}nz^n=\frac{z}{(1+z)^2}\quad(|z|<1)$$

解法 2 令 $\varphi(z)=\sum_{n=1}^{\infty}(-1)^{n-1}nz^{n-1}$,显然收敛半径 $R=1$,且在 $|z|<1$ 内部收敛,并且是一致收敛,故可逐项积分.则

$$\int_0^z\varphi(z)\mathrm{d}z=\sum_{n=1}^{\infty}\int_0^z(-1)^{n-1}nz^{n-1}\mathrm{d}z=\sum_{n=1}^{\infty}(-1)^{n-1}z^n=\frac{z}{1+z}$$

所以

$$\varphi(z)=\left(\frac{z}{1+z}\right)'=\frac{1}{(1+z)^2}\quad(|z|<1)$$

于是

$$\sum_{n=1}^{\infty}(-1)^{n-1}nz^n=z\sum_{n=1}^{\infty}(-1)^{n-1}nz^{n-1}=z\varphi(z)=\frac{z}{(1+z)^2}$$

112 $\sum_{n=1}^{\infty}(-1)^{n-1}\dfrac{z^n}{n}$.

解法 1 显然 $\sum_{n=1}^{\infty}(-1)^{n-1}\dfrac{z^n}{n}$ 的收敛半径 $R=1$,令

$$f(z)=\sum_{n=1}^{\infty}(-1)^{n-1}\frac{z^n}{n}\quad(|z|<1)$$

则

$$f'(z)=\sum_{n=1}^{\infty}\left[(-1)^{n-1}\frac{z^n}{n}\right]'=\sum_{n=1}^{\infty}(-1)^{n-1}z^{n-1}=\frac{1}{1+z}\quad(|z|<1)$$

所以

$$f(z)=\int_0^z\frac{1}{1+z}\mathrm{d}z=\ln(1+z)\Big|_0^z$$

因为 $f(0)=0$,故对数取主值,即 $f(z)=\ln(1+z)$.

解法 2 令 $\varphi(z)=\sum_{n=1}^{\infty}(-1)^{n-1}z^n$,$R=1$,故在 $|z|<1$,可逐项积分

$$f(z)=\int_0^z\varphi(z)\mathrm{d}z=\int_0^z\sum_{n=1}^{\infty}(-1)^{n-1}z^n\mathrm{d}z=$$

$$\sum_{n=1}^{\infty}\int_0^z(-1)^{n-1}z^n\mathrm{d}z=\sum_{n=1}^{\infty}(-1)^{n-1}\frac{z^{n+1}}{n+1}=$$

$$z-\sum_{n=1}^{\infty}(-1)^{n-1}\frac{z^n}{n}$$

所以

$$\sum_{n=1}^{\infty}(-1)^{n-1}\frac{z^n}{n}=z-f(z)$$

而

$$f(z)=\int_0^z\left(\sum_{n=1}^{\infty}(-1)^{n-1}z^n\right)\mathrm{d}z=\int_0^z\frac{z}{1+z}\mathrm{d}z=$$

$$\int_0^z\left(1-\frac{1}{1+z}\right)\mathrm{d}z=z-\ln(1+z)\Big|_0^z$$

故

$$\sum_{n=1}^{\infty}(-1)^{n-1}\frac{z^n}{n}=\ln(1+z)\Big|_0^z$$

但

$$\psi(z)=\sum_{n=1}^{\infty}(-1)^{n-1}\frac{z^n}{n}\quad(\psi(0)=0)$$

所以

$$\sum_{n=1}^{\infty}(-1)^{n-1}\frac{z^n}{n}=\ln(1+z)$$

113 $1+\sum_{n=1}^{\infty}\frac{m(m-1)\cdots(m-n+1)}{n!}z^n$($m$ 为复数).

解 因级数的收敛半径

$$R=\lim_{n\to\infty}\left|\frac{m(m-1)\cdots(m-n+1)}{n!}\Big/\frac{m(m-1)\cdots(m-n)}{(n+1)!}\right|=$$

$$\lim_{n\to\infty}|(n+1)/(m-n)|=1$$

若 m 为非负整数,则级数仅有有限项不为零,此时 $R=\infty$,故对任意的 m,级数的和函数 $f(z)$ 在 $|z|<1$ 是解析的,且级数可逐项微分,于是当 $|z|<1$ 时

有

$$(1+z)f'(z)=(1+z)\sum_{n=1}^{\infty}\frac{m(m-1)\cdots(m-n+1)}{(n-1)!}z^{n-1}=$$

$$\sum_{n=1}^{\infty}\frac{m(m-1)\cdots(m-n+1)}{(n-1)!}(z^{n-1}+z^{n})=$$

$$m\left\{1+\sum_{n=2}^{\infty}\left[\frac{(m-1)\cdots(m-n+1)}{(n-1)!}+\frac{(m-1)\cdots(m-n+2)}{(n-2)!}\right]z^{n-1}\right\}=$$

$$m\left\{1+\sum_{n=2}^{\infty}\frac{m(m-1)\cdots(m-n+2)}{(n-1)!}z^{n-1}\right\}=mf(z)$$

所以

$$\frac{\mathrm{d}}{\mathrm{d}z}\left[\frac{f(z)}{(1+z)^m}\right]=\frac{f'(z)(1+z)^m-m(1+z)^{m-1}f(z)}{(1+z)^{2m}}=$$

$$\frac{(1+z)f'(z)-mf(z)}{(1+z)^{m+1}}=0$$

所以$\dfrac{f(z)}{(1+z)^m}=c$,故 $f(z)=c(1+z)^m$. 而 $c=f(0)=1$,所以 $f(z)=(1+z)^m$,$|z|<1$. 这里$(1+z)^m$ 是表示 $z=0$ 为 1 的分枝,即主值.

注 由上面几道题得到级数求和通常所用的方法:(1) 借用几何级数求和;(2) 用逐项微分;(3) 逐项积分.

114 若用斐波那契(Fibonacci) 数列$\{c_n\}$,其中 $c_0=0,c_1=1,c_n=c_{n-1}+c_{n-2}(n=2,3,\cdots)$ 作成的幂级数 $f(z)=\sum\limits_{n=0}^{\infty}c_nz^n$,则 $f(z)=\dfrac{z}{1-z-z^2}$,从而确定 c_n 与收敛半径R.

解 显然$\{c_n\}$ 是单增的且 $c_n\leqslant 2c_{n-1}(n>1)$. 于是

$$0<c_n\leqslant 2c_n\leqslant 2^2c_{n-2}\leqslant\cdots\leqslant 2^{n-2}c_1=2^{n-1}\quad(n\geqslant 1)$$

所以收敛半径

$$R=\frac{1}{\overline{\lim\limits_{n\to\infty}}\sqrt[n]{|c_n|}}\geqslant\frac{1}{\overline{\lim\limits_{n\to\infty}}\sqrt[n]{2^{n-1}}}=\frac{1}{2}$$

因为

$$c_n=c_{n-1}+c_{n-2}\quad(n=2,3,\cdots)$$

所以当 $|z|<\dfrac{1}{2}$ 时

$$\sum_{n=2}^{\infty} c_n z^n = \sum_{n=2}^{\infty} c_{n-1} z^n + \sum_{n=2}^{\infty} c_{n-2} z^n$$

我们注意

$$\sum_{n=2}^{\infty} c_n z^n = \sum_{n=0}^{\infty} c_n z^n - (c_0 + c_1 z) = f(z) - z$$

$$\sum_{n=2}^{\infty} c_{n-1} z^n = z\sum_{n=2}^{\infty} c_{n-1} z^{n-1} = z\sum_{n=0}^{\infty} c_n z^n = zf(z)$$

$$\sum_{n=2}^{\infty} c_{n-2} z^n = z^2\sum_{n=2}^{\infty} c_{n-2} z^{n-2} = z^2\sum_{n=0}^{\infty} c_n z^n = z^2 f(z)$$

故

$$f(z) - z = zf(z) + z^2 f(z)$$

即

$$f(z) = \frac{z}{1 - z - z^2}$$

而

$$1 - z - z^2 = \left[1 - \frac{(1+\sqrt{5})z}{2}\right]\left[1 - \frac{(1-\sqrt{5})z}{2}\right]$$

所以

$$f(z) = \frac{z}{\left[1 - \frac{(1+\sqrt{5})z}{2}\right]\left[1 - \frac{(1-\sqrt{5})z}{2}\right]} =$$

$$\frac{1}{\sqrt{5}}\left[\frac{1}{1 - \frac{(1+\sqrt{5})z}{2}} - \frac{1}{1 - \frac{(1-\sqrt{5})z}{2}}\right] =$$

$$\frac{1}{\sqrt{5}}\sum_{n=0}^{\infty}\left[\left(\frac{1+\sqrt{5}}{2}\right)^n - \left(\frac{1-\sqrt{5}}{2}\right)^n\right] z^n$$

由于 $|z| < \frac{1}{2}$，当然可使 $\left|\frac{(1+\sqrt{5})z}{2}\right| < 1$ 与 $\left|\frac{(1-\sqrt{5})z}{2}\right| < 1$，于是

$$c_n = \frac{1}{\sqrt{5}}\left[\left(\frac{1+\sqrt{5}}{2}\right)^n - \left(\frac{1-\sqrt{5}}{2}\right)^n\right] \quad (n = 0, 1, 2, \cdots)$$

由于

$$\frac{1+\sqrt{5}}{2} > 1, 0 > \frac{1-\sqrt{5}}{2} > -1$$

故

$$R = \lim_{n\to\infty} \frac{c_{n-1}}{c_n} = \frac{2}{1+\sqrt{5}} = \frac{\sqrt{5}-1}{2}$$

(因为$\lim\limits_{n\to\infty}\left(\frac{1+\sqrt{5}}{2}\right)^{n-1}=\infty$,$\lim\limits_{n\to\infty}\left(\frac{1-\sqrt{5}}{2}\right)^{n-1}=0$).

115 证明:若$|z|\leqslant\frac{1}{2}$,则$|\ln(1+z)-z|\leqslant|z|^2$,这里$\ln(1+z)$表主值.

证 因为$\ln(1+z)=\sum\limits_{n=1}^{\infty}(-1)^{n+1}\frac{z^n}{n}$,所以

$$|\ln(1+z)-z|=\left|\sum_{n=2}^{\infty}(-1)^{n+1}\frac{z^n}{n}\right|=$$

$$|z|^2\left|\sum_{n=2}^{\infty}(-1)^{n+1}\frac{z^{n-2}}{n}\right|\leqslant|z|^2\sum_{n=2}^{\infty}\frac{1}{2^{n-1}}=|z|^2$$

116 设在幂级数$w=1+\sum\limits_{n=1}^{\infty}\frac{z^n}{n!\prod\limits_{j=1}^{n}(m+j)}$中,$m$为非负整数,试证明:对所有的$z$,其和函数满足下列微分方程

$$z\frac{\mathrm{d}^2w}{\mathrm{d}z^2}+(1+m)\frac{\mathrm{d}w}{\mathrm{d}z}-w=0$$

证 因为

$$R=\lim_{n\to\infty}\frac{(n+1)!\prod\limits_{j=1}^{n+1}(m+j)}{n!\prod\limits_{j=1}^{n}(m+j)}=$$

$$\lim_{n\to\infty}(n+1)(m+n+1)=\infty$$

所以w在$|z|<\infty$解析,且可以逐项微分,即

$$\frac{\mathrm{d}w}{\mathrm{d}z}=\sum_{n=1}^{\infty}\frac{z^{n-1}}{(n-1)!\prod\limits_{j=1}^{n}(m+j)}=\frac{1}{m+1}+\sum_{n=1}^{\infty}\frac{z^n}{n!\prod\limits_{j=1}^{n+1}(m+j)}$$

所以

$$\frac{\mathrm{d}^2w}{\mathrm{d}z^2}=\sum_{n=1}^{\infty}\frac{z^{n-1}}{(n-1)!\prod\limits_{j=1}^{n+1}(m+j)}$$

故

$$z\frac{\mathrm{d}^2w}{\mathrm{d}z^2}+(1+m)\frac{\mathrm{d}w}{\mathrm{d}z}-w=\sum_{n=1}^{\infty}\frac{z^n}{(n-1)!\prod\limits_{j=1}^{n+1}(m+j)}+$$

$$(1+m)\left(\frac{1}{m+1}+\sum_{n=1}^{\infty}\frac{z^n}{n!\prod\limits_{j=1}^{n+1}(m+j)}\right)-$$

$$\sum_{n=1}^{\infty}\frac{z^n}{n!\prod\limits_{j=1}^{n}(m+j)}-1=$$

$$\sum_{n=1}^{\infty}\frac{n+(1+m)-(m+n+1)}{n!\prod\limits_{j=1}^{n+1}(m+j)}=0$$

117 设幂级数 $\sum\limits_{n=1}^{\infty}a_nz^n(a_0\neq 0)$ 的收敛半径为 R，若 $w=z^{\alpha}\sum\limits_{n=0}^{\infty}a_nz^n$ 满足微分方程 $\frac{\mathrm{d}^2w}{\mathrm{d}z^2}-2z\frac{\mathrm{d}w}{\mathrm{d}z}+\lambda w=0$，则 $\alpha=0$ 或 $\alpha=1$.

证 因为 $w=\sum\limits_{n=0}^{\infty}a_nz^{\alpha+n}(a_0\neq 0)$，$|z|<R$，所以

$$\frac{\mathrm{d}w}{\mathrm{d}z}=\sum_{n=0}^{\infty}(\alpha+n)a_nz^{\alpha+n-1}$$

$$\frac{\mathrm{d}^2w}{\mathrm{d}z^2}=\sum_{n=0}^{\infty}(\alpha+n)(\alpha+n-1)a_nz^{\alpha+n-2}=$$

$$\alpha(\alpha-1)a_0z^{\alpha-2}+(\alpha+1)\alpha a_1z^{\alpha-1}+$$

$$\sum_{n=0}^{\infty}(\alpha+n+2)(\alpha+n+1)a_{n+2}z^{\alpha+n}$$

故

$$0=\frac{\mathrm{d}^2w}{\mathrm{d}z^2}-2z\frac{\mathrm{d}w}{\mathrm{d}z}+\lambda w=\alpha(\alpha-1)a_0z^{\alpha-2}+(\alpha+1)\alpha a_1z^{\alpha-1}+$$

$$\sum_{n=0}^{\infty}\{(\alpha+n+2)(\alpha+n+1)a_{n+2}+[\lambda-2(\alpha+n)]a_n\}z^{\alpha+n}=$$

$$z^{\alpha-2}\{\alpha(\alpha-1)a_0+\alpha(\alpha+1)a_1z+$$

$$\sum_{n=0}^{\infty}\{(\alpha+n+2)(\alpha+n+1)a_{n+2}+[\lambda-2(\alpha+n)]a_n\}z^{n+2}\}$$

因为 $z^{\alpha-2}\neq 0$，所以上面最后等号右端 $z^{\alpha-2}$ 的因子，即 z 的幂级数，其所有系数

必须为零,特别地,$\alpha(\alpha-1)a_0=0$,而 $a_0\neq 0$,故 $\alpha=0$ 或 $\alpha=1$.

118 设 $\sum\limits_{n=0}^{\infty}c_nz^n$ 的收敛半径为R,$0<R<+\infty$,又 $\sum\limits_{n=0}^{\infty}c_nz_0^n$ 收敛,$|z_0|=R$. 记 $S(z_0)=\sum\limits_{n=0}^{\infty}c_nz_0^n$. 则当 z 沿以 z_O 为顶点、张角为 2φ 的角形区域(图 4)趋向 z_0 时,$f(z)$ 趋于 $S(z_0)$,其中 φ 是通过点 z_0 的弦与 Oz_0 的夹角且 $\varphi<\dfrac{\pi}{2}$.

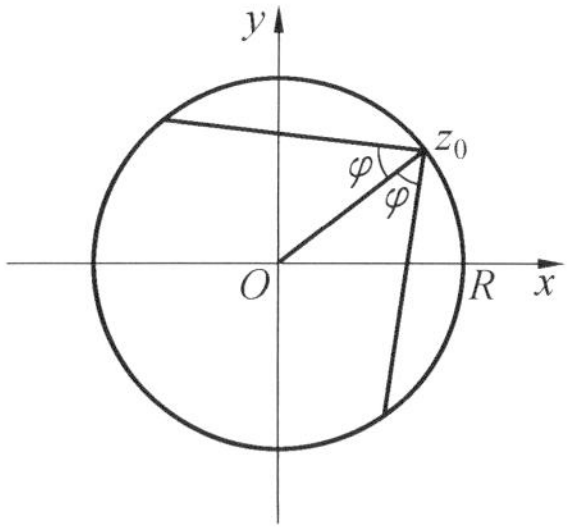

y z₀ φ φ O R x

图 4

证 令 $z=z_0\zeta$,则 $\sum\limits_{n=0}^{\infty}c_nz^n=\sum\limits_{n=0}^{\infty}(c_nz_0^n)\zeta^n=\sum\limits_{n=0}^{\infty}c'_n\zeta^n$,$c'_n=c_nz_0^n$,$n=0,1,2,\cdots$. 这样,$\sum\limits_{n=0}^{\infty}c_n\zeta^n$ 在点 $z=z_0$ 的值变为 $\sum\limits_{n=0}^{\infty}c'_n\zeta^n$ 在 $\zeta=1$ 的值 $\sum\limits_{n=0}^{\infty}c'_n$. 于是,问题就变为证明:当 ζ 沿以 1 为顶点、张角为 2φ 的角形区域趋向 1 时,$f(\zeta)=\sum\limits_{n=0}^{\infty}c'_n\zeta^n$ 趋向 $\sum\limits_{n=0}^{\infty}c'_n$,$|\zeta|<1$.

为此,只要证明当 $0\leqslant\varphi<\dfrac{\pi}{2}$ 且 $|\zeta-1|$ 充分小时,$\left|\sum\limits_{n=0}^{\infty}c'_n\zeta^n-\sum\limits_{n=0}^{\infty}c'_n\right|$ 能任意小就行了. 然而这又只要当 $0\leqslant\varphi<\dfrac{\pi}{2}$ 且 N 充分大时

$$\left|\sum_{n=N+1}^{N+P}c'_n\zeta^n-\sum_{n=N+1}^{N+P}c'_n\right|$$

能任意小就行了,P 是任意的自然数.

由假设 $\sum\limits_{n=0}^{\infty}c'_n$ 收敛,故对任给的 $\varepsilon>0$,存在 $N>0$,使 $\left|\sum\limits_{n=N+1}^{N+P}c'_n\right|<\varepsilon$,$P$ 为任意的自然数. 为简单计,将 $c'_{N+1}+c'_{N+2}+\cdots+c'_{N+k}$ 记为 $S_{N,k}$. 于是 $|S_{N,k}|<\varepsilon$. 又

$$\begin{aligned}\left|\sum_{n=N+1}^{N+P}c'_n\zeta^n\right|&=|S_{N,1}\zeta^{N+1}+(S_{N,2}-S_{N,1})\zeta^{N+2}+\cdots+(S_{N,P}-S_{N,P-1})\zeta^{N+P}|=\\&|S_{N,1}(\zeta^{N+1}-\zeta^{N+2})+S_{N,2}(\zeta^{N+2}-\zeta^{N+3})+\cdots+\\&S_{N,P}(\zeta^{N+P-1}-\zeta^{N+P})+S_{N,P}\zeta^{N+P}|\leqslant\end{aligned}$$

$$\sum_{k=1}^{P-1}|S_{N,k}|\cdot|\zeta|^{N+k}|1-\zeta|+|S_{N,P}|\cdot|\zeta|^{N+P}<$$
$$\varepsilon|1-\zeta|\sum_{k=1}^{P-1}|\zeta|^{N+k}+\varepsilon<\varepsilon\frac{|1-\zeta|}{1-|\zeta|}+\varepsilon$$

于是

$$\left|\sum_{n=N+1}^{N+P}c'_n\zeta^n-\sum_{n=N+1}^{N+P}c'_n\right|\leqslant\left|\sum_{n=N+1}^{N+P}c'_n\zeta^n\right|+|S_{N,P}|<\varepsilon\frac{|1-\zeta|}{1-|\zeta|}+2\varepsilon$$

由三角学中的余弦定理易知(图5)

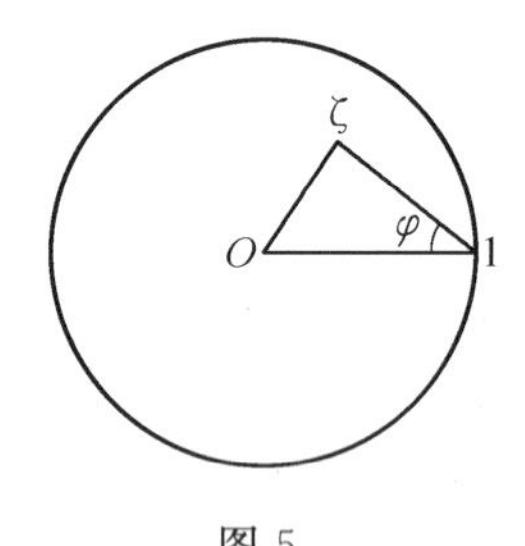

图 5

$$|\zeta|^2=1^2+|1-\zeta|^2-2|1-\zeta|\cos\varphi$$

或

$$1-|\zeta|^2=|1-\zeta|(2\cos\varphi-|1-\zeta|)$$

于是

$$\frac{|1-\zeta|}{1-|\zeta|}=\frac{1+|\zeta|}{2\cos\varphi-|1-\zeta|}\leqslant\frac{2}{2\cos\varphi-|1-\zeta|}$$

(注意 $|\zeta|<1$).因而

$$\left|\sum_{n=N+1}^{N+P}c'_n\zeta^n-\sum_{n=N+1}^{N+P}c'_n\right|<\varepsilon\frac{2}{2\cos\varphi-|1-\zeta|}+2\varepsilon=2\left(\frac{1}{2\cos\varphi-|1-\zeta|}+1\right)\varepsilon$$

证毕.

119 证明:设级数 $\sum_{n=0}^{\infty}c_n=\sum_{n=0}^{\infty}a_nz_0^n$ 收敛,则

$$\lim_{z\to z_0}\sum_{n=0}^{\infty}a_nz^n=\sum_{n=0}^{\infty}a_nz_0^n\Leftrightarrow\lim_{r\to 1}\sum_{n=0}^{\infty}c_nr^n=\sum_{n=0}^{\infty}c_n\quad(0<r<1)$$

证 因为 $\sum_{n=0}^{\infty}c_n=\sum_{n=0}^{\infty}a_nz_0^n$ 收敛.若

$$\lim_{z\to z_0}\sum_{n=0}^{\infty}c_n z_0^n=\sum_{n=0}^{\infty}a_n z_0^n$$

令 $r=\dfrac{z}{z_0}$,故 r 是实数($0<r<1$).所以

$$\lim_{r\to 1}\sum_{n=0}^{\infty}a_n r^n=\lim_{z\to z_0}\sum_{n=0}^{\infty}a_n z_0^n\left(\frac{z}{z_0}\right)^n=$$

$$\lim_{z\to z_0}\sum_{n=0}^{\infty}a_n z^n=$$

$$\sum_{n=0}^{\infty}a_n z_0^n=\sum_{n=0}^{\infty}c_n$$

反之,若

$$\lim_{r\to 1}\sum_{n=0}^{\infty}c_n r^n=\sum_{n=0}^{\infty}c_n$$

($0<r<1$),令 $z=z_0 r$($0<r<1$).则

$$\lim_{z\to z_0}\sum_{n=0}^{\infty}a_n z^n=\lim_{r\to 1}\sum_{n=0}^{\infty}a_n z_0^n r^n=\lim_{r\to 1}\sum_{n=0}^{\infty}c_n r^n=$$

$$\sum_{n=0}^{\infty}c_n=\sum_{n=0}^{\infty}a_n z_0^n$$

注 此题是阿贝尔第二定理的等价形式(z_0 是收敛圆周上的一点).

120 利用阿贝尔第二定理证明以下等式:

(1) $\displaystyle\sum_{n=0}^{\infty}\frac{\sin(2n+1)\varphi}{2n+1}=\frac{\pi}{4}(0<\varphi<\pi)$;

(2) $\displaystyle\sum_{n=0}^{\infty}\frac{\cos(2n+1)\varphi}{2n+1}=\frac{1}{2}\ln\left|\cot\frac{\varphi}{2}\right|(0<|\varphi|<\pi)$.

证 因为 $\displaystyle\sum_{n=0}^{\infty}\frac{z^{2n+1}}{2n+1}=\frac{1}{2}\ln\frac{1+z}{1-z}$,$|z|<1$,可先逐项微分再求和.

用狄利克雷判别法可以证明,在收敛圆周 $|z|=1$ 上除去 $z=1$ 与 -1 外均收敛,因为当 $z=e^{i\varphi}$,$0<\varphi<\pi$ 时,$\displaystyle\sum_{n=0}^{\infty}\frac{z^{2n+1}}{2n+1}=\sum_{n=0}^{\infty}\frac{e^{(2n+1)\varphi i}}{(2n+1)}$ 收敛,依阿贝尔第二定理

$$\lim_{z\to e^{i\varphi}}\sum_{n=0}^{\infty}\frac{z^{2n+1}}{2n+1}=\lim_{z\to e^{i\varphi}}\frac{1}{2}\ln\frac{1+z}{1-z}=\frac{1}{2}\ln\frac{1+\cos\varphi+i\sin\varphi}{1-\cos\varphi-i\sin\varphi}=$$

$$\frac{1}{2}\ln\frac{i2\sin\varphi}{2\sin^2\dfrac{\varphi}{2}}=\frac{1}{2}\ln\left(\cot\frac{\varphi}{2}e^{i\frac{\pi}{2}}\right)=$$

$$\frac{1}{2}\ln\left|\cot\frac{\varphi}{2}\right|+\frac{\pi}{4}i$$

(因为 $0<\varphi<\pi$ 时，$\cot\frac{\varphi}{2}>0$).

当 $-\pi<\varphi<0$ 时，$\cot\frac{\varphi}{2}<0$. 所以

$$\frac{1}{2}\ln\frac{1+e^{i\varphi}}{1-e^{i\varphi}}=\frac{1}{2}\ln\cot\frac{\varphi}{2}+\frac{\pi}{4}=\frac{1}{2}\ln\left|\cot\frac{\varphi}{2}\right|+\frac{3}{4}\pi i$$

但

$$\lim_{z\to e^{i\varphi}}\sum_{n=0}^{\infty}\frac{z^{2n+1}}{2n+1}=\sum_{n=0}^{\infty}\frac{\cos(2n+1)\varphi}{2n+1}+i\sum_{n=0}^{\infty}\frac{\sin(2n+1)\varphi}{2n+1}$$

所以

$$\sum_{n=0}^{\infty}\frac{\sin(2n+1)\varphi}{2n+1}=\frac{\pi}{4}\quad(0<\varphi<\pi)$$

$$\sum_{n=0}^{\infty}\frac{\cos(2n+1)\varphi}{2n+1}=\frac{1}{2}\ln\left|\cot\frac{\varphi}{2}\right|\quad(0<|\varphi|<\pi)$$

121 举例说明阿贝尔第二定理的逆命题不成立.

解 例如，(1) $\sum_{n=0}^{\infty}=\frac{1}{1-z}$，$|z|<1$.

对于 $|z|=1,z\neq 1$，即 $z=e^{i\varphi}$，$\lim_{z\to e^{i\varphi}}\sum_{n=0}^{\infty}z^n=\lim_{z\to e^{i\varphi}}\frac{1}{1-z}=\frac{1}{1-e^{i\varphi}}$，但对于任意的 $|z|=1$，$|z^n|\not\to 0$，即单位圆周上任意一点，级数 $\sum_{n=0}^{\infty}z^n=\sum_{n=0}^{\infty}e^{in\varphi}$ 发散.

(2) $\sum_{n=1}^{\infty}(-1)^{n-1}nz^n=\frac{z}{(1+z)^2}$，$|z|<1$. 则

$$\lim_{z\to 1}\sum_{n=0}^{\infty}(-1)^{n-1}nz^n=\lim_{z\to 1}\frac{z}{(1+z)^2}=\frac{1}{4}$$

但当 $z=1$ 时，$\sum_{n=1}^{\infty}(-1)^{n-1}nz^n=\sum_{n=0}^{\infty}(-1)^{n-1}n$ 发散.

(3) $\sum_{n=0}^{\infty}(-1)^{n-1}z^{2n}$，$R=1$，当 $|z|<1$ 时，和函数为 $f(z)=\frac{z^2}{1+z^2}$

$$\lim_{z\to 1}\sum_{n=0}^{\infty}(-1)^{n-1}z^{2n}=\lim_{z\to 1}\frac{z^2}{1+z^2}=\frac{1}{2}$$

但 $z=1$ 时，$\sum_{n=1}^{\infty}(-1)^{n-1}z^{2n}=\sum_{n=0}^{\infty}(-1)^{n-1}$ 发散.

122 设 $\tan\theta=\dfrac{1-m}{1+m}\tan\phi$，$|m|<1$. 试把 θ 用 m 的幂级数表之.

解 因 $\tan(\theta-\phi)=\dfrac{\tan\theta-\tan\phi}{1+\tan\theta\tan\varphi}=\dfrac{-2m\tan\varphi}{(1+m)+(1-m)\tan^2\phi}=\dfrac{-m\sin 2\phi}{1+m\cos 2\phi}$. 于是

$$\sin(\theta-\phi)=-m\sin[(\theta-\phi)+2\phi]$$

设

$$\theta-\phi=x,2\phi=\alpha$$

则

$$\sin x=-m\sin(x+\alpha)$$

即

$$e^{ix}-e^{-ix}=-m[e^{i(x+\alpha)}-e^{-i(x+\alpha)}]$$

于是

$$e^{2ix}-1=-me^{-i\alpha}[e^{2i(x+\alpha)}-1]$$

或

$$e^{2ix}=\frac{1+me^{-i\alpha}}{1+me^{i\alpha}}$$

故

$$2ix=\ln(1+me^{-i\alpha})-\ln(1+me^{i\alpha})$$

但

$$\ln(1+z)=\frac{z}{1}-\frac{z^3}{3}+\frac{z^5}{5}-\cdots\quad(|z|<1)$$

故设 $z=me^{-i\alpha}$ 或 $z=me^{i\alpha}$. 则得

$$2ix=m(e^{-i\alpha}-e^{i\alpha})+\frac{m^2}{2}(e^{-2i\alpha}-e^{2i\alpha})+\cdots\quad(|m|<1)$$

于是

$$x=-m\sin x+\frac{m^2}{2}\sin 2\alpha-\frac{m^3}{3}\sin 3\alpha+\cdots$$

从而

$$\theta=\phi-m\sin 2\phi+\frac{1}{2}m^2\sin 4\phi-\frac{1}{3}m^3\sin 6\phi+\cdots\quad(|m|<1)$$

123 设 $\sum\limits_{n=0}^{\infty}a_nz^n$ 的收敛半径为 R，且在收敛圆周上某点 z_0 处绝对

收敛，则级数对所有 z，$|z|\leqslant R$ 绝对且一致收敛.

证 $\sum_{n=0}^{\infty}a_nz^n=\sum_{n=0}^{\infty}a_nz_0^n\left(\frac{z}{z_0}\right)^n$. 因 $|z_0|=R$，且已知 $\sum_{n=0}^{\infty}|a_n|R^n$ 收敛，而当 $|z|\leqslant R$ 时，有

$$1\geqslant\frac{|z|}{R}\geqslant\frac{|z|^2}{R^2}\geqslant\cdots\geqslant\frac{|z|^n}{R^n}\geqslant\cdots$$

故对 $\varepsilon>0$ 存在 N，当 $n>N$ 时有

$$|a_{n+1}|R^{n+1}+\cdots+|a_{n+p}|R^{n+p}<\varepsilon\quad(p=1,2,\cdots)$$

令

$$B_{n+m}=|a_{n+1}|R^{n+1}+\cdots+|a_{n+m}|R^{n+m}$$

则

$$\sum_{k=n+1}^{n+m}|a_k|R^k\left|\frac{z}{R}\right|^k=\left|\frac{z}{R}\right|^{n+m}B_{n+m}-\sum_{k=n+1}^{n+m-1}\left(\left|\frac{z}{R}\right|^{k+1}-\left|\frac{z}{R}\right|^k\right)B_k$$

于是

$$\left|\sum_{k=n+1}^{n+m}|a_k|R^k\left|\frac{z}{R}\right|^k\right|\leqslant\varepsilon\left|\frac{z}{R}\right|^{n+1}+2\left|\frac{z}{R}\right|^{n+m}<3\varepsilon$$

所以当 $|z|\leqslant R$ 时，$\sum_{n=0}^{\infty}|a_n||z|^n$ 收敛. 从而当 $|z|\leqslant R$ 时，$\sum_{n=0}^{\infty}a_nz^n$ 绝对且一致收敛.

124 对幂级数 $\sum_{n=0}^{\infty}c_nz^n$，若 $\lim_{n\to\infty}\left|\frac{c_{n+1}}{c_n}\right|=\mu$ 存在，则幂级数的收敛半径是 $\frac{1}{\mu}$.

证 作

$$|c_0|+|c_1z|+\cdots+|c_nz^n|+\cdots\tag{1}$$

则式(1)为正项级数，当 $z\neq 0$ 时，由所设

$$\lim_{n\to\infty}\frac{|c_{n+1}z^{n+1}|}{|c_nz^n|}=\mu|z|$$

故由柯西－达朗贝尔判别法知：

$\mu|z|<1$，即 $|z|<\frac{1}{\mu}$ 时，式(1)收敛. 因此原级数绝对收敛(当 $z=0$ 时亦然).

$\mu|z|>1$，即 $|z|>\frac{1}{\mu}$ 时，则当 n 充分大时有

$$\frac{|c_{n+1}z^{n+1}|}{|c_n z^n|}>1$$

即

$$|c_{n+1}z^{n+1}|>|c_n z^n|$$

此时由于 $|c_n z^n|$ 与 n 同时增大，不可能有 $c_n z^n \to 0$，所以原级数发散. 故原级数的收敛半径为 $\frac{1}{\mu}$.

125 证明：$\sum_{n=1}^{\infty}(z^{n-1}-z^n)$ 在其收敛域内不一致收敛.

证 $S_n(z)=\sum_{k=1}^{n}(z^{k-1}-z^k)=1-z^n$. 故当 $|z|<1$ 时，$\lim_{n\to\infty}S_n(z)=1-0=1$. 当 $|z|>1$ 时，$\lim_{n\to\infty}S_n(z)=1-\infty=\infty$. 当 $|z|=1$，但 $z\neq 1$ 时，$S_n(z)$ 无极限. 当 $z=1$ 时，$\lim_{n\to\infty}S_n(1)=1-1=0$.

故所给级数的收敛域为 $|z|<1$ 及 $z=1$.

又若所给级数在 $|z|<1$ 内一致收敛，则因

$$R_n(z)=(z^n-z^{n+1})+(z^{n+1}-z^{n+2})+\cdots=z^n$$

故对 $\varepsilon>0$，应有使 $|R_n(z)|<\varepsilon$ 成立的与 z 无关的最小 n，设为 N，则 $|z^N|<\varepsilon$. 所以

$$N>\frac{\ln\varepsilon}{\ln|z|}\quad(z\neq 0)$$

这不可能，因当 $|z|\to 1$ 时，右边可任意大.

126 证明：幂级数 $\sum_{n=2}^{\infty}(-1)^{\lambda_n}\frac{z^n}{n\ln n}$ 在其收敛圆周 $|z|=1$ 上为条件收敛（$2^{2k}\leqslant n<2^{2k+1}$ 时 $\lambda_n=0$，$2^{2k+1}\leqslant n<2^{2k+2}$ 时 $\lambda_n=1$）.

证 设 $a_n=z^n$，则当 $|z|=1$ 时，$\sum_{n=2}^{\infty}z^n$ 为有限振动.

又设 $v_n=(-1)^{\lambda_n}\frac{1}{n\ln n}$. 则

$$\sum_{n=2}^{\infty}|v_n-v_{n+1}|=\sum_{n=2}^{\infty}\left\{\frac{1}{n\ln n}-\frac{(-1)^{\lambda_{n+1}-\lambda_n}}{(n+1)\ln(n+1)}\right\}=$$

$$\sum_{n=2}^{\infty}\left[\left(\frac{1}{n\ln n}-\frac{1}{(n+1)\ln(n+1)}\right)+\frac{1-(-1)^{\lambda_{n+1}-\lambda_n}}{(n+1)\ln(n+1)}\right]$$

但

$$\sum_{n=2}^{\infty}\left[\frac{1}{n\ln n}-\frac{1}{(n+1)\ln(n+1)}\right]=\frac{1}{2\ln 2}$$

$$\sum_{n=2}^{\infty}\frac{1-(-1)^{\lambda_{n+1}-\lambda_n}}{(n+1)\ln(n+1)}=2\sum_{k=1}^{\infty}\frac{1}{2^k\ln 2^k}=\frac{2}{\ln 2}\sum_{k=1}^{\infty}\frac{\left(\frac{1}{2}\right)^k}{k}$$

右边的级数为收敛,于是$\sum_{n=2}^{\infty}|v_n-v_{n+1}|$收敛.

又$\lim_{n\to\infty}v_n=0$,故$\sum_{n=2}^{\infty}v_na_n$收敛,由于$\sum_{n=2}^{\infty}\frac{1}{n\ln n}$发散,故在$|z|=1$上仅为条件收敛.

127 证明:幂级数$\sum_{n=0}^{\infty}a_nz^n$的收敛半径$R=\varliminf_{n\to\infty}|a_n|^{-\frac{1}{n}}$.

证 设$R=\varliminf_{n\to\infty}|a_n|^{-\frac{1}{n}}$,并设$z$为使$\sum_{n=0}^{\infty}a_nz^n$收敛的一点,则当$n\to\infty$时$a_nz^n\to 0$,故当$n$充分大时$|a_nz^n|<1$.即

$$|z|<|a_n|^{-\frac{1}{n}}$$

令$n\to\infty$,就得$|z|\leqslant R$,所以级数收敛半径不超过R,另一方面,对充分大的n.有

$$|a_n|^{-\frac{1}{n}}>R-\varepsilon$$

亦即$|a_n|<(R-\varepsilon)^{-n}$.

故当$\sum(R-\varepsilon)^{-n}|z|^n$收敛,亦即$|z|<R-\varepsilon$时,级数$\sum_{n=0}^{\infty}a_nz^n$收敛,故$\varepsilon$可任意小,因此级数$\sum_{n=0}^{\infty}a_nz^n$于$|z|<R$时收敛,所以收敛半径不小于$R$.

把这两个结果合在一起,即得所证.

128 求值$\frac{1-2^{-2}+4^{-2}-5^{-2}+7^{-2}-8^{-2}+\cdots}{1+2^{-2}-4^{-2}+5^{-2}-7^{-2}+8^{-2}-\cdots}$.

解 由分子级数N逐项减去分母级数D(二者非条件收敛)我们求得

$$N-D=-\frac{1}{2}N$$

因此$\frac{N}{D}=\frac{2}{3}$.

129 证明:对几乎所有实无理数 θ,级数 $\sum_{n=1}^{\infty}\ln|\sin \pi n\theta|z^n$ 在单位圆内收敛.

证 证明对 $[0,1]$ 上的几乎所有的无理数 θ 收敛就够了,设 ε 是任给的正数,对每一双整数 h,k 使 $k\geqslant 1$ 与 $0\leqslant h<k$,从区间 $[0,1]$ 中删去使 $\left|\theta-\frac{h}{k}\right|<\frac{\varepsilon}{k^3}$ 的实数 θ,设 $\{\xi\}$ 表示由实数 ξ 到最近整数的距离,用不等式 $|\sin \pi\xi|\geqslant 2\cdot|\xi|$,我们看出若 θ 在 $[0,1]$ 但不在一个删去的区间,则 $|\sin \pi n\theta|\geqslant 2\{n\theta\}\geqslant\frac{2\varepsilon}{n^2}$,因此 $0\geqslant \ln|\sin \pi n\theta|\geqslant \ln(2\varepsilon)-2\ln n$,因 $\sum_{n=1}^{\infty}(\ln n)x^n$ 对单位圆内的 x 收敛,故所给级数在单位圆内对任何在 $[0,1]$ 的 θ(但在删去区间的外边)收敛.

但删去区间的长度之和不超过 $\sum_{k=1}^{\infty}\frac{2k\varepsilon}{k^3}<4\varepsilon$,因 ε 为任意,故得出问题的论断.

注 对任何特殊的无理数 θ,级数在单位圆的每个点发散,因对适当的 n,$\{n\theta\}$ 能任意小,因此 $\ln|\sin n\pi\theta|$ 是一个 n 的非有界函数. 另一方面,有无理数 θ 对所给级数有收敛半径 0,例如设 $\sum_{k=1}^{\infty}\frac{1}{a_k}=\theta$,这里 $a_1=3$,且 $a_{k+1}=9a_k\cdot 3^{a_k!}$ 对 $k=1,2,\cdots$,用不等式 $|\sin \pi\xi|\leqslant \pi\{\xi\}$ 且 $a_k\mid a_{k+1}$ 的事实,我们有

$$|\sin \pi a_k\theta|\leqslant \pi\{a_k\theta\}=\pi\left(\frac{a_k}{a_{k+1}}+\frac{a_k}{a_{k+2}}+\cdots\right)<9\frac{a_k}{a_{k+1}}=3^{-a_k!}$$

因此 $\ln|\sin \pi a_k\theta|<-a_k!$.

但 $a_k!\ x^{a_k}$ 是一个 k 的非有界函数,对任何非零 x,因此级数

$$\sum_{n=1}^{\infty}\ln|\sin \pi n\theta|\cdot x^n$$

有收敛半径 0,对我们选的 θ 值.

130 设 $\sum_{n=1}^{\infty}a_n(x)(0\leqslant x\leqslant 1)$ 是一个非负项级数,收敛但不一致收敛,使 (1) $a_n(x)\to 0$ 关于 x 一致;(2) $a_n(x)\geqslant a_{n+1}(x)$,则 $\sum_{n=1}^{\infty}(-1)^n a_n(x)$ 一致收敛.

证 由莱布尼茨关于交错级数的定理知

$$|R_N(x)|=\left|\sum_{n=N+1}^{\infty}(-1)^n a_n(x)\right|\leqslant|(-1)^N a_N(x)|=a_N(x)$$

且由(1)知，$|R_N|$ 关于 x 一致地趋于 0.

注 这个题目解决了如下问题：级数 $\sum_{n=1}^{\infty}a_n(x)(0\leqslant x\leqslant 1)$ 一致收敛且绝对收敛，但不一定绝对一致收敛，即 $\sum_{n=1}^{\infty}|a_n(x)|$ 不一定一致收敛，例如：$a_n(x)=x^n(1-x)$.

131 对任何实数序列 $\{a_n\}$，证明

$$\sum_{n=1}^{\infty}a_n\leqslant\sqrt{2}\sum_{n=1}^{\infty}\sqrt{\frac{a_n^2+a_{n+1}^2+\cdots}{n}}$$

证 今证更精确的不等式

$$\sum_{n=1}^{\infty}a_n\leqslant\left(\frac{4}{3}\right)^{\frac{1}{2}}\sum_{n=1}^{\infty}\left(\frac{r_n}{n}\right)^{\frac{1}{2}},r_n=\sum_{k=1}^{\infty}a_k^2$$

首先观察

$$\sum_{n=k}^{\infty}\frac{1}{n^2(n+1)^2}=\sum_{n=k}^{\infty}\left(\frac{1}{n}-\frac{1}{n+1}\right)^2=\sum_{n=k}^{\infty}\left\{\int_n^{n+1}\frac{\mathrm{d}x}{x^2}\right\}^2\leqslant$$

$$\sum_{n=k}^{\infty}\int_n^{n+1}\frac{\mathrm{d}x}{x^4}=\int_k^{\infty}\frac{\mathrm{d}x}{x^4}=\frac{1}{3k^3}$$

由此我们用柯西不等式，故

$$\sum_{n=1}^{\infty}a_n=2\sum_{n=1}^{\infty}\frac{a_n}{n(n+1)}\sum_{k=1}^{\infty}k=2\sum_{k=1}^{\infty}k\sum_{n=k}^{\infty}\frac{a_n}{n(n+1)}\leqslant$$

$$2\sum_{k=1}^{\infty}k\left\{\sum_{n=k}^{\infty}a_n^2\right\}^{\frac{1}{2}}\left\{\sum_{n=k}^{\infty}\frac{1}{n^2(n+1)^2}\right\}^{\frac{1}{2}}\leqslant$$

$$\frac{2}{\sqrt{3}}\sum_{k=1}^{\infty}\left(\frac{r_k}{k}\right)^{\frac{1}{2}}$$

132 证明：$\sum_{n=1}^{\infty}\frac{S_n}{n^3}=\frac{\pi^4}{72}$，这里 $S_n=\sum_{r=1}^{n}\frac{1}{r}$.

证 把级数的项重排之后我们有

$$S=\sum_{m=1}^{\infty}\sum_{n=1}^{m}\frac{1}{nm^3}=\sum_{m=0}^{\infty}\sum_{n=1}^{\infty}\frac{1}{n(m+n)^3}$$

首先我们注意

$$\sum_{m=1}^{\infty}\sum_{n=1}^{\infty}\frac{1}{m^2(m+n)^2}=\sum_{m=1}^{\infty}\sum_{n=1}^{\infty}\frac{1}{m^2n^2}-\sum_{m=1}^{\infty}\sum_{n=1}^{m}\frac{1}{m^2n^2}=\frac{\pi^4}{120}$$

则

$$\sum_{n=1}^{\infty}\frac{1}{n(m+n)^3}=\sum_{n=1}^{\infty}\left\{\frac{1}{m^3n}-\frac{1}{m^3(m+n)}-\frac{1}{m^2(m+n)^2}-\frac{1}{m(m+n)^3}\right\}=$$

$$\sum_{n=1}^{m}\frac{1}{m^2n}-\sum_{n=1}^{\infty}\left\{\frac{1}{m^2(m+n)^2}+\frac{1}{m(m+n)^3}\right\}$$

最后，m 由 1 到 ∞ 求和，我们得

$$S-\frac{\pi^4}{90}=S-\frac{\pi^4}{120}-\left(S-\frac{\pi^4}{90}\right)$$

于是 $S=\frac{\pi^4}{72}$.

133 证明：$\sum_{n=1}^{\infty}\frac{\sin n^2\theta\sin n\theta}{n}$，$\sum_{n=1}^{\infty}\frac{\cos n^2\theta\sin n\theta}{n}$ 在任何区间上一致收敛，而 $\sum_{n=1}^{\infty}\frac{\sin n^2\theta\cos n\theta}{n}$ 发散.

证 对第一个级数，因

$$2\sum_{n=1}^{N}\frac{\sin n^2\theta\sin n\theta}{n}=\sum_{n=1}^{N}\frac{\cos(n-1)n\theta-\cos(n+1)n\theta}{n}=$$

$$1-\frac{\cos N(N+1)\theta}{N}-\sum_{n=1}^{N-1}\frac{\cos n(n+1)\theta}{n(n+1)}$$

当 $N\to\infty$ 时变为 $1-\sum_{n=1}^{\infty}\frac{\cos n(n+1)\theta}{n(n+1)}$，而后一级数对 θ 一致收敛，因而原级数对 θ 一致收敛.

类似地，对第二个级数，因

$$2\cos n^2\theta\sin n\theta=\sin n(n-1)\theta-\sin n(n+1)\theta$$

第三个级数对某些 θ 值收敛而对其他值发散，让我们令 $\theta=\frac{p\pi}{q}$ 来进行考察，这里 p,q 为互质的正整数，设

$$S(N)=\sum_{n=1}^{N}\sin\frac{n^2p\pi}{q}\cos\frac{np\pi}{q}$$

因 $\sin\frac{n^2p\pi}{q}\cos\frac{np\pi}{q}$ 有周期 q，我们有 $S(rq)=rS(q)$，且

$$S(N)=\left[\frac{N}{q}\right]S(q)+S\left\{N-q\left[\frac{N}{q}\right]\right\}=\frac{N}{q}S(q)+f(N)$$

这时 $f(N)$ 如所定义的满足 $|f(N)|\leqslant 2q$，因此若 $\theta=\frac{p\pi}{q}$，则

$$\sum_{n=1}^{N}\frac{\sin n^2\theta\cos n\theta}{n}=\sum_{n=1}^{N}\frac{S(n)-S(n-1)}{n}=$$

$$\frac{S(q)}{q}\sum_{n=1}^{N}\frac{1}{n}+\sum_{n=1}^{N}\frac{f(n)-f(n-1)}{n}$$

当 $N\to\infty$，最后的级数由狄利克雷检验法可知绝对收敛，因此所给级数具 $\theta=\frac{p\pi}{q}$ 收敛或发散根据 $S(q)=0$ 或 $S(q)\neq 0$ 确定.

组合 $S(q)$ 中对应于 $n=r$ 与 $n=q-r$ 的项，容易看出对所有偶数 q(p 则为奇数)$S(q)=0$，对 $q=3,5$；$S(q)\neq 0$ 是显然的. 另外无论何时 q 为奇数，也有 $S(q)\neq 0$，以致在每个区间，所给级数对无穷多个 θ 值收敛，而对另外无穷多个值发散.

134 柯西给出关于 $\sum a_n$ 绝对收敛的一个充要条件是：任给 $\varepsilon>0$，存在正整数 $N=N(\varepsilon)$，使当 $n\geqslant N$，p 为任何正整数时有 $\left|\sum_{k=1}^{p}a_{n+k}\right|<\varepsilon$.

证明：关于 $\sum a_n$ 绝对收敛的一个类似的充要条件是：任给 $\varepsilon>0$，与任何正整数列 $\{\lambda_n\}$，这里 $\lambda_1<\lambda_2<\cdots$，存在正整数 $N=N(\varepsilon,\{\lambda_n\})$，使当 $n\geqslant N$，p 为任何正整数时有 $\left|\sum_{k=1}^{p}a_{n+\lambda_k}\right|<\varepsilon$.

证 我们写 $q(k)$ 作为 λ_k，由柯西条件，若 $\sum|a_n|$ 收敛，则对 $n>N$ 与对所有 $q(p)>0$，我们有

$$\varepsilon>\sum_{k=1}^{q(p)}|a_{n+k}|\geqslant\sum_{k=1}^{p}|a_{n+q(k)}|\geqslant\left|\sum_{k=1}^{p}a_{n+q(k)}\right|$$

因此所设条件是必要的.

今设 $\sum a_n$ 不是发散就是条件收敛，于是得出 $\sum\mathrm{Re}(a_n)$ 与 $\sum\mathrm{Im}(a_n)$ 二者都绝对收敛，据此，存在一个数列，记为 $p(1),p(2),p(3),\cdots$，使两个和 $\sum_k\mathrm{Re}(a_{p(k)})$ 与 $\sum_k\mathrm{Im}(a_{p(k)})$ 中至少有一个发散至无穷，因此 $\left|\sum_{k=1}^{n}a_{p(k)}\right|$ 同 n 一

起趋于无穷.

今把 $a_{p(k)}$ 写为 b_k,再由柯西条件,存在一个 r 使

$$\left|\sum_{k=1}^{p} b_{n+k}\right| > r > \varepsilon \tag{1}$$

对 $n > N$ 假定 $p > P$,这里 P 依赖于 r 与 n.

今选一个阵列 $q(n,k)$ 使 $p(n+k)-n=q(n,k)$,由式(1)得出 $\left|\sum_{k=1}^{p} a_{n+q(n,k)}\right| > r$.因此选 $n > N$,存在一个数列 $q(n,1),q(n,2),\cdots$,这与假设条件相违背.所以所给条件是充分的.

135(泰勒定理)若 $f(z)$ 在 $|z-z_0|<R$ 内解析,$0<R\leqslant+\infty$,则在 $|z-z_0|<R$ 内必有

$$f(z)=f(z_0)+\frac{f'(z_0)}{1!}(z-z_0)+\frac{f''(z_0)}{2!}(z-z_0)^2+\cdots+\frac{f^{(n)}(z_0)}{n!}(z-z_0)^n+\cdots$$

且此展式唯一(上述级数就叫泰勒级数).

(以下的证明主要依靠已有的展式

$$\frac{1}{1-z}=1+z+z^2+\cdots+z^n+\cdots \quad (|z|<1)$$

和柯西积分公式以及关于函数导数的积分表达式.这里我们再一次看到柯西公式的作用!)

证 先在圆 $|z-z_0|<R$ 内任取一点 z,然后在此圆内作一闭路,使 z 在此闭路内部.为此取正数 p,使

$$|z-z_0|<p<R$$

记圆周 $|z-z_0|=p$ 为 Γ_p(图6).则由柯西积分公式有

$$f(z)=\frac{1}{2\pi i}\int_{\Gamma}\frac{f(\zeta)}{f-z}d\zeta$$

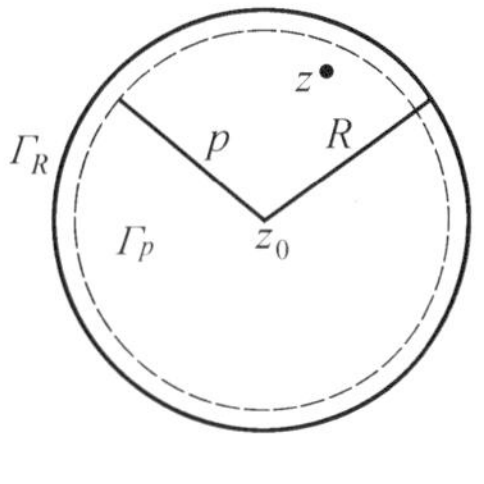

图 6

注意 ζ 在 Γ_p 上,因而 $|\zeta-z_0|=p$,又 $|z-z_0|<p$,故 $\left|\frac{z-z_0}{\zeta-z_0}\right|<1$.于是有以下展式

$$\frac{1}{\zeta-z}=\frac{1}{\zeta-z_0-(z-z_0)}=\frac{1}{\zeta-z_0}\cdot\frac{1}{1-\frac{z-z_0}{\zeta-z_0}}=$$

$$\frac{1}{\zeta-z_0}\sum_{n=0}^{\infty}\left(\frac{z-z_0}{\zeta-z_0}\right)^n=\sum_{n=0}^{\infty}\frac{(z-z_0)^n}{(\zeta-z_0)^{n+1}}$$

易知,右端级数在 Γ_p 上一致收敛.因此可得

$$f(z)=\frac{1}{2\pi i}\int_{\Gamma_p}\frac{f(\zeta)}{\zeta-z}d\zeta=\frac{1}{2\pi i}\int_{\Gamma_p}\sum_{n=0}^{\infty}\frac{f(\zeta)(z-z_0)^n}{(\zeta-z_0)^{n+1}}d\zeta=$$

$$\sum_{n=0}^{\infty}\frac{1}{2\pi i}\int_{\Gamma_p}\frac{f(\zeta)}{(\zeta-z_0)^{n+1}}d\zeta\cdot(z-z_0)^n=$$

$$\sum_{n=0}^{\infty}\frac{1}{n!}f^{(n)}(z_0)(z-z_0)^n$$

最后,设 $f(z)$ 在 z_0 的某邻域(有时就简称在 z_0)展成另一幂级数 $f(z)=\sum\limits_{n=0}^{\infty}c_n(z-z_0)^n$.则

$$f^{(n)}(z)=n!\ c_n+\frac{(n+1)!}{1!}c_{n+1}(z-z_0)+$$

$$\frac{(n+2)!}{2!}c_{n+2}(z-z_0)^2+\cdots$$

将 $z=z_0$ 代入两端即得 $c_n=\frac{1}{1!}f^{(n)}(z_0)$.故

$$f(z)=\sum_{n=0}^{\infty}c_n(z-z_0)^n$$

唯一性得证.证毕.

136 设 $\sum\limits_{n=0}^{\infty}a_nz^n$ 与 $\sum\limits_{n=0}^{\infty}b_nz^n$ 有收敛半径大于等于 r_0,定义 $c_n=\sum\limits_{k=0}^{n}a_kb_{n-k}$,证明:$\sum\limits_{n=0}^{\infty}c_nz^n$ 有收敛半径大于等于 r_0,且在半径为 r_0 的圆内有

$$\sum_{n=0}^{\infty}c_nz^n=\left(\sum_{n=0}^{\infty}a_nz^n\right)\left(\sum_{n=0}^{\infty}b_nz^n\right)$$

证 设 $f(z)=\sum\limits_{n=0}^{\infty}a_nz^n$,$g(z)=\sum\limits_{n=0}^{\infty}b_nz^n$,且 $A=\{z\mid |z|<r_0\}$,则 f,g 在 A 上解析,(f,g) 亦然,故由泰勒定理我们能写

$$(f,g)(z)=\sum_{n=0}^{\infty}\frac{(f,g)^{(n)}(0)}{n!}z^n \quad (z\in A)$$

但

$$(f,g)^{(n)}(z)=\sum_{k=0}^{n}\binom{n}{k}f^{(k)}(z)g^{(n-k)}(z)$$

这里

$$\binom{n}{k}=\frac{n!}{k!\ (n-k)!}$$

因此

$$\frac{(f,g)^{(n)}(0)}{n!}=\sum_{k=0}^{n}\frac{1}{k!\ (n-k)!}f^{(k)}(0)g^{(n-k)}(0)=$$

$$\sum_{k=0}^{n}a_k b_{n-k}$$

所以$\sum\limits_{n=0}^{\infty}c_n z^n$在$A$收敛(收敛半径大于等于$r_0$).且在$A$

$$\sum_{n=0}^{\infty}c_n z^n=(f,g)(z)=(\sum_{n=0}^{\infty}a_n z^n)(\sum_{n=0}^{\infty}b_n z^n)$$

137 在$z=0$的邻域内求$\dfrac{e^z}{1-z}$的泰勒级数.

解 因

$$\frac{1}{1-z}=1+z+z^2+\cdots \quad (|z|<1)$$

$$e^z=1+z+\frac{z^2}{2!}+\cdots \quad (\text{所有 } z)$$

故由前题知,在$|z|<1$上

$$\frac{e^z}{1-z}=(1+z+z^2+z^3+\cdots)\left(1+z+\frac{z^2}{2!}+\frac{z^3}{3!}+\cdots\right)=$$

$$1+(z+z)+\left(\frac{z^2}{2}+z^2+z^2\right)+\left(\frac{z^3}{6}+\frac{z^3}{2}+z^3+z^3\right)+\cdots=$$

$$1+2z+\frac{5}{2}z^2+\frac{8}{3}z^3+\cdots$$

138 函数$f(z)=\dfrac{4-z^2}{4-4zt+z^2}(-1\leqslant t\leqslant 1)$在$z=0$的邻域内的泰勒展开式中,$z$的$n$次幂的系数叫作切比雪夫多项式(记号:

$T_n(t)$)，试证

$$T_n(t)=\frac{1}{2^{n-1}}\cos n\arccos t$$

证 令 $t=\cos\phi$，并将 $f(z)$ 展为最简分式

$$-1+\frac{1}{1-\frac{z}{2}e^{-i\phi}}+\frac{1}{1-\frac{z}{2}e^{i\phi}}$$

再将其中的每一个展为几何级数，得

$$f(z)=1+\sum_{n=1}^{\infty}\frac{\cos n\phi}{2^{n-1}}z^n=\sum_{n=0}^{\infty}\frac{\cos n\phi}{2^{n-1}}z^n$$

由此

$$T_n(\cos\phi)=\frac{1}{2^{n-1}}\cos n\phi$$

139 试求函数 $f(z)=(1+z)^{\frac{1}{z}}$ 的使 $f(0)=e$ 的那个分支的中心在点 $z=0$ 的泰勒展开式的前三项.

解 $f(z)=e^{\frac{\ln(1+z)}{z}}$，将 $\zeta=\frac{\ln(1+z)}{z}$ 的级数代入 e^{ζ} 的级数中，而得 $f(z)=e\left(1-\frac{z}{2}+\frac{11}{14}z^2-\cdots\right)$.

注 $g(z)=\ln(1+z)$ 在 $A=\mathbf{C}\backslash\{x+iy\mid y=0,x\leqslant -1\}$ 解析. 故

$$\ln(1+z)=\sum_{n=0}^{\infty}\frac{g^{(n)}(0)}{n!}z^n=\sum_{n=0}^{\infty}\frac{(-1)^{n-1}}{n}z^n$$

因 $g^{(n)}(z)=\frac{(n-1)(-1)^{n-1}}{(z+1)^n}$.

140 求函数(1) $\sqrt[3]{z}$，(2) $\ln z$ 的所有分支的中心在点 $z=i$ 的泰勒展开式.

解 (1) $\sqrt[3]{z}=\sqrt[3]{i}\left(1+\frac{z-i}{i}\right)^{1/3}=$

$$\sqrt[3]{i}\Big[1+\frac{1}{3}i(z-i)-\frac{1}{2i^2}\cdot\frac{2}{3^2}(z-i)^2+\frac{1}{3!\ i^3}\cdot\frac{2\cdot 5}{3^3}(z-i)^3-\frac{1}{4!\ i^4}\ \frac{2\cdot 5\cdot 8}{3^4}(z-i)^4+\cdots\Big]$$

其中$\sqrt[3]{\mathrm{i}}$取所有可能的值.

(2)$\ln(\mathrm{i}+z-\mathrm{i})=\mathrm{i}\left(\frac{\pi}{2}+2k\pi\right)-\frac{z-\mathrm{i}}{\mathrm{i}}-\frac{(z-\mathrm{i})^2}{2\mathrm{i}^2}-\frac{(z-\mathrm{i})^3}{3\mathrm{i}^3}+\cdots$,其中$k=0,\pm 1,\pm 2,\cdots$.

141 求$\frac{\sin z}{z}$在点$z_0=1$邻域内的泰勒级数.

解

$$\begin{aligned}\frac{\sin z}{z}=&\sin(1)+[\cos(1)-\sin(1)](z-1)+\\&\left[\frac{\sin(1)}{2}-\cos(1)\right](z-1)^2+\\&\left[\frac{5}{6}\cos(1)-\frac{1}{2}\sin(1)\right](z-1)^3+\cdots\end{aligned}$$

142 若$\sum_{n=0}^{\infty}a_n z^n$有收敛半径$R$,证明:$\sum_{n=0}^{\infty}(\operatorname{Re}a_n)z^n$有收敛半径大于等于$R$.

证 若$|z|<R$,则$\sum_{n=0}^{\infty}a_n z^n$绝对收敛,即$\sum_{n=0}^{\infty}|a_n||z|^n$收敛,但$|(\operatorname{Re}a_n)z^n|\leqslant|a_n||z^n|$,因此$\sum_{n=0}^{\infty}|[\operatorname{Re}(a_n)]z^n|$以致$\sum_{n=0}^{\infty}(\operatorname{Re}a_n)z^n$收敛,于是$\sum_{n=0}^{\infty}(\operatorname{Re}a_n)z^n$收敛对任何$|z|<R$.所以收敛半径必须大于等于$R$.

143 设f解析在一个包含一个圆r及其内部的区域上,而f在r上或其内部有一个一阶零点z_0,则

$$z_0=\frac{1}{2\pi\mathrm{i}}\int_r\frac{zf'(z)}{f(z)}\mathrm{d}z$$

证 依所设,令$f(z)=(z-z_0)g(z)$,而$g(z_0)\neq 0$.且为解析,于是

$$\begin{aligned}\frac{1}{2\pi\mathrm{i}}\int_r\frac{zf'(z)}{f(z)}\mathrm{d}z=&\frac{1}{2\pi\mathrm{i}}\int_r\frac{z[g(z)+(z-z_0)g'(z)]}{(z-z_0)g(z)}\mathrm{d}z=\\&\frac{1}{2\pi\mathrm{i}}\int_r\frac{z\mathrm{d}z}{z-z_0}+\frac{1}{2\pi\mathrm{i}}\int_r\frac{zg'(z)}{g(z)}\mathrm{d}z=z_0\end{aligned}$$

(由柯西积分公式,后一积分为零是因为被积函数在r内解析).

144 试在 $z=1$ 的邻域内,展开 $\sqrt[m]{z}$ 的主值成幂级数,特别当 $m=q$ 的情形.

解 $f(z)=\sqrt[m]{z}=\mathrm{e}^{\frac{1}{m}\ln z}=\mathrm{e}^{\frac{2k\pi\mathrm{i}}{m}}f_0(z)$,$k=0$ 时为其主值,$z=0$ 为支点.

当 $z=1$ 时取主值 $\sqrt[m]{z}=1$,而

$$\sqrt[m]{z}=\sqrt[m]{1+(z-1)}=[1+(z-1)]^{\frac{1}{m}}\quad(|z-1|<1)$$

可直接由二项级数而得

$$[1+(z-1)]^{\frac{1}{m}}=\sum_{n=0}^{\infty}\binom{\alpha}{n}(z-1)^n$$

这里

$$\binom{\alpha}{n}=\frac{\alpha(\alpha-1)\cdots(\alpha-n+1)}{n!}\quad\left(\alpha=\frac{1}{m}\right)$$

或令 $f(z)=\sum\limits_{n=0}^{\infty}c_n(z-1)^n$,而 $c_n=\dfrac{f^{(n)}(1)}{n!}$.

因 $f(z)=z^{\frac{1}{m}}$,于是 $f^{(n)}(z)=\alpha(\alpha-1)\cdots(\alpha-n+1)z^{\frac{1}{m}-n}$.故

$$f(z)=z^{\frac{1}{m}}=1+\frac{1}{m}(z-1)+\frac{1}{m}\left(\frac{1}{m}-1\right)\frac{(z-1)^2}{2!}+\cdots+$$

$$\frac{1}{m}\left(\frac{1}{m}-1\right)\cdots\left(\frac{1}{m}-n+1\right)\frac{(z-1)^n}{n!}+\cdots\quad(|z-1|<1)$$

当 $m=2$ 时

$$\sqrt{z}=1+\frac{1}{2}(z-1)-\frac{1}{2^2\cdot 2!}(z-1)^2+\frac{1\cdot 3}{2^3\cdot 3!}(z-1)^3+\cdots+$$

$$(-1)^{n-1}\frac{1\cdot 3\cdot 5\cdot\cdots\cdot n}{2^n\cdot n!}(z-1)^n+\cdots$$

145 试将以下所给函数展为形如 $\sum\limits_{n=0}^{\infty}c_n(z-z_0)^n$ 的幂级数:

(1) $\dfrac{1}{z-a}$;

(2) $\dfrac{1}{(z-a)(z-b)}$;

(3) $\dfrac{1}{(z-c)^2}$.

解 (1) 因为 $f(z)=\dfrac{1}{z-a}$ 在 $z_0\neq a$ 时是解析的,所以在 $|z-z_0|<$

$|z_0-a|$ 时，$f(z)$ 可以展为幂级数.

方法 1：由于 $f^{(n)}(z)=(-1)^n\dfrac{n!}{(z-a)^{n+1}}(n=0,1,2,\cdots)$，所以

$$f(z)=\frac{1}{z-a}=\sum_{n=0}^{\infty}\frac{f^{(n)}(z_0)}{n!}(z-z_0)^n=$$
$$\sum_{n=0}^{\infty}\frac{(-1)^n n!}{n!\ (z_0-a)^{n+1}}(z-z_0)^n=$$
$$\sum_{n=0}^{\infty}\frac{(-1)^n}{(z_0-a)^{n+1}}(z-z_0)^n$$

方法 2：$f(z)=\dfrac{1}{z-a}=\dfrac{1}{z-z_0+z_0-a}=\dfrac{1}{z_0-a}\displaystyle\sum_{n=0}^{\infty}(-1)^n\left(\frac{z-z_0}{z_0-a}\right)^n=$

$$\sum_{n=0}^{\infty}\frac{(-1)^n}{(z_0-a)^{n+1}}(z-z_0)^n\quad\left(\left|\frac{z-z_0}{z_0-a}\right|<1\right)$$

(2) $\dfrac{1}{(z-a)(z-b)}=\dfrac{1}{a-b}\left(\dfrac{1}{z-a}-\dfrac{1}{z-b}\right)=$

$$\frac{1}{a-b}\sum_{n=0}^{\infty}(-1)^n\left[\frac{1}{(z_0-a)^{n+1}}-\frac{1}{(z_0-b)^{n+1}}\right]\cdot$$
$$(z-z_0)^n$$

这里 $\left|\dfrac{z-z_0}{z_0-a}\right|<1$ 与 $\left|\dfrac{z-z_0}{z_0-b}\right|<1$，故取

$$|z-z_0|<\min\{|z_0-a|,|z_0-b|\}$$

(3) 方法 1：一般地，在 $|t|<1$ 时，根据绝对收敛性，用两级数相乘的法则得

$$\frac{1}{(1-t)^2}=\sum_{k=0}^{\infty}(-1)^k t^k\cdot\sum_{j=0}^{\infty}(-1)^j t^j=$$
$$\sum_{n=0}^{\infty}\sum_{k=0}^{n}(-1)^k t^k(-1)^{n-k}t^{n-k}=$$
$$\sum_{n=0}^{\infty}(-1)^n(n+1)t^n$$

于是在 $|z-z_0|<|z_0-c|$ 时

$$\frac{1}{(z-c)^2}=\frac{1}{(z-z_0+z_0-c)^2}=$$
$$\frac{1}{(z_0-c)^2}\sum_{n=0}^{\infty}(-1)^n(n+1)\left(\frac{z-z_0}{z_0-c}\right)^n=$$
$$\sum_{n=0}^{\infty}\frac{(-1)^n(n+1)}{(z_0-c)^{n+2}}(z-z_0)^n$$

方法 2:如同(1) 求得幂级数,再逐项微分,即得

$$\frac{1}{(z-c)^2}=-\left(\frac{1}{z-c}\right)'=-\sum_{n=1}^{\infty}\frac{(-1)^n n}{(z_0-c)^{n+1}}(z-z_0)^{n-1}=$$

$$\sum_{n=0}^{\infty}\frac{(-1)^n(n+1)}{(z_0-c)^{n+2}}(z-z_0)^n$$

146 若 $f(z)$ 在 $|z|<R$ 解析,且 $f(z)=\sum_{n=0}^{\infty}c_n z^n$ 则

$$c_n=\frac{1}{\pi r^n}\int_0^{2\pi}e^{-in\varphi}\mathrm{Re}\,f(re^{i\varphi})d\varphi=$$

$$\frac{i}{\pi r^n}\int_0^{2\pi}e^{-in\varphi}\mathrm{Im}\,f(re^{i\varphi})d\varphi$$

$$(0<r<R,n=1,2,\cdots)$$

证 因为 $c_n=\frac{1}{2\pi i}\int_{|z|=r}\frac{f(\zeta)d\zeta}{\zeta^{n+1}}=\frac{1}{2\pi r^n}\int_0^{2\pi}f(re^{i\varphi})e^{-in\varphi}d\varphi$.

当 $n\geqslant 1$ 时,函数 $f(\zeta)\zeta^{n-1}$ 在 $|\zeta|<R$ 时是解析的,由柯西定理知

$$0=\int_{|\zeta|=r}f(\zeta)\zeta^{n-1}d\zeta=ir^n\int_0^{2\pi}f(re^{i\varphi})e^{in\varphi}d\varphi$$

所以,当 $n\geqslant 1$ 时

$$\int_0^{2\pi}f(re^{i\varphi})e^{in\varphi}d\varphi=\int_0^{2\pi}\overline{f(re^{i\varphi})e^{in\varphi}}d\varphi=0$$

$$c_n=\frac{1}{2\pi r^n}\int_0^{2\pi}[f(re^{i\varphi})e^{-in\varphi}+\overline{f(re^{i\varphi})e^{in\varphi}}]d\varphi=$$

$$\frac{1}{\pi r^n}\int_0^{2\pi}e^{-in\varphi}\mathrm{Re}[f(re^{i\varphi})]d\varphi$$

把上述结果应用于 $if(z)=\sum_{n=0}^{\infty}ic_n z^n$,则

$$ic_n=\frac{1}{\pi r^n}\int_0^{2\pi}e^{-in\varphi}\mathrm{Re}[if(re^{i\varphi})]d\varphi=$$

$$\frac{-1}{\pi r^n}\int_0^{2\pi}e^{-in\varphi}\mathrm{Im}[f(re^{i\varphi})]d\varphi$$

即

$$c_n=\frac{i}{\pi r^n}\int_0^{2\pi}e^{-in\varphi}\mathrm{Im}[f(re^{i\varphi})]d\varphi$$

147 求 $\frac{1}{(1+z)^2}$ 在 $z=0$ 的邻域内的幂级数展式,并确定收敛半

径.

解　因为$\frac{1}{(1+z)^2}=-\left(\frac{1}{1+z}\right)'$,又

$$\frac{1}{1+z}=1-z+z^2-z^3+\cdots+(-1)^n z^n+\cdots$$

$$\left(\frac{1}{1+z}\right)'=-1+2z-3z^2+\cdots+(-1)^n n z^{n-1}+\cdots$$

所以

$$\frac{1}{(1+z)^2}=1-2z+3z^2-\cdots+(-1)^{n-1} n z^{n-1}+\cdots$$

因 $z=-1$ 为$\frac{1}{(1+z)^2}$的奇点,又 -1 与 0 之距离为 1,故级数的收敛半径是 1. 另外,由柯西－阿达玛(Hadamard)定理,因$\sqrt[n]{|(-1)^{n-1}n|}\to 1$,故 $R=1$,也得出收敛半径为 1.

148 求 $e^z\cos z$ 在 $z=0$ 的邻域内的幂级数展式,并确定其收敛半径.

解　因 $e^z\cos z$ 在整个平面解析,故其幂级数展式的收敛半径为 ∞. 以下求 $e^z\cos z$ 的泰勒展式.

我们本可以分别写出 e^z 和 $\cos z$ 的幂级数展式,然后算出这两个幂级数的柯西乘积,即得 $e^z\cos z$ 的泰勒展式. 但我们采用另一方法求解. 因为

$$e^z(\cos z+\mathrm{i}\sin z)=e^{z+\mathrm{i}z}=e^{(1+\mathrm{i})z}=e^{\sqrt{2}e^{\mathrm{i}\frac{\pi}{4}}z}$$

所以

$$e^z(\cos z+\mathrm{i}\sin z)=\sum_{n=0}^{\infty}\frac{(\sqrt{2})^n e^{\mathrm{i}\frac{n\pi}{4}}}{n!}z^n$$

同样可得

$$e^z(\cos z-\mathrm{i}\sin z)=\sum_{n=0}^{\infty}\frac{(\sqrt{2})^n e^{-\mathrm{i}\frac{n\pi}{4}}}{n!}z^n$$

注意到 $e^{\mathrm{i}\frac{n\pi}{4}}+e^{-\mathrm{i}\frac{n\pi}{4}}=2\cos\frac{n\pi}{4}$,便可由以上两等式得

$$e^z\cos z=\sum_{n=0}^{\infty}\frac{(\sqrt{2})^n\cos\frac{n\pi}{4}}{n!}z^n$$

由以上两等式亦易得

$$e^z\sin z=\sum_{n=0}^{\infty}\frac{(\sqrt{2})^n\sin\frac{n\pi}{4}}{n!}z^n$$

149 确定 Lambert 级数 $\sum_{n=1}^{\infty}\frac{z^n}{1-z^n}$ 的收敛区域.

解 因 $\frac{z^n}{1-z^n}=\frac{1}{1-z^n}-1$,故所给级数当 $|z|=1$ 时发散.

令 $|z|=\rho$,则当 $\rho<1$ 时

$$\left|\frac{z^n}{1-z^n}\right|\leqslant\frac{\rho^n}{1-\rho^n}<\frac{\rho^n}{1-\rho}$$

而 $\sum_{n=1}^{\infty}\frac{\rho^n}{1-\rho}=\frac{1}{1-\rho}(\rho+\rho^2+\cdots)$ 当 $\rho<1$ 时收敛,所以 $\sum_{n=1}^{\infty}\frac{z^n}{1-z^n}$,当 $|z|<1$ 时绝对收敛,当 $|z|\geqslant 1$ 时发散.

150 求下列函数的幂级数展开式:

(1) $e^{\frac{1}{1-z}}$;

(2) $\cos^2 z$.

解 (1) $e^{\frac{1}{1-z}}=e\cdot e^{\frac{z}{1-z}}=e\cdot e^{z+z^2+\cdots+z^n+\cdots}=$

$$e\left[1+(z+z^2+\cdots)+\frac{1}{2!}(z+z^2+\cdots)^2+\cdots\right]=$$

$$e\left[1+z+\frac{3}{2}z^2+\frac{13}{6}z^3+\frac{73}{24}z^4+\cdots\right]\quad(|z|<1)$$

(2) $\cos^2 z=1-\sin^2 z=1+\frac{1}{2}\sum_{n=1}^{\infty}(-1)^n\frac{2^{2n}}{(2n)!}z^{2n}=$

$$\sum_{n=2}^{\infty}\frac{1}{n}\left(1+\frac{1}{2}+\cdots+\frac{1}{n-1}\right)z^n$$

(注意: $\ln(1+z)=\sum_{n=1}^{\infty}\frac{(-1)^{n-1}}{n}z^n$).

在题 151 ~ 154 中试将所给的函数 $f(z)$ 展为幂级数 $\sum_{n=0}^{\infty}c_n z^n$.

151 $f(z)=\sin^2 z$.

解法 1 因为

$$f'(z)=2\sin z\cos z=\sin 2z$$

$$f''(z)=2\sin\left(2z+\frac{\pi}{2}\right)$$

$$\vdots$$

$$f^{(n+1)}(z)=2^n\sin\left(2z+n\frac{\pi}{2}\right)$$

显然,当 n 为奇数时 $\frac{f^{(n)}(0)}{n!}=0$.

当 $n=2k$ 时

$$\frac{f^{(2k)}(0)}{(2k)!}=\frac{1}{(2k)!}2^{2k-1}\sin\left[(2k-1)\frac{\pi}{2}\right]=\frac{1}{(2k)!}2^{2k-1}(-1)^{k+1}$$

所以

$$f(z)=\sin^2 z=\sum_{n=1}^{\infty}(-1)^{n+1}\frac{2^{2n-1}}{(2n)!}z^{2n}\quad (R=+\infty)$$

解法 2 $f(z)=\sin^2 z=\frac{1}{2}-\frac{1}{2}\cos 2z=\sum_{n=1}^{\infty}(-1)^{n+1}\frac{2^{2n-1}}{(2n)!}z^{2n}$.

解法 3 因 $f'(z)=\sin 2z=\sum_{n=1}^{\infty}(-1)^{n+1}\frac{(2z)^{2n-1}}{(2n-1)!}$,故

$$f(z)=\int_0^z f'(\zeta)\mathrm{d}\zeta=\sum_{n=1}^{\infty}(-1)^{n+1}\int_0^z\frac{(2\zeta)^{2n-1}}{(2n-1)!}\mathrm{d}\zeta=$$

$$\sum_{n=1}^{\infty}(-1)^{n+1}\frac{2^{2n-1}}{(2n)!}z^{2n}$$

解法 4 $f(z)=\sin^2 z=\left[z-\frac{z^3}{3!}+\frac{z^5}{5!}-\cdots+(-1)^{n-1}\frac{z^{2n-1}}{(2n-1)!}+\cdots\right]^2=$

$$z^2-\left(\frac{1}{3!}+\frac{1}{3!}\right)z^4+\left(\frac{1}{5!}+\frac{1}{3!\ 3!}+\frac{1}{5!}\right)z^6-\cdots+$$

$$(-1)^{n-1}\left[\frac{1}{(2n-1)!}+\frac{1}{3!\ (2n-3)!}+\frac{1}{5!\ (2n-5)!}+\cdots+\right.$$

$$\left.\frac{1}{(2n-3)!\ 3!}+\frac{1}{(2n-1)!}\right]z^{2n}+\cdots=$$

$$z^2-\frac{2^3}{4!}z^4+\frac{2^5}{6!}z^6-\cdots+(-1)^{n+1}\frac{2^{2n-1}}{(2n)!}z^{2n}+\cdots$$

以上用到乘法定理,这是因为上面幂级数在 $|z|\leqslant r<+\infty$ 内绝对收敛.

注 此题的四个方法是常用的方法.

152 $f(z)=\frac{1}{2}\left(\ln\frac{1}{1-z}\right)^2$.

解法 1 因为 $-\ln(1-z)=-\sum_{n=0}^{\infty}(-1)^n\frac{(-z)^{n+1}}{n+1}=\sum_{n=1}^{\infty}\frac{z^n}{n}$. 所以

$$f(z)=\frac{1}{2}\left(\ln\frac{1}{1-z}\right)^2=\frac{1}{2}[-\ln(1-z)]^2=$$

$$\frac{1}{2}\left(\sum_{n=1}^{\infty}\frac{z^n}{n}\right)^2=\frac{1}{2}\sum_{n=1}^{\infty}\left(\sum_{k=1}^{n}\frac{z^k}{k}\cdot\frac{z^{n+1-k}}{n+1-k}\right)=$$

$$\frac{1}{2}\sum_{n=1}^{\infty}\left[\sum_{k=1}^{n}\frac{1}{k(n+1-k)}\right]z^{n+1}=$$

$$\sum_{n=1}^{\infty}\frac{1}{n+1}\left[\frac{1}{2}\sum_{k=1}^{n}\left(\frac{1}{n+1-k}+\frac{1}{k}\right)\right]z^{n+1}=$$

$$\sum_{n=1}^{\infty}\frac{1}{n+1}\left(\sum_{k=1}^{n}\frac{1}{k}\right)z^{n+1}=$$

$$\sum_{n=2}^{\infty}\frac{1}{n}\left[1+\frac{1}{2}+\frac{1}{3}+\cdots+\frac{1}{n-1}\right]z^n\quad(|z|<1)$$

以上用到乘法定理,这是因为上面幂级数在 $|z|\leqslant r<1$ 内绝对收敛.

解法 2 因为

$$f'(z)=\frac{1}{1-z}\ln\frac{1}{1-z}=\frac{1}{1-z}[-\ln(1-z)]=$$

$$\sum_{n=0}^{\infty}z^n\sum_{n=0}^{\infty}\frac{z^{n+1}}{n+1}=\sum_{n=1}^{\infty}\left(\sum_{k=0}^{n-1}\frac{z^{n-k}}{n-k}z^k\right)=$$

$$\sum_{n=1}^{\infty}\left(\sum_{k=0}^{n-1}\frac{1}{n-k}\right)z^n\quad(|z|<1)$$

由于在 $|z|<1$ 可以逐项积分,而 $f(0)=0$. 所以

$$f(z)=\sum_{n=1}^{\infty}\left(\sum_{k=0}^{n-1}\frac{1}{n-k}\right)\int_0^z\zeta^n\mathrm{d}\zeta=$$

$$\sum_{n=1}^{\infty}\left(\sum_{k=0}^{n-1}\frac{1}{n-k}\right)\frac{1}{n+1}z^{n+1}=$$

$$\sum_{n=2}^{\infty}\frac{1}{n}\left(1+\frac{1}{2}+\cdots+\frac{1}{n-1}\right)z^n\quad(|z|<1)$$

解法 3 $\frac{1}{2}\left(\ln\frac{1}{1-z}\right)^2=\frac{1}{2}[-\ln(1-z)]^2=$

$$\frac{1}{2}[\ln(1-z)]^2=$$

$$\frac{1}{2}\left(-\sum_{n=1}^{\infty}\frac{z^n}{n}\right)^2=\frac{1}{2}\left(\sum_{n=1}^{\infty}\frac{1}{n}z^n\right)^2\quad(|z|<1)$$

153 $f(z)=\dfrac{z}{z^2-4z+13}$.

解 因为

$$f(z)=\frac{z}{z^2-4z+13}=\frac{\frac{1}{2}-\frac{1}{3}\mathrm{i}}{z-(2+3\mathrm{i})}+\frac{\frac{1}{2}+\frac{1}{3}\mathrm{i}}{z-(2-3\mathrm{i})}=$$
$$\frac{-\mathrm{i}(2+3\mathrm{i})}{6}\sum_{n=0}^{\infty}\frac{-z^n}{(2+3\mathrm{i})^{n+1}}+\frac{\mathrm{i}(2-3\mathrm{i})}{6}\sum_{n=0}^{\infty}\frac{-z^n}{(2-3\mathrm{i})^{n+1}}=$$
$$\frac{\mathrm{i}}{6}\sum_{n=0}^{\infty}\frac{(2-3\mathrm{i})^n-(2+3\mathrm{i})^n}{13^n}z^n=\sum_{n=0}^{\infty}c_n z^n$$

其中

$$c_n=\frac{\mathrm{i}}{6}\frac{(2-3\mathrm{i})^n-(2+3\mathrm{i})^n}{13^n}=$$
$$\frac{\mathrm{i}}{6}\cdot\frac{(-2)}{13^n}\left[\binom{n}{1}2^{n-1}(3\mathrm{i})+\binom{n}{3}(3\mathrm{i})^3+\cdots+\right.$$
$$\left.\binom{n}{2m+1}2^{n-(2m+1)}(3\mathrm{i})^{2m+1}+\cdots+p_n\right]=$$
$$\frac{-\mathrm{i}}{3}\cdot\frac{1}{13^n}\sum_{m=0}^{\left[\frac{n-1}{2}\right]}\binom{n}{2m+1}2^{n-(2m+1)}(3\mathrm{i})^{2m+1}=$$
$$\frac{1}{13^n}\sum_{n=0}^{\left[\frac{n-1}{2}\right]}(-1)^m\binom{n}{2m+1}2^{n-2m-1}3^{2m}$$

上式中当 n 为偶数时，$p_n=\binom{n}{n-1}2(3\mathrm{i})^{n-1}$；当 n 为奇数时，$p_n=\binom{n}{n}(3\mathrm{i})^n$. 因为 $\left|\dfrac{z}{2+3\mathrm{i}}\right|<1$，$\left|\dfrac{z}{2-3\mathrm{i}}\right|<1$，所以 $|z|<\sqrt{13}=R$，或由 $z=2\pm 3\mathrm{i}$ 是 $f(z)$ 的奇点知，$R=|2\pm 3\mathrm{i}-0|=\sqrt{13}$.

154 $f(z)=\arctan z(\arctan 0=0)$.

解法 1 因为 $\arctan z=\dfrac{\mathrm{i}}{2}\ln\dfrac{\mathrm{i}+z}{\mathrm{i}-z}$，由 $\arctan 0=0$ 知，对数取主值. 故

$$f(z)=\arctan z=\frac{\mathrm{i}}{2}\ln\frac{\mathrm{i}+z}{\mathrm{i}-z}=\frac{\mathrm{i}}{2}[\ln(\mathrm{i}+z)-\ln(\mathrm{i}-z)]$$

所以

$$f(z)=\frac{\mathrm{i}}{2}\left[\sum_{n=1}^{\infty}(-1)^{n-1}\frac{1}{n}\left(\frac{z}{\mathrm{i}}\right)^n+\sum_{n=1}^{\infty}\frac{1}{n}\left(\frac{z}{\mathrm{i}}\right)^n\right]=$$

$$\mathrm{i}\sum_{n=0}^{\infty}\frac{1}{2n+1}\left(\frac{z}{\mathrm{i}}\right)^{2n+1}=$$

$$\sum_{n=0}^{\infty}(-1)^n\frac{z^{2n+1}}{2n+1}\quad(|z|<1)$$

解法 2 由于考虑主值即 $f(z)=\arctan z$，因为 $\arctan z=\int_0^z\frac{1}{1+\zeta^2}\mathrm{d}\zeta$，$\frac{1}{1+\zeta^2}$ 有两个奇点 $\pm\mathrm{i}$，以原点为中心，作圆 $c:|\zeta|<1$，$\frac{1}{1+\zeta^2}=\frac{1}{1-(-\zeta^2)}=\sum_{n=0}^{\infty}(-1)^n\zeta^{2n}$，当 $|z|<1$ 时，积分路线可为连接 Oz 的线段，则

$$\arctan z=\int_0^z\frac{\mathrm{d}\zeta}{1+\zeta^2}=\sum_{n=0}^{\infty}(-1)^n\int_0^z\zeta^{2n}\mathrm{d}\zeta=$$

$$\sum_{n=0}^{\infty}(-1)^n\frac{z^{2n+1}}{2n+1}$$

解法 3 设 $f(z)=\arctan z$，取主值 $f(0)=0$. 故

$$\arctan z=\int_0^z\frac{\mathrm{d}z}{1+z^2}=\int_0^z(1-z^2+z^4-z^6+\cdots)\mathrm{d}z=$$

$$\int_0^z\mathrm{d}z-\int_0^z z^2\mathrm{d}z+\cdots=\quad(|z|<1)$$

$$z-\frac{z^3}{3}+\cdots+(-1)^n\frac{z^{2n+1}}{2n+1}+\cdots$$

或因

$$\arctan z=\frac{1}{2\mathrm{i}}\ln\left(\frac{1+\mathrm{i}z}{1-\mathrm{i}z}\right)$$

取主值，则

$$\arctan z=\frac{1}{2\mathrm{i}}\ln\left(\frac{1+\mathrm{i}z}{1-\mathrm{i}z}\right)\quad(\text{主值 }\ln(1)=0)$$

但

$$\ln\frac{1+z_1}{1-z_1}=2\left(z_1+\frac{z_1^3}{3}+\frac{z_1^5}{5}+\cdots\right)\quad(|z_1|<1)$$

令 $z_1=\mathrm{i}z$，便得

$$\arctan z=\sum_{n=0}^{\infty}(-1)^n\frac{1}{2n+1}z^{2n+1}$$

155 试将 $f(z)=\sin(2z-z^2)$ 展为形如 $\sum_{n=0}^{\infty}c_n(z-1)^n$ 的幂级数.

解 令 $z=\zeta+1$,则

$$f(z)=\sin(2z-z^2)=\sin(1-\zeta^2)=\sin 1\cos\zeta^2-\cos 1\sin\zeta^2$$

所以

$$f(z)=\sin 1\sum_{n=0}^{\infty}(-1)^n\frac{\zeta^{4n}}{(2n)!}-\cos 1\sum_{n=0}^{\infty}(-1)^n\frac{\zeta^{4n+2}}{(2n+1)!}=$$

$$\sum_{n=0}^{\infty}\sin\left(2n\frac{\pi}{2}+1\right)\frac{\zeta^{4n}}{(2n)!}+$$

$$\sum_{n=0}^{\infty}\sin\left[(2n+1)\frac{\pi}{2}+1\right]\frac{\zeta^{2(2n+1)}}{(2n+1)!}=$$

$$\sum_{n=0}^{\infty}\sin\left(n\frac{\pi}{2}+1\right)\frac{(\zeta^2)^n}{n!}=\sum_{n=0}^{\infty}\sin\left(\frac{n\pi}{2}+1\right)\frac{(z-1)^{2n}}{n!}$$

156 证明:$\frac{1}{4}|z|<|e^z-1|<\frac{7}{4}|z|$,其中 $0<|z|<1$.

证 因为 $|e^z-1|=\left|\sum_{n=0}^{\infty}\frac{z^n}{n!}-1\right|=|z|\left|1+\sum_{n=2}^{\infty}\frac{z^{n-1}}{n!}\right|$.

当 $0<|z|<1$ 时

$$\left|\sum_{n=2}^{\infty}\frac{z^{n-1}}{n!}\right|\leqslant\sum_{n=2}^{\infty}\left|\frac{z^{n-1}}{n!}\right|<\sum_{n=2}^{\infty}\frac{1}{n!}=\sum_{n=0}^{\infty}\frac{1}{(n+2)!}<$$

$$\sum_{n=0}^{\infty}\frac{1}{2}\left(\frac{1}{\zeta}\right)^n=\frac{3}{4}$$

又

$$\left|1+\sum_{n=2}^{\infty}\frac{z^{n-1}}{n!}\right|\geqslant\left|1-\sum_{n=2}^{\infty}\left|\frac{z^{n-1}}{n!}\right|\right|>\left|1-\frac{3}{4}\right|=\frac{1}{4}$$

所以

$$\frac{1}{4}|z|<|z|\left|1+\sum_{n=2}^{\infty}\frac{z^{n-1}}{n!}\right|=|e^z-1|\leqslant$$

$$|z|\left|1+\sum_{n=2}^{\infty}\frac{z^{n-1}}{n!}\right|<\frac{7}{4}|z|$$

157 设 $a_0>0,a_1\geqslant 0,a_2\geqslant 0,\cdots$,且令 $A_n=a_0+a_1+\cdots+a_n$.

证明:若 $n\to\infty$ 时,$A_n\to\infty$ 且 $\frac{a_n}{A_n}\to 0$,则 $\sum a_nx^n$ 有收敛半径 1.

证 设 r 与 R 分别为 $\sum a_nx^n$ 与 $\sum A_nx^n$ 的收敛半径,因 $A_n\to\infty(n\to$

∞),故 $\sum a_n x^n$ 在 $x=1$ 发散,因此 $r\leqslant 1$.

今 $\lim\limits_{A_n\to\infty}\frac{a_n}{A_n}=0(a_n\geqslant 0)$ 蕴含 $r\geqslant R$,它也蕴含 $1=\lim\limits_{A_n\to\infty}\frac{A_n}{A_n}=\lim\limits_{A_n\to\infty}\frac{A_{n-1}+a_n}{A_n}=\lim\limits_{A_n\to\infty}\frac{A_{n-1}}{A_n}$,因而 $R=1$,于是 $r=1$ 是所欲证.

158 $f(z)$ 的表示式为 $f(z)=\sum\limits_{n=0}^{\infty}s_n z^n$,若 $s_n=\sum\limits_{k=0}^{n}k\binom{n}{k}$,求其收敛半径.

解 因 $s_n=\sum\limits_{k=0}^{n}k\binom{n}{k}=\sum\limits_{k=0}^{n-1}n\binom{n-1}{k}=n2^{n-1}$. 故我们有

$$f(z)=\sum_{n=0}^{\infty}s_n z^n=\sum_{n=1}^{\infty}n2^{n-1}z^n=z\sum_{n=0}^{\infty}(n+1)(2z)^n=z(1+2z)^{-2}$$

具收敛半径 $\frac{1}{2}$.

159 若 $1+w=(1-a)\mathrm{e}^a$,且 $|a|<1$,则 $|w|\leqslant\frac{|a|^2}{1-|a|}$.

证 因 $(1-a)\mathrm{e}^a=1-\frac{a^2}{2}-\cdots-\left(1-\frac{1}{n}\right)\frac{a^n}{(n-1)!}-\cdots$. 因此

$$|(1-a)\mathrm{e}^a-1|=|w|\leqslant\frac{|a|^2}{2}+\cdots+\frac{n-1}{n!}|a|^n+\cdots\leqslant$$
$$|a|^2+|a|^3+\cdots=\frac{|a|^2}{1-|a|}\quad(\text{因 }|a|<1)$$

160 求证函数

$$f(z)=1+\sum_{n=1}^{\infty}\frac{\mu(\mu-1)\cdots(\mu-n+1)}{n!}z^n$$

当 $|z|<1$ 为正则,且其导数是 $\frac{\mu f(z)}{1+z}$. 由此证明 $(1+z)^{-\mu}f(z)$ 的导数是零,并得出 $f(z)=(1+z)^{\mu}$.

证 因易知幂级数 $1+\sum\limits_{n=1}^{\infty}\frac{\mu(\mu-1)\cdots(\mu-n+1)}{n!}$ 的收敛半径为 1,故 $f(z)$ 在 $|z|<1$ 内为正则.

求导数

$$f'(z)=\mu\left[1+\frac{\mu-1}{1!}z+\cdots+\frac{(\mu-1)(\mu-2)\cdots(\mu-p+1)}{(p-1)!}z^{p-1}+\cdots\right]$$

用 $1+z$ 乘其两边,并注意恒等,有

$$\frac{(\mu-1)\cdots(\mu-p+1)}{(p-1)!}+\frac{(\mu-1)\cdots(\mu-p)}{p!}=$$
$$\frac{[\mu(\mu-1)\cdots(\mu-p+1)]}{p!}$$

则得

$$(1+z)f'(z)=\mu\left[1+\frac{\mu}{1!}z+\frac{\mu(\mu-1)}{2!}z^2+\cdots+\right.$$
$$\left.\frac{\mu(\mu-1)\cdots(\mu-p+1)}{p!}z^p+\cdots\right]$$

即

$$(1+z)f'(z)=\mu f(z)$$

所以

$$\frac{f'(z)}{f(z)}=\frac{\mu}{1+z}$$

于是

$$\ln f(z)=\ln(1+z)^\mu+\ln C$$

所以

$$f(z)=C(1+z)^\mu$$

令 $z=0$,因 $f(0)=1$,故 $C=1$,从而 $f(z)=(1+z)^\mu$.

161 函数 $f(h)=(1-zh+h^2)^{-\frac{1}{2}}$ 当 $h=0$ 时其值为 $+1$ 的一个分支为正则. 设其在原点邻域内的展开式为 $\sum\limits_{n=0}^{\infty}p_n(z)h^n$,求 $p_n(z)$ 及收敛半径($p_0,p_1,\cdots,p_n$ 叫勒让德(Legendre) 多项式).

解 因当 $|2zh-h^2|<1$ 时,$(1-2zh+h^2)^{-\frac{1}{2}}$ 能表示为关于 $2hz-h^2$ 的升幂级数. 另外,若 $|2hz|+|h|^2<1$,则因$[1-(|2zh|+|h|^2)]^{-\frac{1}{2}}$ 的展开式中 $|2zh|+|h|^2$ 的幂绝对收敛,故幂能乘出,并可按任意方式重排. 特别地,若按 h 的幂重排得

$$(1-2zh+h^2)^{-\frac{1}{2}}=p_0(z)+hp_1(z)+h^2p_2(z)+\cdots \tag{1}$$

其中

$$p_0(z)=1,p_1(z)=z,p_2(z)=\frac{1}{2}(3z^2-1)$$

$$p_3(z)=\frac{1}{2}(5z^2-3z),p_4(z)=\frac{1}{8}(35z^4-30z^2+3)$$

$$p_5(z)=\frac{1}{8}(63z^5-70z^2+15z)$$

一般地,有

$$p_n(z)=\frac{(2n)!}{2^n\cdot(n!)^2}\left[z^n-\frac{n(n-1)}{2(2n-1)}z^{n-2}+\frac{n(n-1)(n-2)(n-3)}{2\cdot4\cdot(2n-1)(2n-3)}z^{n-4}-\cdots\right]=$$

$$\sum_{r=0}^{m}(-1)^r\frac{(2n-2r)!}{2^n\cdot r!\ (n-r)!\ (n-2r)!}z^{n-2r}$$

这里 $m=\frac{1}{2}n$ 或 $\frac{1}{2}(n-1)$,且均为整数.

今讨论式(1)的收敛区域:式(1)收敛,则 h 应在 h 平面上的一个圆的内部,而这个圆的圆心在 $h=0$,圆周通过 $(1-2zh+h^2)^{-\frac{1}{2}}$ 的最近于 $h=0$ 的一个奇异点.但

$$1-2zh+h^2=[h-z+(z^2-1)^{\frac{1}{2}}][h-z-(z^2-1)^{\frac{1}{2}}]$$

因此 $(1-2zh+h^2)^{-\frac{1}{2}}$ 的奇点(又是支点)为 $h=z-(z^2-1)^{\frac{1}{2}}$ 与 $h=z+(z^2-1)^{\frac{1}{2}}$.

因此式(1)收敛,若 $|h|$ 小于

$$|z-(z^2-1)^{\frac{1}{2}}|\text{ 与 }|z+(z^2-1)^{\frac{1}{2}}|$$

在 z 平面上过点 z 画一椭圆以 ±1 为焦点,a 为半长轴且 θ 为 z 的偏心角,则

$$z=a\cos\theta+\mathrm{i}(a^2-1)^{\frac{1}{2}}\sin\theta$$

因此有

$$z\pm(z^2-1)^{\frac{1}{2}}=[a\pm(a^2-1)^{\frac{1}{2}}](\cos\theta\mp\mathrm{i}\sin\theta)$$

以致有

$$|z\pm(z^2-1)^{\frac{1}{2}}|=a\pm(a^2-1)^{\frac{1}{2}}$$

因此若式(1)收敛,假如 h 小于 $a+(a^2-1)^{\frac{1}{2}}$ 与 $a-(a^2-1)^{\frac{1}{2}}$ 中的较小者,即 h 小于 $a-(a^2-1)^{\frac{1}{2}}$.但 $h=a-(a^2-1)^{\frac{1}{2}}$,当 $a=\frac{1}{2}(h+h^{-1})$ 时.

所以式(1)收敛,如果 z 在以 ±1 为焦点,半长轴为 $\frac{1}{2}(h+h^{-1})$ 的椭圆内时.

162 试将黎曼函数 $\zeta(z)=\sum_{n=0}^{\infty}\frac{1}{n^z}=\sum_{n=1}^{\infty}\mathrm{e}^{-z\ln n}(\ln n\geqslant 0)$ 在点 $z=2$ 的邻域内展为 T 级数，并求出收敛半径.

解 因为 $|\mathrm{e}^{-z\ln n}|=\frac{1}{n^x}$，故级数 $\sum_{n=1}^{\infty}\mathrm{e}^{-z\ln n}$ 在 $\mathrm{Re}\,z=x>1$ 时收敛.

对任意的 $x_0=\mathrm{Re}\,z_0>1$，当 $\mathrm{Re}\,z\geqslant x_0$ 时，$|\mathrm{e}^{-z\ln n}|=\frac{1}{n^x}\leqslant\frac{1}{n^{x_0}}$，而 $\sum_{n=1}^{\infty}\frac{1}{n^{x_0}}(x_0>1)$ 收敛，所以 $\sum_{n=1}^{\infty}\mathrm{e}^{-z\ln n}$ 在 $\mathrm{Re}\,z\geqslant x_0$ 上是一致收敛的，于是 $\zeta(z)$ 在半平面 $\mathrm{Re}\,z>1$ 内解析，故在 $z=2$ 的邻域内可展为泰勒级数. 即

$$\zeta(z)=\sum_{n=0}^{\infty}\frac{\zeta^{(n)}(2)}{n!}(z-2)^n$$

由魏尔斯特拉斯定理知

$$\zeta^{(n)}(z)=\Big(\sum_{k=1}^{\infty}\mathrm{e}^{-z\ln k}\Big)^{(n)}=\sum_{k=1}^{\infty}(-1)^n\ln^n k\,\mathrm{e}^{-z\ln k}$$

于是

$$\zeta^{(n)}(z)=(-1)^n\sum_{k=1}^{\infty}\frac{(\ln k)^n}{k^2}$$

所以

$$\zeta(z)=\sum_{n=0}^{\infty}\frac{(-1)^n}{n!}\sum_{k=1}^{\infty}\frac{(\ln k)^n}{k^2}(z-2)^n=\sum_{n=0}^{\infty}a_n(z-2)^n$$

其中 $a_n=\frac{(-1)^n}{n!}\sum_{k=1}^{\infty}\frac{(\ln k)^n}{k^2}(n=0,1,2,\cdots)$，因 $z=1$ 是 $\zeta(z)$ 的奇点，故收敛半径 $R=1$.

163 试将函数 $f(z)=\sum_{n=1}^{\infty}\frac{2z}{z^2-n^2\pi^2}$ 展为形如 $\sum_{n=0}^{\infty}c_nz^n$ 的幂级数，并求出收敛半径.

解 因为函数 $f_n(z)=\frac{2z}{z^2-n^2\pi^2}$ 在 $|z|<\pi$ 上解析，对任意的 $0<\rho<\pi$，当 $|z|\leqslant\rho$ 时

$$|f_n(z)|=\left|\frac{2z}{z^2-n^2\pi^2}\right|\leqslant\frac{2\rho}{\pi^2n^2-\rho^2}\leqslant\frac{2\rho}{n^2\pi^2}\cdot\frac{1}{1-\frac{\rho^2}{\pi^2}}=\frac{2\rho}{\pi^2\left(1-\frac{\rho^2}{\pi^2}\right)}\cdot\frac{1}{n^2}$$

级数 $\sum_{n=1}^{\infty} \frac{2\rho}{\pi^2\left(1-\frac{\rho^2}{\pi^2}\right)} \cdot \frac{1}{n^2}$ 收敛.

所以 $\sum_{n=0}^{\infty} f_n(z)=\sum_{n=1}^{\infty} \frac{2z}{z^2-n^2\pi^2}$ 在 $|z|<\pi$ 的内部一致收敛.

由魏尔斯特拉斯定理知

$$f^{(k)}(z)=\sum_{n=1}^{\infty}[f_n(z)]^{(k)}$$

于是

$$\frac{f^{(k)}(0)}{k!}=\sum_{n=0}^{\infty} \frac{f_n^{(k)}(0)}{k!}$$

这里 $\frac{f_n^{(k)}(0)}{k!}$ 是 $f_n(z)$ 的 T 展式中 z^k 的系数，$\frac{f^{(k)}(0)}{k!}$ 是 $f(z)$ 的 T 展式中 z^k 的系数，故

$$f(z)=\sum_{n=0}^{\infty} \frac{f^{(k)}(0)}{k!} z^k=\sum_{k=0}^{\infty} \sum_{n=0}^{\infty} \frac{f_n^{(k)}(0)}{k!} z^k$$

但 $f_n(z)=-\frac{2z}{n^2\pi^2} \cdot \frac{1}{1-\left(\frac{z}{n\pi}\right)^2}=-\sum_{p=1}^{\infty} \frac{2z^{2p-1}}{n^{2p}\pi^{2p}}$，其中 z^n 的系数，当 n 是偶数时为零，当 n 为奇数，即 $n=2p-1(p=1,2,\cdots)$ 时为 $\frac{-2}{n^{2p}\pi^{2p}}$. 所以 $f(z)$ 的展式中 z^n 的系数当 n 为偶数时为零，当 $n=2p-1$(奇数) 时为

$$\sum_{n=0}^{\infty} \frac{-2}{n^{2p}\pi^{2p}}=-2\sum_{n=1}^{\infty} \frac{1}{(n\pi)^{2p}}$$

所以

$$f(z)=-2\sum_{p=1}^{\infty}\left[\sum_{n=1}^{\infty} \frac{1}{(n\pi)^{2p}}\right] z^{2p-1}=\sum_{p=1}^{\infty} c_{2p-1} z^{2p-1} \quad (|z|<\pi)$$

其中

$$c_{2p-1}=-2\sum_{n=1}^{\infty} \frac{1}{(n\pi)^{2p}}$$

当 $z=\pi$ 时，$|c_{2p-1}z^{2p-1}|=2\sum_{n=0}^{\infty} \frac{1}{\pi} \cdot \frac{1}{n^{2p}}=\frac{2}{\pi}\sum_{n=1}^{\infty} \frac{1}{n^{2p}}>\frac{2}{\pi}$，其一般项不趋于零，故 $\sum_{p=0}^{\infty} c_{2p-1} z^{2p-1}$ 发散，于是得到收敛半径 $R=\pi$.

164 试将函数 $f(z)=\mathrm{e}^{\frac{1}{1-z}}$ 展为形如 $\sum\limits_{n=0}^{\infty}c_n z^n$ 的幂级数,并求收敛半径.

解 因为 $f(z)=\mathrm{e}^{\frac{1}{1-z}}=\mathrm{e}^{\frac{z}{1-z}+1}=\mathrm{e}\mathrm{e}^{\frac{z}{1-z}}$,令

$$w=\varphi(z)=\frac{z}{1-z}=\sum_{n=1}^{\infty}z^n\quad(|z|<1)$$

$$F(w)=\mathrm{e}^{w+1}=\mathrm{e}\sum_{n=0}^{\infty}\frac{w^n}{n!}\quad(|w|<\infty)$$

$\varphi(z)$ 在 $|z|<1$ 内解析,$F(w)$ 在 $|w|<+\infty$ 解析,所以 $F[\varphi(z)]$ 在 $|z|<1$ 解析,故在 $z=0$ 的邻域可展为幂级数,于是

$$f(z)=F[\varphi(z)]=\mathrm{e}\left[1+\frac{w}{1!}+\frac{w^2}{2!}+\cdots+\frac{w^n}{n!}+\cdots\right]=$$

$$\mathrm{e}\left[1+(z+z^2+z^3+\cdots)+\frac{(z+z^2+z^3+\cdots)^2}{2!}+\cdots+\frac{(z+z^2+z^3+\cdots)^n}{n!}+\cdots\right]$$

当 $|z|<1$ 时

$$(z+z^2+z^3+\cdots)^k=\left(\frac{z}{1-z}\right)^k=z^k(1-z)^{-k}=$$

$$z^k\left[1+\frac{k}{1}z+\frac{k(k-1)}{2!}z^2+\cdots+\frac{k(k+1)\cdots(k+n-1)}{n!}z^n+\cdots\right]$$

因为

$$\frac{k(k+1)\cdots(k+n-1)}{n!}=\frac{(k+n-1)(k+n-2)\cdots(n+1)}{(k-1)!}=\binom{k+n-1}{k-1}$$

所以

$$(z+z^2+z^3+\cdots)^k=\sum_{n=0}^{\infty}\binom{k+n-1}{k-1}z^{n+k}$$

因此

$$f(z)=\mathrm{e}\left[1+\frac{1}{1!}\sum_{n=0}^{\infty}z^{n+1}+\frac{1}{2!}\sum_{n=0}^{\infty}(n+1)z^{n+2}+\frac{1}{3!}\sum_{n=0}^{\infty}\frac{(n+2)(n+1)}{2!}z^{n+3}+\cdots+\frac{1}{k!}\sum_{n=0}^{\infty}\binom{k+n-1}{k-1}z^{n+k}+\cdots\right]=$$

$$\mathrm{e}\left\{1+z+\left(\frac{1}{1!}+\frac{1}{2!}\right)z^2+\left(\frac{1}{1!}+2\,\frac{1}{2!}+\frac{1}{3!}\right)z^3+\right.$$

$$\left(\frac{1}{1!}+3\frac{1}{2!}+3\frac{1}{3!}+\frac{1}{4!}\right)z^4+\cdots+\left[\frac{1}{1!}+\binom{n-1}{1}\frac{1}{2!}+\binom{n-1}{2}\frac{1}{3!}+\cdots+\binom{n-1}{n-2}\frac{1}{(n-1)!}+\frac{1}{n!}\right]z^n+\cdots\Bigg\}$$

其中 $|z|<1$. 当 $z=1$ 时,由于

$$\left[\frac{1}{1!}+\binom{n-1}{1}\frac{1}{2!}+\cdots+\binom{n-1}{n-2}\frac{1}{(n-1)!}+\frac{1}{n!}\right]>1$$

一般项不趋于零,故上级数发散,所以收敛半径 $R=1$.

在题 165 ~ 166 中,将给定函数展为幂级数 $\sum\limits_{n=0}^{\infty}c_n z^n$,求前五项.

165 $f(z)=\sin\dfrac{1}{1-z}$.

解 因为

$$f(z)=\sin\frac{1}{1-z}=\sin\left(1+\frac{z}{1-z}\right)=$$
$$\sin 1\cos\frac{z}{1-z}+\cos 1\sin\frac{z}{1-z}$$

而

$$\frac{z}{1-z}=z+z^2+z^3+\cdots+z^n+\cdots\quad(|z|<1)$$

$$\cos\frac{z}{1-z}=1-\frac{1}{2!}\left(\frac{z}{1-z}\right)^2+\frac{1}{4!}\left(\frac{z}{1-z}\right)^4-\cdots=$$
$$1-\frac{1}{2!}\left(\sum_{n=1}^{\infty}z^n\right)^2+\frac{1}{4!}\left(\sum_{n=1}^{\infty}z^n\right)^4-\cdots=$$
$$1-\frac{1}{2}z^2-z^3-\frac{35}{24}z^4+\cdots$$

又

$$\sin\frac{z}{1-z}=\frac{z}{1-z}-\frac{1}{3!}\left(\frac{z}{1-z}\right)^3+\frac{1}{5!}\left(\frac{z}{1-z}\right)^5-\cdots=$$
$$\sum_{n=1}^{\infty}z^n-\frac{1}{3!}\left(\sum_{n=1}^{\infty}z^n\right)^3+\cdots=$$
$$z+z^2+\frac{5}{6}z^3+\frac{1}{2}z^4+\cdots$$

所以

$$f(z)=\sin 1\left(1-\frac{1}{2}z^2-z^3-\frac{35}{24}z^4+\cdots\right)+$$

$$\cos 1\left(z+z^{2}+\frac{5}{6}z^{3}+\frac{1}{2}z^{4}+\cdots\right)=$$

$$\sin 1+z\cos 1+z^{2}\left(\cos 1-\frac{1}{2}\sin 1\right)+$$

$$z^{3}\left(\frac{5}{6}\cos 1-\sin 1\right)+z^{4}\left(\frac{1}{2}\cos 1-\frac{35}{24}\sin 1\right)+\cdots$$

其中 $|z|<1$.

166 $f(z)=\sec z=\dfrac{1}{\cos z}$.

解法 1 因为 $\lim\limits_{z\to 0}(1-\cos z)=0$，所以在 $z=0$ 的小邻域内有 $|1-\cos z|<1$，而 $1-\cos z=\dfrac{1}{2!}z^{2}+\dfrac{1}{4!}z^{4}+\cdots$. 于是

$$f(z)=\frac{1}{\cos z}=\frac{1}{1-(1-\cos z)}=1+(1-\cos z)+(1-\cos z)^{2}+\cdots=$$

$$1+\left(\frac{1}{2!}z^{2}-\frac{1}{4!}z^{4}+\cdots\right)+\left(\frac{1}{2!}z^{2}-\frac{1}{4!}z^{4}+\cdots\right)^{2}+\cdots=$$

$$1+\frac{1}{2!}z^{2}+\frac{5}{4}z^{4}+\cdots$$

解法 2 （用待定系数法）因 $f(z)$ 在 $z=0$ 的邻域内解析，令 $f(z)=c_0+c_1z+c_2z^2+c_3z^3+\cdots$，$c_n$ 为待定系数，由于 $f(z)$ 是偶函数，所以

$$f(-z)=f(z)=c_0-c_1z+c_2z^2-c_3z^3+\cdots$$

故

$$c_1=c_3=c_5=\cdots=c_{2n+1}=\cdots=0$$

而

$$\cos z=1-\frac{z^{2}}{2!}+\frac{z^{4}}{4!}-\cdots$$

由 $\cos zf(z)=1$，得

$$1=\left(1-\frac{z^{2}}{2!}+\frac{z^{4}}{4!}-\cdots\right)(c_0+c_2z^2+c_4z^4+\cdots)=$$

$$c_0+\left(c_2-\frac{c_0}{2!}\right)z^{2}+\left(c_4-\frac{c_2}{2!}+\frac{c_0}{4!}\right)z^{4}+\cdots$$

比较两边系数，得

$$c_0=1$$

$$c_2-\frac{c_0}{2!}=0$$

$$c_4 - \frac{c_2}{2!} + \frac{c_0}{4!} = 0$$

$$\vdots$$

因此

$$c_0 = 1$$

$$c_2 = \frac{1}{2!}$$

$$c_4 = \frac{5}{4!}$$

$$\vdots$$

所以

$$f(z) = \frac{1}{\cos z} = 1 + \frac{1}{2!}z^2 + \frac{5}{4!}z^4 + \cdots$$

由于 $z = \frac{\pi}{2}$ 是 $f(z)$ 距原点最近的奇点,所以 $R = \frac{\pi}{2}$.

167 试将函数 $f(z) = \ln(1 + e^z)$ 展为幂级数(求出级数系数之间的递推公式)并且证明 $\frac{1}{2}z$ 是展式中包含 z 的奇次方的唯一的一项.

解 (1) 因为

$$f'(z) = \frac{e^z}{1 + e^z} = \frac{1 + z + \frac{z^2}{2!} + \cdots + \frac{z^n}{n!} + \cdots}{2 + z + \frac{z^2}{2!} + \cdots + \frac{z^n}{n!} + \cdots}$$

由此可见,$f'(z)$ 解析,故可展为幂级数.

令 $f'(z) = \sum_{n=0}^{\infty} c_n z^n$,于是

$$1 + z + \frac{z^2}{2!} + \cdots + \frac{z^n}{n!} + \cdots =$$

$$\left(2 + z + \cdots + \frac{z^n}{n!}\right)(c_0 + c_1 z + \cdots + c_n z^n + \cdots) =$$

$$2c_0 + (c_0 + 2c_1)z + \left(c_0 \frac{1}{2!} + c_1 + 2c_2\right)z^2 + \cdots +$$

$$\left[c_0 \frac{1}{n!} + c_1 \frac{1}{(n-1)!} + \cdots + c_{n-1} + 2c_n\right]z^n + \cdots$$

比较两边系数得

$$2c_0 = 1$$

$$c_0 + 2c_1 = 1$$

$$c_0 \frac{1}{2!} + c_1 + 2c_2 = \frac{1}{2!}$$

$$c_0 \frac{1}{n!} + c_1 \frac{1}{(n-1)!} + \cdots + c_{n-1} + 2c_n = \frac{1}{n!}$$

$$\vdots$$

所以
$$c_0 = \frac{1}{2}$$

$$c_0 + nc_1 + n(n-1)c_2 + \cdots + n!\ c_{n-1} + 2n!\ c_n = 1$$

其中 $n \geqslant 1$. 于是

$$f(z) - f(0) = \int_0^2 f(\zeta)\mathrm{d}\zeta = \int_0^z \sum_{n=0}^{\infty} c_n \zeta^n \mathrm{d}\zeta = \sum_{n=0}^{\infty} \int_0^z c_n \zeta^n \mathrm{d}\zeta = \sum_{n=0}^{\infty} \frac{c_n}{n+1} z^{n+1}$$

所以
$$f(z) = f(0) + \sum_{n=0}^{\infty} \frac{c_n}{n+1} z^{n+1} = \ln 2 + \sum_{n=0}^{\infty} \frac{c_n}{n+1} z^{n+1}$$

其中 $c_0 = \frac{1}{2}$.

当 $n \geqslant 1$ 时,递推公式为

$$c_0 + nc_1 + n(n-1)c_2 + \cdots + n!\ c_{n-1} + 2n!\ c_n = 1$$

(2) 因为 $\ln(1+\mathrm{e}^z) - \ln(1+\mathrm{e}^{-z}) = \ln \frac{1+\mathrm{e}^z}{1+\mathrm{e}^{-z}} = \ln \mathrm{e}^z = z$,而

$$\ln(1+\mathrm{e}^{-z}) = \ln 2 + \sum_{n=0}^{\infty} \frac{c_n}{n+1}(-z)^{n+1} = \ln 2 + \sum_{n=0}^{\infty} (-1)^{n+1} \frac{c_n}{n+1} z^{n+1}$$

所以

$$\ln(1+\mathrm{e}^z) - \ln(1+\mathrm{e}^{-z}) = \sum_{n=0}^{\infty} \frac{c_n}{n+1} z^{n+1} - \sum_{n=0}^{\infty} (-1)^{n+1} \frac{c_n}{n+1} z^{n+1} = \sum_{n=0}^{\infty} \frac{2c_{2k}}{2k+1} z^{2k+1} = z$$

比较两边系数,当 $k=0$ 时,$2c_0 = 1$,即 $c_0 = \frac{1}{2}$;当 $k \geqslant 1$ 时,z^{2k+1} 的系数是$\frac{2c_{2k}}{2k+1} = 0$.

即 $f(z) = \ln(1+\mathrm{e}^z)$ 的展开式 $\ln 2 + \sum_{n=0}^{\infty} \frac{c_n}{n+1} z^{n+1}$ 中的 z 的奇次方项的系数,除了 z 的系数为$\frac{1}{2}$外均为零,所以$\frac{1}{2}z$是奇次方的唯一的一项.

168 证明：若 $f(z)$ 为整函数，且有正的常数 ρ 和 A，使得当 $|z|>\rho$ 时，$|f(z)|\leqslant A|z|^k$，k 为非负整数，则 $f(z)$ 为次数不超过 k 的多项式（当 $k=0$ 时，这就是刘维尔(Liouville)定理，故此乃刘维尔定理之推广）.

证 因为 $f(z)$ 在 $z=0$ 解析，所以

$$f(z)=\sum_{n=0}^{\infty}c_n z^n \tag{1}$$

又因 $f(z)$ 是整函数，故式(1)右端级数的收敛半径为 ∞，又由泰勒展式的唯一性知

$$c_n=\frac{f^{(n)}(0)}{n!} \tag{2}$$

取 $r>\rho$. 由柯西不等式

$$|f^{(n)}(0)|\leqslant\frac{n!\ M(r)}{r^n} \tag{3}$$

$M(r)$ 是 $|f(z)|$ 在圆周 $|z|=r$ 上取的最大值. 据假设，当 $|z|>\rho$ 时，$|f(z)|\leqslant A|z|^k$，现因 $|z|=r>\rho$，故

$$M(r)\leqslant A\cdot r^k \tag{4}$$

联系不等式(3)与(4)得

$$|f^{(n)}(0)|\leqslant\frac{n!\ A}{r^{n-k}} \tag{5}$$

将式(5)代入式(2)便得

$$|c_n|\leqslant\frac{A}{r^{n-k}} \tag{6}$$

因 r 可任意大，故由式(6)知：当 $n>k$ 时必有 $c_n=0$，$n=k+1,k+2,\cdots$. 至此已证明了式(1)右端确为次数不超过 k 的多项式. 证毕.

169 求(1) $\dfrac{e^z}{1-z}$，(2) $\dfrac{z}{e^z-1}$ 在 $z=0$ 的邻域的泰勒展式及其收敛半径.

解 (1)的泰勒展式的收敛半径显然等于 1.

对于(2)，值得注意的是，$\dfrac{z}{e^z-1}$ 在 $z=0$ 虽然并不解析，然而，若对 $f(z)=\dfrac{z}{e^z-1}$ 补充定义 $f(0)=1$，则 $f(z)$ 也在 $z=0$ 解析了. 补充定义后的 $f(z)$ 便可求其在 $z=0$ 邻域的泰勒展式了. 现在，距点 $z=0$ 最近的奇点是 $\pm 2\pi i$，因此，其

泰勒展式之收敛半径为 2π.

以下分别求(1),(2) 的泰勒展式.

(1) 因为

$$e^z = 1 + z + \frac{z^2}{2!} + \frac{z^3}{3!} + \cdots + \frac{z^n}{n!} + \cdots$$

$$\frac{1}{1-z} = 1 + z + z^2 + z^3 + \cdots + z^n + \cdots$$

当 $|z| < 1$ 时两级数都绝对收敛,故上述两级数的柯西乘积就是$\frac{e^z}{1-z}$在$z=0$邻域的泰勒展式.因此

$$\frac{e^z}{1-z} = 1 + \left(1 + \frac{1}{1!}\right)z + \left(1 + \frac{1}{1!} + \frac{1}{2!}\right)z^2 + \left(1 + \frac{1}{1!} + \frac{1}{2!} + \frac{1}{3!}\right)z^3 + \cdots + \left(1 + \frac{1}{1!} + \frac{1}{2!} + \cdots + \frac{1}{n!}\right)z^n + \cdots$$

(2) 今设 $f(z) = \frac{z}{e^z - 1}$ 的展式为

$$f(z) = \sum_{n=0}^{\infty} c_n z^n$$

因而有$(e^z - 1)f(z) = z$,而 $e^z - 1 = z + \frac{z^2}{2!} + \cdots + \frac{z^n}{n!} + \cdots$,故

$$(c_0 + c_1 z + c_2 z^2 + \cdots + c_n z^n + \cdots)\left(z + \frac{z^2}{2!} + \cdots + \frac{z^n}{n!} + \cdots\right) = z$$

或

$$(c_0 + c_1 z + c_2 z^2 + \cdots + c_n z^n + \cdots)\left(1 + \frac{z}{2!} + \cdots + \frac{z^{n-1}}{n!} + \cdots\right) = 1$$

比较两边系数,得

$$c_0 = 1$$

$$c_0 \frac{1}{2!} + c_1 = 0$$

$$c_0 \frac{1}{3!} + c_1 \frac{1}{2!} + c_2 = 0$$

$$\vdots$$

$$c_0 \frac{1}{(n+1)!} + c_1 \frac{1}{n!} + \cdots + c^{n-1} \frac{1}{2!} + c_n = 0$$

$$\vdots$$

据此可解得

$$c_0=1$$

$$c_1=-\frac{1}{2}$$

$$c_2=\frac{1}{12}$$

$$\vdots$$

若记 $c_n=\frac{B_n}{n!}$,则

$$\frac{z}{e^z-1}=\sum_{n=0}^{\infty}\frac{B_n}{n!}z^n$$

这里,$B_n(n=0,1,2,\cdots)$ 称为伯努利(Bernoulli) 数.

170 证明:若函数 $f(z)=\frac{z}{e^z-1}$ 的关于 z 的幂级数的展开式,记为形式 $f(z)=\frac{z}{e^z-1}=\sum_{n=0}^{\infty}\frac{B_n}{n!}z^n$. 则伯努利数 B_n 满足关系

$$B_0=1$$

$$\binom{n+1}{0}B_0+\binom{n+1}{1}B_1+\cdots+\binom{n+1}{n}B_n=0$$

并且证明 $B_1\neq 0,B_{2n+1}=0(n=1,2,\cdots)$.

证 (1) 因为

$$f(z)=\frac{z}{z+\frac{z^2}{2!}+\cdots+\frac{z^n}{n!}+\cdots}=\frac{1}{1+\frac{z}{2!}+\cdots+\frac{z^{n-1}}{n!}+\cdots}$$

所以 $f(0)=1$,因此在 $z=0$ 的邻域内 $f(z)$ 解析,故可展为幂级数,令 $f(z)=\sum_{n=0}^{\infty}c_nz^n$,则

$$1=\left(1+\frac{z}{2!}+\cdots+\frac{n^n}{(n+1)!}+\cdots\right)\cdot(c_0+c_1z+\cdots+c_nz^n+\cdots)=$$

$$c_0+\left(\frac{1}{2!}c_0+c_1\right)z+\left(c_0\frac{1}{3!}+c_1\frac{1}{2!}+c_2\right)z^2+\cdots+$$

$$\left(c_0\frac{1}{(n+1)!}+c_1\frac{1}{n!}+\cdots+c_{n-1}\frac{1}{2!}+c_n\right)z^n+\cdots$$

比较两边系数得

$$c_0 = 1$$

$$\frac{1}{2!}c_0 + c_1 = 0$$

$$c_0 \frac{1}{3!} + c_1 \frac{1}{2!} + c_2 = 0$$

$$\vdots$$

$$c_0 \frac{1}{(n+1)!} + c_1 \frac{1}{n!} + \cdots + c_{n-1} \frac{1}{2!} + c_n = 0$$

$$\vdots$$

所以 $c_0 = 1$,当 $n \geqslant 1$ 时

$$c_0 \frac{1}{(n+1)!} + c_1 \frac{1}{n!} + \cdots + c_{n-1} \frac{1}{2!} + c_n = 0$$

则$\frac{B_n}{n!} = c_n$,即 $B_n = c_n \cdot n!$. 于是

$$B_0 = c_0 = 1$$

$$B_0 \frac{1}{0!\ (n+1)!} + B_1 \frac{1}{1!\ n!} + \cdots + B_{n-1} \frac{1}{(n-1)!\ 2!} +$$

$$B_n \frac{1}{n!\ 1!} = 0 \quad (n \geqslant 1)$$

用$(n+1)!$ 乘两边得

$$B_0 \binom{n+1}{0} + \binom{n+1}{1} B_1 + \cdots + B_n \binom{n+1}{n} = 0 \quad (n \geqslant 1)$$

这是因为

$$\frac{(n+1)!}{k!\ (n+1-k)!} - \frac{(n+1)n(n-1)\cdots[n+1-(k-1)]}{k!} = \binom{n+1}{k}$$

(2) 因$\frac{z}{e^z - 1} = \frac{-z}{e^{-z} - 1} = -z$. 而

$$\frac{z}{e^z - 1} = f(z) = \sum_{n=0}^{\infty} \frac{B_n}{n!} z^n$$

$$f(-z) - \frac{-z}{e^{-z} - 1} = \sum_{n=0}^{\infty} (-1)^n \frac{B_n}{n!} z^n$$

所以

$$-z = f(z) - f(-z) = \sum_{n=0}^{\infty} \frac{B_n}{n!} z^n$$

$$-\sum_{n=0}^{\infty}(-1)^n\frac{B_n}{n!}z_n=\sum_{k=0}^{\infty}\frac{2B_{2k+1}}{(2k+1)!}z^{2k+1}$$

故得 $2B_1=-1$,所以 $B_1=-\frac{1}{2}\neq 0$,而 $B_{2k+1}=0(k=1,2,\cdots)$.

注 由于 $B_0=1,B_1=-\frac{1}{2},B_{2k+1}=0(k=1,2,\cdots)$. 所以

$$f(z)=\frac{z}{e^z-1}=1-\frac{1}{2}z+\sum_{k=1}^{\infty}\frac{B_k}{(2k)!}z^{2k}$$

因为 $f(z)$ 距 $z=0$ 最近的奇点是 $z=\pm 2\pi i$,所以 $R=2\pi$.

171 试将函数 $f(z)=2z\cot 2z$ 展为 z 的幂级数,并求出收敛半径.

解 显然只需求出 $z\cot z$ 的幂级数,然后用 $2z$ 代换 z 即可.

因为

$$z\cot z=z\frac{\cos z}{\sin z}=iz+\frac{2iz}{e^{2iz}-1}$$

而

$$\frac{z}{e^z-1}=1-\frac{1}{2}z+\sum_{k=1}^{\infty}\frac{B_{2k}}{(2k)!}z^{2k}\quad(\text{见上题的注},|z|<2\pi)$$

所以

$$\frac{2iz}{e^{2iz}-1}=1-\frac{1}{2}(2iz)+\sum_{k=1}^{\infty}\frac{B_{2k}}{(2k)!}(2iz)^{2k}=$$

$$1-iz+\sum_{k=1}^{\infty}(-1)^k\frac{2^{2k}B_{2k}}{(2k)!}z^{2k}$$

其中 $|2iz|<2\pi$,即 $|z|<\pi$. 故

$$z\cot z=1+\sum_{k=1}^{\infty}(-1)^k\frac{2^{2k}B_{2k}}{(2k)!}z^{2k}\quad(|z|<\pi)$$

以 $2z$ 代 z 得到

$$2z\cot 2z=1+\sum_{k=1}^{\infty}(-1)^k\frac{2^{4k}B_{2k}}{(2k)!}z^{2k}$$

其中 $|2z|<\pi$,即 $|z|<\frac{\pi}{2}$.

因 $z=\pm\frac{\pi}{2}$ 是函数 $f(z)$ 距 $z=0$ 最近的奇点,所以 $R=\frac{\pi}{2}$.

172 试将函数 $f(z)=\ln\cos z$ 展为 z 的幂级数，并求收敛半径.

解法 1 因为 $f'(z)=-\tan z$，而 $z(\cot z-2\cot 2z)=z\tan z$. 所以

$$z\tan z=\sum_{k=1}^{\infty}(-1)^k\frac{2^{2k}B_{2k}}{(2k)!}z^{2k}-\sum_{k=1}^{\infty}(-1)^k\frac{2^{4k}B_{2k}}{(2k)!}z^{2k}=\sum_{k=1}^{\infty}(-1)^k\frac{2^{2k}(1-2^{2k})B_{2k}}{(2k)!}z^{2k}\quad\left(|z|<\frac{\pi}{2}\right)$$

所以

$$-\tan z=\sum_{k=1}^{\infty}(-1)^{k+1}\frac{2^{2k}(1-2^{2k})B_{2k}}{(2k)!}z^{2k-1}\quad\left(|z|<\frac{\pi}{2}\right)$$

解法 2

$$\tan z=-\mathrm{i}\frac{\mathrm{e}^{\mathrm{i}z}-\mathrm{e}^{-\mathrm{i}z}}{\mathrm{e}^{\mathrm{i}z}+\mathrm{e}^{-\mathrm{i}z}}=-\mathrm{i}+\frac{1}{z}\cdot\frac{2\mathrm{i}z}{\mathrm{e}^{2\mathrm{i}z}-1}-\frac{1}{z}\cdot\frac{4\mathrm{i}z}{\mathrm{e}^{4\mathrm{i}z}-1}=$$

$$-\mathrm{i}+\frac{1}{z}-\mathrm{i}+\sum_{n=1}^{\infty}\frac{B_{2n}}{(2n)!}(2\mathrm{i})^{2n}z^{2n-1}-\frac{1}{z}+2\mathrm{i}-\sum_{n=1}^{\infty}\frac{B_{2n}}{(2n)!}(4\mathrm{i})^{2n}z^{2n-1}=$$

$$-\sum_{n=1}^{\infty}\frac{(-1)^n2^{2n}(2^{2n}-1)B_{2n}}{(2n)!}z^{2n-1}$$

因此

$$f(z)=\ln\cos z=\int_0^z f'(\zeta)\mathrm{d}\zeta=\int_0^z(\ln\cos\zeta)\mathrm{d}\zeta=$$

(因为 $\ln\cos 0=0$)

$$\sum_{k=0}^{\infty}(-1)^{k+1}\frac{2^{2k}(1-2^{2k})B_{2k}}{(2k)!}\int_0^z\zeta^{2k-1}\mathrm{d}\zeta=\sum_{k=0}^{\infty}(-1)^k\frac{2^{2k}(2^{2k}-1)B_{2k}}{2k(2k)!}z^{2k}$$

因距原点最近的奇点为 $z=\pm\frac{\pi}{2}$，所以 $R=\frac{\pi}{2}$.

173 证明：展开式 $\frac{1}{1-z-z^2}=\sum_{n=0}^{\infty}c_nz^n$ 的系数满足关系式 $c_n=c_{n-1}+c_{n-2}(n\geqslant 2)$ 并求出 c_n(契波那契数) 与级数的收敛半径.

证 因为 $\frac{1}{1-z-z^2}=\sum_{n=0}^{\infty}c_nz^n$，所以 $(\sum_{n=0}^{\infty}c_nz^n)(1-z-z^2)=1$. 即 $\sum_{n=0}^{\infty}c_nz^n-\sum_{n=0}^{\infty}c_nz^{n+1}-\sum_{n=0}^{\infty}c_nz^{n+2}=1$，亦即

$$\sum_{n=0}^{\infty}c_nz^n-\sum_{n=1}^{\infty}c_{n-1}z^n-\sum_{n=2}^{\infty}c_{n-2}z^n=1$$

于是

$$c_0+(c_1-c_0)z+\sum_{n=2}^{\infty}(c_n-c_{n-1}-c_{n-2})z^n=1$$

所以

$$c_0=1,c_1-c_0=0,c_n-c_{n-1}-c_{n-2}=0\quad(n\geqslant 2)$$

故

$$c_n=c_{n-1}+c_{n-2}\quad(n\geqslant 2)$$

又

$$\frac{1}{1-z-z^2}=-\frac{1}{z^2+z-1}$$

而

$$z^2+z-1=\left(z+\frac{1+\sqrt{5}}{2}\right)\cdot\left(z+\frac{1-\sqrt{5}}{2}\right)$$

于是

$$\sum_{n=0}^{\infty}c_nz^n=\frac{1}{1-z-z^2}=\frac{-1}{z+\frac{1+\sqrt{5}}{2}}\cdot\frac{1}{z+\frac{1-\sqrt{5}}{2}}=$$

$$\frac{1}{\sqrt{5}}\left[\frac{1}{z+\frac{1+\sqrt{5}}{2}}-\frac{1}{z+\frac{1-\sqrt{5}}{2}}\right]=$$

$$\frac{1}{\sqrt{5}}\left[\sum_{n=0}^{\infty}(-1)^n\frac{z^n}{\left(\frac{1+\sqrt{5}}{2}\right)^{n+1}}-\sum_{n=0}^{\infty}(-1)^n\frac{z^n}{\left(\frac{1-\sqrt{5}}{2}\right)^{n+1}}\right]=$$

$$\frac{1}{\sqrt{5}}\sum_{n=0}^{\infty}(-1)^n\left[\frac{1}{\left(\frac{1+\sqrt{5}}{2}\right)^{n+1}}-\frac{1}{\left(\frac{1-\sqrt{5}}{2}\right)^{n+1}}\right]z^n$$

所以

$$c_n=\frac{(-1)^n}{\sqrt{5}}\left[\frac{1}{\left(\frac{1+\sqrt{5}}{2}\right)^{n+1}}-\frac{1}{\left(\frac{1-\sqrt{5}}{2}\right)^{n+1}}\right]=$$

$$\frac{1}{\sqrt{5}}\left[\left(\frac{1+\sqrt{5}}{2}\right)^{n+1}-\left(\frac{1-\sqrt{5}}{2}\right)^{n+1}\right]\quad (n=0,1,2,\cdots)$$

由于

$$\left|\frac{1-\sqrt{5}}{2}\right|=\left|\frac{-4}{2(1+\sqrt{5})}\right|<\frac{2}{1+2}=\frac{2}{3}<1$$

所以

$$\frac{1}{\sqrt{5}}\left[\left(\frac{1+\sqrt{5}}{2}\right)^{n+1}-1\right]\leqslant|c_n|\leqslant$$
$$\frac{1}{\sqrt{5}}\left[\left(\frac{1+\sqrt{5}}{2}\right)^{n+1}+1\right]$$

而

$$\lim_{n\to\infty}\left\{\frac{1}{\sqrt{5}}\left[\left(\frac{1+\sqrt{5}}{2}\right)^{n+1}-1\right]\right\}^{\frac{1}{n}}=$$
$$\lim_{n\to\infty}\left\{\frac{1}{\sqrt{5}}\left[\left(\frac{1+\sqrt{5}}{2}\right)^{n+1}+1\right]\right\}^{\frac{1}{n}}=$$
$$\frac{1+\sqrt{5}}{2}$$

则

$$\left\{\frac{1}{\sqrt{5}}\left[\left(\frac{1+\sqrt{5}}{2}\right)^{n+1}\right]\right\}^{\frac{1}{n}}>$$
$$\left\{\frac{1}{\sqrt{5}}\left[\left(\frac{1+\sqrt{5}}{2}\right)^{n+1}-1\right]\right\}^{\frac{1}{n}}>$$
$$\left\{\frac{1}{\sqrt{5}}\left[\left(\frac{1+\sqrt{5}}{2}\right)^{n+1}-\left(\frac{1+\sqrt{5}}{2}\right)\right]\right\}^{\frac{1}{n}}>$$
$$\left[\frac{1}{\sqrt{5}}\left(\frac{1+\sqrt{5}}{2}\right)^{n+1}\left(1-\frac{1}{2}\right)\right]^{\frac{1}{n}}=$$
$$\left[\frac{1}{2\sqrt{5}}\left(\frac{1+\sqrt{5}}{2}\right)^{n+1}\right]^{\frac{1}{n}}$$

所以
$$\lim_{n\to\infty}\sqrt[n]{|c_n|}=\frac{1+\sqrt{5}}{2}$$

于是
$$R=\frac{2}{1+\sqrt{5}}=\frac{\sqrt{5}-1}{2}$$

174 函数$\frac{1}{\sqrt{1-2tz+t^2}}$是对于勒让德多项式 $p_n(z)$ 的导出函数 $\frac{1}{\sqrt{1-2tz+t^2}}=\sum_{n=0}^{\infty}p_n(z)t^n$，证明：

(1) $(n+1)p_{n+1}(z)-(2n+1)zp_n(z)+np_{n-1}(z)=0$；

(2) $p_n(z)=p'_{n+1}(z)-2zp'_n(z)+p'_{n-1}(z)$.

证 (1) 在 $t=0$ 的邻域内逐项微分(对 t)得

$$-\frac{t-z}{(t^2-2tz+1)^{3/2}}=\sum_{n=1}^{\infty}np_n(z)t^{n-1}$$

所以

$$-\frac{t-z}{\sqrt{t^2-2tz+1}}=(t^2-2tz+1)\sum_{n=1}^{\infty}np_n(z)t^{n-1}$$

即

$$(z-t)\sum_{n=0}^{\infty}p_n(z)t^n=(t^2-2tz+1)\sum_{n=1}^{\infty}p_n(z)nt^{n-1}$$

所以

$$\sum_{n=0}^{\infty}zp_n(z)t^n-\sum_{n=0}^{\infty}p_n(z)t^{n+1}=$$

$$\sum_{n=1}^{\infty}np_n(z)t^{n+1}-\sum_{n=1}^{\infty}2znp_n(z)t^n+\sum_{n=1}^{\infty}np_n(z)t^{n-1}$$

即

$$\sum_{n=0}^{\infty}(n+1)p_n(z)t^{n+1}-\sum_{n=0}^{\infty}(2n+1)zp_n(z)t^n+$$

$$\sum_{n=1}^{\infty}np_n(z)t^{n-1}=0$$

亦即

$$\sum_{n=1}^{\infty}np_{n-1}(z)t^n-\sum_{n=0}^{\infty}(2n+1)zp_n(z)t^n+$$

$$\sum_{n=0}^{\infty}(n+1)p_{n+1}(z)t^n=0$$

所以

$$-zp_0(z)+p_1(z)+\sum_{n=1}^{\infty}[np_{n-1}(z)-(2n+1)zp_n(z)+$$

$$(n+1)p_{n+1}(z)]t^n=0$$

故

$$-zp_0(z)+p_1(z)=0$$

与

$$(n+1)p_{n+1}(z)-(2n+1)zp_n(z)+np_{n-1}(z)=0 \quad (n\geqslant 1)$$

(2) 对 z 微分 $\frac{t}{(1-2tz+t^2)^{3/2}}=\sum_{n=0}^{\infty}p_n'(z)t^n$. 所以

$$\sum_{n=0}^{\infty}p_n(z)t^{n+1}=(1-2tz+t^2)\sum_{n=0}^{\infty}p_n'(z)t^n$$

即

$$\sum_{n=0}^{\infty}p_n(z)t^{n+1}=\sum_{n=0}^{\infty}p_n'(z)t^n-\sum_{n=0}^{\infty}2zp_n'(z)t^{n+1}+\sum_{n=0}^{\infty}p_n'(z)t^{n+2}$$

用 t 除之得

$$\sum_{n=0}^{\infty}p_n(z)t^n=\sum_{n=0}^{\infty}p_n'(z)t^{n-1}-\sum_{n=0}^{\infty}2zp_n'(z)t^n+\sum_{n=0}^{\infty}p_n'(z)t^{n+1}$$

即

$$\begin{aligned}p_0(z)+\sum_{n=1}^{\infty}p_n(z)t^n=&\,p_0'(z)t^{-1}+p_1'(z)+\\&\sum_{n=1}^{\infty}p_{n+1}'(z)t^n-2zp_0'(z)-\\&\sum_{n=1}^{\infty}2zp_n'(z)t^n+\sum_{n=1}^{\infty}p_{n-1}'(z)t^n\end{aligned}$$

比较系数得

$$p_0(z)=(t-2z)p_0'(z)+p_1'(z)$$

$$p_n(z)=p_{n+1}'(z)-2zp_n'(z)+p_{n-1}'(z) \quad (n\geqslant 1)$$

注 若在 $|t|<R$ 内成立展式 $F(t,z)=\sum_{n=0}^{\infty}f_n(z)t^n$，则函数 $F(t,z)$ 叫作序列 $\{f_n(z)\}$ 的导出函数，函数序列 $\{f_n(z)\}$ 的一些性质常可以借助其导出函数的性质加以证明.

175 设 $x_1,\cdots,x_n$ 表示

$$(x-a+\sqrt{1-2ax+x^2})^n+(x-a-\sqrt{1-2ax+x^2})^n=2(a^2-1)^{\frac{n}{2}}$$

的根. 试求幂的和 $\sigma_k=x_1^k+\cdots+x_n^k(0\leqslant k\leqslant n)$.

解 考虑多项式

$$p(x)=(x-a+\sqrt{1-2ax+x^2})^n+$$

$$(x-a-\sqrt{1-2ax+x^2})^n-2(a^2-1)^{\frac{n}{2}}$$

一方面我们有，对大的值 x

$$\frac{p'(x)}{p(x)}=\sum_{k=1}^{n}\frac{1}{(x-x_k)}=\sum_{r=0}^{\infty}\frac{\sigma_r}{x^{r+1}} \tag{1}$$

另一方面，由 $p(x)$ 的定义

$$\frac{p'(x)}{p(x)}=\frac{n}{\sqrt{1-2ax+x^2}}\cdot$$

$$\frac{(x-a+\sqrt{1-2ax+x^2})^n-(x-a-\sqrt{1-2ax+x^2})^n}{p(x)}=$$

$$\frac{n}{\sqrt{1-2ax+x^2}}-\frac{2n}{\sqrt{1-2ax+x^2}}\cdot$$

$$\frac{(x-a-\sqrt{1-2ax+x^2})^n-(a^2-1)^{\frac{n}{2}}}{p(x)} \tag{2}$$

我们注意，式(2) 的右边第一项是勒让德多项式 $p_r(a)$ 的生成函数，且对大的值 x 给出

$$\frac{n}{\sqrt{1-2ax+x^2}}=n\sum_{r=0}^{\infty}\frac{p_r(a)}{x^{r+1}}$$

今

$$\frac{(x-a+\sqrt{1-2ax+x^2})^n-(a^2-1)^{\frac{n}{2}}}{(x-a-\sqrt{1-2ax+x^2})^n-(a^2-1)^{\frac{n}{2}}}=$$

$$-\left(\frac{x-a+\sqrt{1-2ax+x^2}}{x-a-\sqrt{1-2ax+x^2}}\right)^{\frac{n}{2}}=$$

$$-\left(1+\frac{2}{a^2-1}(x^2-2ax+1)+\frac{2(x-a)}{a^2-1}\sqrt{1-2ax+x^2}\right)^{\frac{n}{2}}$$

因此对大的 x 值，我们看出，当展开式(2) 的右边第二项时，所有 $\frac{1}{x}$ 的幂大于等于 n. 于是比较式(1) 与式(2)，我们得 $\sigma_r=np_r(a)(0\leqslant r<n)$.

176 对 a 的什么实数值，函数 $(1-ax+ax^2-x^3)^{-1}$ 的幂级数展开式的系数全是非负的？

解 令 $(1-ax+ax^2-x^3)^{-1}=(f(x))^{-1}=\sum_{n=0}^{\infty}c_nx^n$.

我们将证：$c_n\geqslant 0$ 对所有 $n\geqslant 0$ 的充要条件是 $a=0$ 或 $a\geqslant 3$ 或 $a=1+2\cos\frac{2\pi}{k}$，这里 k 为大于 2 的整数.

因 $c_1=a, c_2=a^2-a$，易知 $a\geqslant 0$ 是必要条件. 事实上，若 $a\neq 0$，则必须 $a\geqslant 1$.

置 $f(x)=(1-x)(1-(1-a)x+x^2)=(1-x)(1-\beta x)(1-rx)$；因 k 是不同的，除非 $a=-1$(可以不管) 或 $a=3$.

对 $a=3$，我们得

$$(1-x)^{-3}=\sum_{n=0}^{\infty}\frac{1}{2}(n+1)(n+2)x^n$$

因此 $c_n>0$ 对所有 $n\geqslant 0$.

除去这情况，我们能置

$$\frac{1}{f(x)}=\frac{A}{1-x}+\frac{B}{1-\beta x}+\frac{C}{1-rx}$$

且求得(用 $\beta+r=a-1, \beta r=1$)

$$A=\frac{1}{(\beta-1)(r-1)}, B=\frac{\beta^2}{(\beta-1)(\beta-r)}$$

$$C=\frac{r^2}{(r-1)(r-\beta)}$$

由此得出

$$c_n=A+B\beta^n+Cr^n=\frac{1}{(\beta-1)(r-1)}+\frac{1}{\beta-r}\left(\frac{\beta^{n+2}}{\beta-1}-\frac{r^{n+2}}{r-1}\right)=$$

$$\frac{1}{\beta-r}\left(\frac{\beta^{n+2}-\beta}{\beta-1}-\frac{r^{n+2}-r}{r-1}\right)=\sum_{k=1}^{n+1}\frac{\beta^k-r^k}{\beta-r}=$$

$$\sum_{k=0}^{n}(\beta^k+\beta^{k-1}r+\cdots+r^k) \tag{1}$$

量 $1+(1-a)x+x^2$ 的判别式是 $(a-3)(a+1)$，据此我们有两种情形：(1)$a>3$；(2)$1<a<3$. 对情形(1) 容易验证 β 与 r 是实的且为正，因此 $c_n>0$ 对所有 $n\geqslant 0$.

在情形(2)，β 与 r 是复数，$|\beta|=|r|=1$，我们置

$$u=e^{i\theta}, \beta=u^2, r=u^{-2}$$

$$\beta+r=2\cos 2\theta=a-1$$

以致 $0<\theta<\frac{\pi}{4}$，则式(1) 简化为

$$c_n=\frac{\sin(n+1)\theta\sin(n+2)\theta}{\sin\theta\sin 2\theta}$$

因此 $c_n\geqslant 0$ 等价于

$$\sin(n+1)\theta\sin(n+2)\theta\geqslant 0\quad (n\geqslant 0) \tag{2}$$

今式(2) 未能保持的充要条件是存在整数 s，使 $(n+1)\theta<s\pi<(n+2)\theta$，

即 $n+1<\frac{s\pi}{\theta}<n+2$. 换言之,对某个 s,假定$\frac{s\pi}{\theta}$不是整数,则式(2)失败. 很清楚这将发生,除非 $\theta=\frac{\pi}{k}$,这里 k 为整数. 证毕.

177 证明幂级数表示式

$$\frac{1}{1-2x-2x^2+x^3}=\sum_{n=0}^{\infty}a_nx^n \quad (|x|<1)$$

的系数由 $a_n=\sum_{k=0}^{n}f_k^2$ 给出,这里 $f_0=1,f_1=1,f_2=2,\cdots$ 是斐波那契数列.

证 希望的论断等价于

$$\frac{1-x}{1-2x-2x^2+x^3}=\sum_{n=0}^{\infty}f_n^2x^n$$

或用分母乘,并比较系数($f_{-1}=f_{-2}=\cdots=0$). 则

$$f_n^2-2f_{n-1}^2-2f_{n-2}^2+f_{n-3}^2=\begin{cases}1,n=0\\-1,n=1\\0,n\geqslant 2\end{cases} \tag{1}$$

这个关系对 $n=0,1$ 是明显的. 为证 $n\geqslant 2$,我们有

$$f_n^2=(f_{n-1}+f_{n-2})^2=2f_{n-1}^2+2f_{n-2}^2-(f_{n-1}-f_{n-2})^2=$$
$$2f_{n-1}^2+2f_{n-2}^2-f_{n-3}^2$$

如所希望.

注 $1-2x-2x^2+x^3=0$ 的根是 1 与$\frac{1}{2}(3\pm\sqrt{5})$,因此收敛半径是

$$\frac{1}{2}(3-\sqrt{5})<1$$

178 设 $f(z)$ 在 $|z|<R$ 内解析,$f(z)$ 在 $|z|=r(r<R)$ 上实部的上界为 $A(r)$,则

$$|a_n|r^n\leqslant \max\{4A(r),0\}-2\mathrm{Re}\,f(0)$$

此处 a_n 为 $f(z)$ 的泰勒展开式的第 $n+1$ 项系数.

证 令 $z=re^{i\theta}$,有

$$f(z)=\sum_{n=0}^{\infty}a_nz^n=u(r,\theta)+iv(r,\theta),a_n=\alpha_n+i\beta_n$$

则

$$u(r,\theta)=\sum_{n=0}^{\infty}(\alpha_n\cos n\theta-\beta_n\sin n\theta)r^n$$

级数关于 θ 一致收敛，因而

$$\frac{1}{\pi}\int_0^{2\pi}u(r,\theta)\cos n\theta\,\mathrm{d}\theta=\frac{1}{\pi}\sum_{n=0}^{\infty}r^n\int_0^{2\pi}(\alpha_n\cos n\theta-\beta_n\sin n\theta)\cos n\theta\,\mathrm{d}\theta=\alpha_n r^n$$

$$\frac{1}{\pi}\int_0^{2\pi}u(r,\theta)\sin n\theta\,\mathrm{d}\theta=\frac{1}{\pi}\sum_{n=0}^{\infty}r^n\int_0^{2\pi}(\alpha_n\cos n\theta-\beta_n\sin n\theta)\sin n\theta\,\mathrm{d}\theta=-\beta_n r^n$$

$$\frac{1}{2\pi}\int_0^{2\pi}u(r,\theta)\,\mathrm{d}\theta=\alpha_0$$

所以

$$\alpha_n r^n=(\alpha_n+\mathrm{i}\beta_n)r^n=\frac{1}{\pi}\int_0^{2\pi}u(r,\theta)\mathrm{e}^{-\mathrm{i}n\theta}\,\mathrm{d}\theta\quad(n=1,2,\cdots)$$

$$|a_n|r^n\leqslant\frac{1}{\pi}\int_0^{2\pi}|u(r,\theta)|\,\mathrm{d}\theta$$

从而

$$|a_n|r^n+2\alpha_0\leqslant\frac{1}{\pi}\int_0^{2\pi}|u(r,\theta)|\,\mathrm{d}\theta+\frac{1}{\pi}\int_0^{2\pi}u(r,\theta)\,\mathrm{d}\theta=$$

$$\frac{1}{\pi}\int_0^{2\pi}\{|u(r,\theta)|+u(r,\theta)\}\,\mathrm{d}\theta$$

当 $u<0$ 时，$|u|+u$ 为 0，故当 $A(r)\geqslant 0$ 时

$$\frac{1}{\pi}\int_0^{2\pi}\{|u(r,\theta)|+u(r,\theta)\}\,\mathrm{d}\theta\leqslant\frac{1}{\pi}\int_0^{2\pi}2A(r)\,\mathrm{d}\theta=4A(r)$$

于是得 $|a_n|r^n\leqslant\max\{4A(r),0\}-2\mathrm{Re}\,f(0)$.

179 如 $f(z)$ 对于 $|z|<1$ 解析，且 $f(0)=0$，求证级数 $f(z)+f(z^2)+f(z^3)+\cdots+f(z^n)+\cdots$ 收敛，并证这一级数在 $|z|<1$ 内表示一解析函数.

证 因 $\lim\limits_{n\to\infty}|z|^n=0$，且 $f(0)=0$，故存在 n_0，使 $n\geqslant n_0$ 时，$|f(z^n)|<1$. 于是由施瓦兹(Schwarz)引理得 $|f(z^n)|\leqslant|z^n|$.

对 $|z|<1$ 内的任意闭区域 D'，于 D' 上设 $1-|z|$ 的最小值为 $\delta>0$. 对任意 $\varepsilon>0$，有 n_0，当 $n\geqslant n_0$ 时，$|f(z^n)|<1$，且 $|z^n|<\delta\varepsilon$. 于是对任意自然数 p，当 $z\in D'(n\geqslant n_0)$ 时有

$$|f_{n+1}(z)+f_{n+2}(z)+\cdots+f_{n+p}(z)|\leqslant\sum_{i=n_0}^{\infty}|f_i(z)|\leqslant$$

$$|z^{n_0}|+|z^{n_0+1}|+\cdots+|z^{n_0+p}|+\cdots\leqslant$$

$$\frac{|z|^{n_0}}{1-|z|}\leqslant\frac{1}{\delta}\cdot\delta\varepsilon=\varepsilon$$

故级数于 D' 上一致收敛,因而其和于 $|z|<1$ 内解析.

180 设 $\sum_{n=0}^{\infty}a_nz^n$ 与 $\sum_{n=0}^{\infty}b_nz^n$ 的收敛半径为 α,β,求 $\sum_{n=0}^{\infty}a_nb_nz^n$ 与 $\sum_{n=0}^{\infty}\frac{a_n}{b_n}z^n$ 的收敛半径.

解 因 $\overline{\lim_{n\to\infty}}\sqrt[n]{|a_nb_n|}\leqslant\overline{\lim_{n\to\infty}}\sqrt[n]{|a_n|}\cdot\overline{\lim_{n\to\infty}}\sqrt[n]{|b_n|}=\frac{1}{\alpha\beta}$.所以

$$\frac{1}{\overline{\lim\limits_{n\to\infty}}\sqrt[n]{|a_nb_n|}}\geqslant\alpha\cdot\beta$$

又因

$$\overline{\lim_{n\to\infty}}\sqrt[n]{\left|\frac{a_n}{b_n}\right|}\geqslant\frac{\overline{\lim\limits_{n\to\infty}}\sqrt[n]{|a_n|}}{\overline{\lim\limits_{n\to\infty}}\sqrt[n]{|b_n|}}=\frac{\beta}{\alpha}$$

所以

$$\frac{\alpha}{\beta}\geqslant\frac{1}{\overline{\lim\limits_{n\to\infty}}\sqrt[n]{\left|\frac{a_n}{b_n}\right|}}$$

181 微分方程

$$z(1-z)\frac{\mathrm{d}^2w}{\mathrm{d}z^2}+[c-(a+b+1)z]\frac{\mathrm{d}w}{\mathrm{d}z}-abw=0$$

称为超越几何方程.假定 c 不等于零或负整数,试求此方程适合条件 $w(0)=1$ 且在点 $z=0$ 解析的解 $w(z)$.

解 令 $w(z)=\sum_{n=0}^{\infty}c_nz^n$,则

$$\frac{\mathrm{d}w}{\mathrm{d}z}=\sum_{n=1}^{\infty}nc_nz^{n-1}$$

$$\frac{\mathrm{d}^2w}{\mathrm{d}z^2}=\sum_{n=2}^{\infty}n(n-1)c_nz^{n-2}$$

代入方程得

$$\sum_{n=2}^{\infty} n(n-1)c_n z^{n-2} \cdot z(1-z) + [c-(a+b+1)z]\sum_{n=1}^{\infty} nc_n z^{n-1} - abw = 0$$

即

$$(cc_1 - abc_0) + \{(2+2c)c_2 - [(a+b+1)+ab]c_1\}z + \sum_{n=2}^{\infty}\{[(n+1)n+(n+1)c]c_{n+1} - [n(n-1)+n(a+b+1)+ab]c_n\}z^n = 0$$

所以

$$cc_1 - abc_0 = 0, (2+2c)c_2 - [(a+b+1)+ab]c_1 = 0$$

$$[(n+1)n+(n+1)c]c_{n+1} - [n(n-1)+n(a+b+1)+ab]c_n = 0$$

由于 $c_0 = w(0) = 1$，且 c 不为零与负整数，所以

$$c_1 = \frac{ab}{c}, c_2 = \frac{a(a+1)b(b+1)}{2c(c+1)}$$

$$c_{n+1} = \frac{(n+a)(n+b)}{(n+1)(n+c)}c_n \quad (n \geqslant 2)$$

所以

$$w(z) = 1 + \frac{ab}{1!\ c}z + \frac{a(a+1)b(b+1)}{2!\ c(c+1)}z^2 + \cdots + \frac{a(a+1)\cdots(a+n-1)b(b+1)\cdots(b+n-1)}{n!\ c(c+1)\cdots(c+n-1)}z^n + \cdots = F(a,b,c,z)$$

由比值判别法知 $R=1$，故在 $|z|<1$ 内可以逐项微分，于是在 $|z|<1$ 内 $w(z)$ 解析，且 $w(0)=1$，故 $w(z)$ 为所求.

182 若幂级数 $f(z) = \sum_{n=0}^{\infty} c_n z^n$ 的收敛半径 $R=1$，且 $c_n \geqslant 0$，则 $z=1$ 是 $f(z)$ 的奇异点.

证 用反正法. 若 $z=1$ 是 $f(z)$ 的正则点，则对以 $0<p<1$ 的点 p 为中心，在含有点 1 适当的闭圆盘 $|z-p| \leqslant 1-p+\delta(\delta>0)$ 内，$f(z)$ 是解析的. 故可展为

$$f(z) = \sum_{k=0}^{\infty} \frac{f^{(k)}(p)}{k!}(z-p)^k$$

因为

$$f(z) = \sum_{n=0}^{\infty} c_n z^n \quad (|z|<1)$$

所以

$$f^{(k)}(p)=\sum_{n=k}^{\infty}\frac{n(n-1)\cdots(n-k+1)}{1}c_n p^{n-k}=$$

$$\sum_{n=k}^{\infty}\frac{n!}{(n-k)!}c_n p^{n-k}$$

于是

$$f(z)=\sum_{n=0}^{\infty}\frac{(z-p)^k}{k!}\sum_{n=k}^{\infty}\frac{n!}{(n-k)!}c_n p^{n-k}$$

此级数在点 $z=1+\delta$ 是收敛的，对于这点由于 $c_n\geqslant 0$，所以级数右端是正项级数，故可调换项的次序，于是

$$\sum_{n=0}^{\infty}c_n\sum_{k=0}^{n}\binom{n}{k}(z-p)^k p^{n-k}=\sum_{n=0}^{\infty}c_n z^n\quad(z=1+\delta)$$

这说明幂级数 $\sum_{n=0}^{\infty}c_n z^n$ 在 $z=1+\delta(\delta>0)$ 收敛，此与其收敛半径 $R=1$ 矛盾.

183 设在幂级数 $f(z)=\sum_{n=0}^{\infty}c_n z^n$ 中，c_n 为实数，收敛半径 $R=1$. 若 $\sum_{k=0}^{n}c_k=s_n\to+\infty(n\to\infty)$，则 $z=1$ 是 $f(z)$ 的奇异点.

证 因为 $\sum_{k=0}^{n}c_k=s_n\to+\infty(n\to\infty)$，所以对任意大的正数 p，存在 N，当 $n\geqslant N$ 时，有 $s_n>p$. 由于有等式

$$f(z)\equiv(1-z)\sum_{n=0}^{\infty}s_n z^n$$

所以当 $0<z<1$ 时

$$|f(z)|=(1-z)\left|\sum_{n=0}^{\infty}s_n z^n\right|\geqslant(1-z)\left(\sum_{n=N}^{\infty}s_n z^n-\left|\sum_{n=0}^{N-1}s_n z^n\right|\right)\geqslant$$

$$(1-z)p\cdot[z^N/(1-z)]-(1-z)\sum_{n=0}^{N-1}|s_n|=$$

$$\left[pz^N-(1-z)\sum_{n=0}^{N-1}|s_n|\right]\to p\quad(z\to1)$$

而 p 可以任意大，所以 $\lim_{z\to1}f(z)=\infty$，故 $z=1$ 是 $f(z)$ 的奇异点.

184 幂级数的和函数在其收敛圆周上至少有一奇点. 详细地说

就是：若 $\sum_{n=0}^{\infty} c_n(z-a)^n$ 的收敛半径为 R，$0<R<+\infty$，且

$$f(z)=\sum_{n=0}^{\infty} c_n(z-a)^n \quad (|z-a|<R)$$

则 $f(z)$ 在圆周 $|z-a|=R$ 上至少有一奇点.

证 假若 $f(z)$ 在 Γ：$|z-a|=R$ 上每一点都解析，那么对此圆周 Γ 上的每一点都存在一个圆，$f(z)$ 于此圆内解析. 于是，圆周 Γ 就被这一族圆所覆盖. 因为 Γ 是有界闭集，所以据海涅－波莱尔(Heine-Borel)有限覆盖定理知，可从这一族圆中选取有限个(记为 $o_1, o_2, \cdots, o_n$)来覆盖 Γ. 现在将圆 $|z-a|<R$ 和 $o_1, o_2, \cdots, o_n$ 并起来作成一个新的区域 G. 于是，$f(z)$ 在 G 内解析. 由于 G 的边界 Γ' 是由有限个圆弧组成的闭曲线，因而 Γ' 是逐段光滑的，且 Γ 含在 Γ' 内，Γ 与 Γ' 无交点，二者均为闭集，故 Γ 与 Γ' 的距离 $\rho>0$. 这样，$f(z)$ 就在圆 $|z-a|<R+\rho$ 内解析. 因而 $f(z)$ 在圆 $|z-a|<R+\rho$ 内可展成幂级数，这一幂级数亦必为 $\sum_{n=0}^{\infty} c_n(z-a)^n$，而等式 $f(z)=\sum_{n=0}^{\infty} c_n(z-a)^n$ 在 $|z-a|<R+\rho$ 上成立了，即收敛半径变大了，这是矛盾. 证毕.

185 若 $f(z)\neq 0$，且在域 G 内解析，则 $f(z)$ 在 G 内的零点可用自然数编号(可数多).

证 由唯一性定理知，若 $f(z)\neq 0$，则在 G 内 $f(z)$ 零点的极限点不存在，所以在 G 内解析函数 $f(z)$ 的零点是孤立的(即在每个零点的充分小的邻域内无其他零点).

186 若 $f(z)$ 在圆 $|z-z_0|<\rho$ 内解析且不恒为零，又 z_0 是 $f(z)$ 的零点，则必存在 z_0 的一个邻域，在此邻域内除 z_0 外再无其他零点(即 z_0 是孤立零点).

证 因为 $f(z)$ 在 $z=z_0$ 解析，所以有

$$f(z)=\sum_{n=0}^{\infty} \frac{f^{(n)}(z_0)}{n!}(z-z_0)^n$$

但因 z_0 为 $f(z)$ 的零点，故 $f(z_0)=0$. 然而 $f(z)$ 不恒为零，故必有自然数 m，使得

$$f(z_0)=f'(z_0)=\cdots=f^{(m-1)}(z_0)=0 \quad (f^{(m)}(z_0)\neq 0)$$

(此时称 z_0 为 $f(z)$ 的 m 级零点). 因此，$f(z)$ 可写为

$$f(z)=\frac{f^{(m)}(z_0)}{m!}(z-z_0)^m+\frac{f^{(m+1)}(z_0)}{(m+1)!}(z-z_0)^{m+1}+\cdots=$$
$$(z-z_0)^m\left[\frac{f^{(m)}(z_0)}{m!}+\frac{f^{(m+1)}(z_0)}{(m+1)!}(z-z_0)+\cdots\right]=$$
$$(z-z_0)^m\varphi(z)$$

其中

$$\varphi(z)=\frac{f^{(m)}(z_0)}{m!}+\frac{f^{(m+1)}(z_0)}{(m+1)!}(z-z_0)+$$
$$\frac{f^{(m+2)}(z_0)}{(m+2)!}(z-z_0)^2+\cdots$$

由于 $\varphi(z)$ 于 $z=z_0$ 解析，且 $\varphi(z_0)=\frac{f^{(m)}(z_0)}{m!}\neq 0$，从而 $\varphi(z)$ 在点 $z=z_0$ 连续.因此存在 $\delta>0$，使得当 $|z-z_0|<\delta(\delta<\rho)$ 时，$\varphi(z)\neq 0$.于是可知，$f(z)=(z-z_0)^m\varphi(z)$ 在点 $z=z_0$ 的邻域 $|z-z_0|<\delta$ 内除点 $z=z_0$ 外再无其他零点.证毕.

187 若 $f_1(z)$ 与 $f_2(z)$ 都在区域 D 内解析，又 $z_0\in D$，$z_n\to z_0$，$z_n\neq z_0$，且 $f_1(z_n)=f_2(z_n)$，$n=1,2,\cdots$，则在区域 D 内有 $f_1(z)\equiv f_2(z)$.

这就是说，在区域 D 内一个以点 $z_0(\in D)$ 为极限点的点集上的取值被确定了的解析函数只有一个；或者说，区域内的解析函数在部分点集(只要它含有一个属于区域的极限点)上的取值确定了，那么在整个区域上的取值也就被唯一确定下来了.

证 我们需要证明在 D 内 $f(z)=f_1(z)-f_2(z)\equiv 0$.

因 $f_1(z)$，$f_2(z)$ 都于 D 解析，故 $f(z)$ 于 D 亦解析.

若 D 恰为以 z_0 为中心的圆 $|z-z_0|<\rho$，则因 $f(z)=f_1(z)-f_2(z)$ 在点 $z=z_n$ 有 $f(z_n)=0$，又 $z_n\to z_0$，$z_n\neq z_0$，$z_0\in D$，故在 D 内有 $f(z)\equiv 0$.

现考虑一般情形，即 D 不一定是以 z_0 为中心的圆的情形.

此时，z_0 为 $f(z)$ 的零点仍是明显的，因此只要证明 D 中任何异于 z_0 的一点 a 都是 $f(z)$ 的零点就行了.为此，我们用一条含于 D 内的折线 Γ 联结点 z_0 和 a(由于 D 是连通的，故这种折线是存在的).

记Γ与D的边界的距离为$d(d>0)$[①]. 又取正数$r<d$. 那么,必可在折线Γ上找一串点$z_0, a_1, a_2, \cdots, a_n=a$,使每相邻两点的距离小于$r$(图 7).

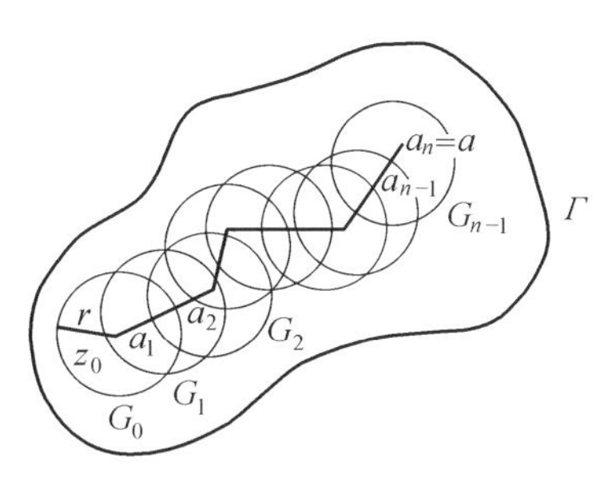

图 7

现以r为半径、分别以$z_0, a_1, \cdots, a_{n-1}$为圆心作圆$G_0, G_1, \cdots, G_{n-1}$. G_k都含于D内$(k=0,1,2,\cdots,n-1)$.

先考虑在G_0内,因$G_0 \subset D$,故$f(z)$于G_0解析,又G_0是以z_0为心的圆,且有$z_n \to z_0$,而$f(z_n)=0$,因此$f(z)$在G_0内恒等于0.

再考虑G_1. 记G_1与G_0的公共部分为$G_0 \cap G_1$,它是G_1的子区域. 因$|z_0-a_1|<r$,故$a_1 \in G_0 \cap G_1$. 显然,$f(z)$在$G_0 \cap G_1$上等于零,又$a_1 \in G_0 \cap G_1$,故$f(z)$在G_1内恒等于零.

仿上,可依次证明$f(z)$在$G_2, \cdots, G_{n-1}$内恒等于零. 因$a_n=a \in G_{n-1}$,故得$f(a)=0$. 证毕.

分析 题 187 的证明的基础是解析函数零点的孤立性定理. 它的证明方法叫圆链法,即从已知$f_1(z_0)=f_2(z_0)$(或$f(z_0)=f_1(z_0)-f_2(z_0)=0$)出发,为了证明$f_1(a)=f_2(a)$,就作一串圆,好似由圆组成的一根链条,先证明在第一个圆(G_0)内有$f_1(z) \equiv f_2(z)$(由题 186 可知),然后一个圆套一个圆,逐步过渡到证明在最后一个圆内有$f_1(z) \equiv f_2(z)$,从而证得$f_1(a)=f_2(a)$.

注 设$f_1(z)$与$f_2(z)$都在区域D内解析,那么,一般地说,若在一个含有极限点$z_0(z_0 \in D)$的子集上$f_1(z)=f_2(z)$,则在整个区域D上$f_1(z) \equiv f_2(z)$;特殊地说,若在含于D内的一段弧或一子区域上有$f_1(z)=f_2(z)$,则在整个区域D上$f_1(z) \equiv f_2(z)$.

188 若$f(z)$在有界闭区域$\overline{D}$上连续,在区域D内解析,且$f(z)$在$\overline{D}$上的最大模为M,则当在D上$f(z)$不是常数时,对D内任一点z均有

$$|f(z)|<M \quad (z \in D)$$

简而言之,不是常数的解析函数的最大模不可能在区域的内部达

① 平面上不相交的两闭集,若其中至少有一有界集,则两集之距离大于零,两集E和F的距离定义为$\inf\{|w-z| \mid w \in E, z \in F\}$.

到.

证 (用反证法)设有点 $z_0 \in D$,且 $|f(z_0)|=M$. 我们将导出 $f(z)$ 在 D 上等于常数的矛盾来.

我们曾由柯西积分公式导出平均值公式(如果 $f(z)$ 在 $|z-z_0|\leqslant r$ 上解析的话),则

$$f(z_0)=\frac{1}{2\pi}\int_0^{2\pi} f(z_0+re^{i\theta})d\theta$$

已知在 $\overline{D}$ 上 $|f(z)|\leqslant M$. 今作一含于 D 内的圆 $|z-z_0|\leqslant r$,于是有

$$M=|f(z_0)|=\left|\frac{1}{2\pi}\int_0^{2\pi} f(z_0+re^{i\theta})d\theta\right|\leqslant$$

$$\frac{1}{2\pi}\int_0^{2\pi}|f(z_0+re^{i\theta})|d\theta\leqslant$$

$$\frac{1}{2\pi}M\cdot 2\pi=M$$

因此

$$\frac{1}{2\pi}\int_0^{2\pi}|f(z_0+re^{i\theta})|d\theta=M$$

因为 $|f(z_0+re^{i\theta})|$ 是关于 θ 的非负连续函数,故对 $[0,2\pi]$ 上的任何 θ,不可能有 $|f(z_0+re^{i\theta})|<M$. 否则必有 $[\alpha,\beta]$,$\theta\in[\alpha,\beta]\subset[0,2\pi]$,而在 $[\alpha,\beta]$ 上有 $|f(z_0+re^{i\theta})|<M$. 因而

$$\frac{1}{2\pi}\int_0^{2\pi}|f(z_0+re^{i\theta})|d\theta=\frac{1}{2\pi}\left[\int_0^{\alpha}+\int_{\alpha}^{\beta}+\int_{\beta}^{2\pi}\right]<$$

$$\frac{1}{2\pi}[\alpha M+(\beta-\alpha)M+(2\pi-\beta)M]=M$$

(上述严格不等号是由不等式 $|f(z_0+re^{i\theta})|<M$ 在 $[\alpha,\beta]$ 上成立所保证的,$\beta>\alpha$). 这与 $\frac{1}{2\pi}\int_0^{2\pi}|f(z_0+re^{i\theta})|d\theta=M$ 矛盾(符号 $\int_0^{\alpha},\int_{\alpha}^{\beta},\int_{\beta}^{2\pi}$ 下的被积表达式都是 $|f(z_0+re^{i\theta})|d\theta$).

于是,我们证明了在整个圆周 $|z-z_0|=r$ 上有 $|f(z)|=M$. 同理,对于任何小于 r 的正数 δ,在圆周 $|z-z_0|=\delta$ 上亦有 $|f(z)|=M$. 这样就证明了在 D 的一个闭子区域 $|z-z_0|\leqslant r$ 上有 $|f(z)|=M$.

因为在区域内解析且模为常数的函数自身在此区域内亦必为常数,所以 $f(z)$ 在圆 $|z-z_0|<r$ 内是常数,记此常数为 c.

显然,$g(z)\equiv c$ 也是区域 D 上的解析函数. 于是 $f(z)$ 与 $g(z)$ 在 D 的一个子区域 $|z-z_0|<r$ 上的值相等. 故由唯一性定理,在整个区域 D 上有

$$f(z)\equiv g(z)\equiv c$$

于是 $f(z)$ 在 D 上等于常数,这与假设相违.证毕.

189 是否存在于原点 $z=0$ 解析,又在点 $z_n=\dfrac{1}{n}$ 的值为 $\dfrac{1+(-1)^n}{2n}$ 的函数 $f(z)$?

解 若满足题中条件的函数 $f(z)$ 存在,则由题设可知,$f(z)$ 必在 $z=0$ 的某个 δ 邻域 $|z|<\delta$ 内解析,且 $1,\dfrac{1}{3},\cdots,\dfrac{1}{2n+1},\cdots$ 都是 $f(z)$ 的零点.又因 $f(z)$ 于 $z=0$ 连续,而 $\dfrac{1}{2n+1}\to 0$,故 $z=0$ 也是 $f(z)$ 的零点.于是 $f(z)$ 有一个非孤立的零点 $z=0$.因而 $f(z)$ 于 $|z|<\delta$ 内恒等于零.但对充分大的 k,必有 $\dfrac{1}{2k}$ 属于 δ 邻域 $|z|<\delta$,故有 $f\left(\dfrac{1}{2k}\right)=0$.然而由题设又有 $f\left(\dfrac{1}{2k}\right)=\dfrac{1+(-1)^{2k}}{2\cdot 2k}=\dfrac{1}{2k}\neq 0$.这个矛盾说明此种函数 $f(z)$ 是不存在的.

以下我们直接利用唯一性定理来证明满足题中条件的函数是不存在的.假若这种函数 $f(z)$ 存在,那么,因为 $f\left(\dfrac{1}{2k}\right)=\dfrac{1}{2k}\neq 0(k=1,2\cdots)$,所以 $f(z)$ 在 $z=0$ 的某 δ 邻域 $|z|<\delta$ 内是不恒为 0 的解析函数.然而,在 $|z|<\delta$ 内,恒等于 0 的函数 $g(z)\equiv 0$ 也是一个解析函数.$f(z)$ 与 $g(z)$ 这两个解析函数在一个有极限点 $z=0$ 的点列 $1,\dfrac{1}{3},\cdots,\dfrac{1}{2n+1},\cdots$ 中取值相等(都是零),故由唯一性定理,在 $|z|<\delta$ 内应有 $f(z)\equiv g(z)\equiv 0$.这与 $f(z)$ 在 $|z|<\delta$ 不恒为零相矛盾.

190 在点 $z=0$ 解析且满足下列条件之一的函数 $f(z)$ 是否存在?

(1) $f\left(\dfrac{1}{2k-1}\right)=0,f\left(\dfrac{1}{2k}\right)=\dfrac{1}{2k}(k=1,2,\cdots)$;

(2) $f\left(\dfrac{1}{n}\right)=f\left(-\dfrac{1}{n}\right)=\dfrac{1}{n^2}$.

解 (1) 不存在.用反证法,若存在解析函数 $f(z)$ 满足 $f\left(\dfrac{1}{2k-1}\right)=0$,$f\left(\dfrac{1}{2k}\right)=\dfrac{1}{2k}(k=1,2,\cdots)$.取 $\varphi(z)=0$,则 $\varphi(z)$ 在 $z=0$ 解析,且 $f\left(\dfrac{1}{2k-1}\right)=$

$\varphi\left(\frac{1}{2k-1}\right)=0$,又$\left\{\frac{1}{2k-1}\right\}$的极限点为$z=0$,由唯一性定理知,$f(z)=\varphi(z)=0$,这与$f\left(\frac{1}{2k}\right)=\frac{1}{2k}\neq 0$矛盾.其他方法,如证明$f'(0)$不存在,用点列$\left\{\frac{1}{2k-1}\right\}$与$\left\{\frac{1}{2k}\right\}$考虑.

(2)存在.因为$f\left(\frac{1}{n}\right)=f\left(-\frac{1}{n}\right)=\frac{1}{n^2}$.取$\varphi(z)=z^2$,则$\varphi(z)$在$z=0$解析,且$\varphi\left(\frac{1}{n}\right)=f\left(\frac{1}{n}\right)=\frac{1}{n^2}$.又$\lim\limits_{n\to\infty}\frac{1}{n}=0$,由唯一性定理知,$f(z)=\varphi(z)=z^2$.

当然,由于$f\left(\frac{1}{n}\right)=f\left(-\frac{1}{n}\right)=\frac{1}{n^2}=\left(\frac{1}{n}\right)^2$,故显然$f(z)=z^2$满足所要求的条件.

191 是否存在于原点解析,又在点列$\left\{\frac{1}{n}\right\}$取值为$f(1)=\frac{1}{2}$,$f\left(\frac{1}{2}\right)=\frac{1}{2}$,$f\left(\frac{1}{3}\right)=\frac{1}{4}$,$f\left(\frac{1}{4}\right)=\frac{1}{4}$,$\cdots$,$f\left(\frac{1}{2n-1}\right)=\frac{1}{2n}$,$f\left(\frac{1}{2n}\right)=\frac{1}{2n}$,$\cdots$的函数$f(z)$?

解 若满足题中条件的函数$f(z)$存在,则有$\delta>0$,$f(z)$在$|z|<\delta$内解析.又函数$g(z)=z$在$|z|<\delta$内也解析.现在我们可以看到,$f(z)$与$g(z)$在点$\frac{1}{2},\frac{1}{4},\cdots,\frac{1}{2n},\cdots$的取值相等,而$\left\{\frac{1}{2n}\right\}$有极限点0属于$\delta$邻域$|z|<\delta$,故由唯一性定理知,在$|z|<\delta$内

$$f(z)\equiv g(z) \tag{1}$$

但是,当n充分大时,点$z=\frac{1}{2n-1}$属于δ邻域$|z|<\delta$,却有

$$f\left(\frac{1}{2n-1}\right)=\frac{1}{2n}\neq g\left(\frac{1}{2n-1}\right)=\frac{1}{2n-1} \tag{2}$$

式(1)与式(2)是矛盾的,这表明满足题中条件的函数$f(z)$是不存在的.证毕.

192 证明:在整个z平面上解析且在实轴上等于$\sin x$的函数必是$\sin z$.

证 记$f(z)=\sin z$.设在整个z平面上解析且在实轴上等于$\sin x$的函数为$g(z)$.

因为，第一，$f(z)$ 与 $g(z)$ 都在同一个区域（整个 z 平面）解析；第二，$f(z)$ 和 $g(z)$ 在这个区域内的一条直线（实轴）上取值相等，所以由唯一性定理可知，在整个 z 平面上有 $g(z)\equiv f(z)$，即 $g(z)=\sin z$. 证毕.

我们再次强调指出，若已知一个在整个平面上可微的实二元函数 $f(x,y)$ 在实轴上等于 $\sin x$，那么这个实二元函数在实轴以外的各点的取值是不能唯一确定的.

此外，按同样的道理可知，在整个平面上解析且在实轴上等于 $\cos x$ 的函数必是 $\cos z$；在整个平面上解析且在实轴上等于 e^x 的函数必是 e^z……

193 若 $f(z)$ 与 $g(z)$ 在区域 G 内解析，且 $f(z)\cdot g(z)\equiv 0$，则 $f(z)\equiv 0$ 或 $g(z)\equiv 0$.

证 若有一点 $z_0\in G$，使 $g(z_0)\neq 0$，则由假设有 $f(z_0)g(z_0)=0$，所以 $f(z_0)=0$，由于

$$0\equiv[f(z)g(z)]^{(n)}=\sum_{k=0}^{n-1}\binom{n}{k}f^{(k)}(z)g^{(n-k)}(z)+f^{(n)}(z)g(z)$$

归纳假设 $f^{(k)}(z_0)=0(0\leqslant k\leqslant n-1)$，则由上式得 $f^{(n)}(z_0)=0$，由归纳法得 $f^{(n)}(z_0)=0(n=0,1,2,\cdots)$.

因 $f(z)$ 在点 z_0 解析，所以在 z_0 的某邻域 $|z-z_0|<\rho$ 内有

$$f(z)=\sum_{n=0}^{\infty}\frac{f^{(n)}(z_0)}{n!}(z-z_0)^n=0$$

由唯一性定理知，$f(z)\equiv 0, z\in G$.

194 若 $f(z)$ 是单连通域 G 内的解析函数且不为常数，试证明：任何一条属于 G 的闭曲线只能包含方程 $f(z)=a$ 的有限个根.

证 用反证法. 若在 G 内某一条曲线 Γ 内含有方程 $f(z)=a$ 的无穷个根，则这些使 $f(z)=a$ 的点的集合必有极限点 $z_0\in\overline{G}_\Gamma$，$\overline{G}_\Gamma$ 是以 Γ 及其内部组成的闭区域，故 $\overline{G}_\Gamma\subset G$（因为 G 是单连通域）. 取 $\varphi(z)=a, z\in G$，则在 G 内有无穷个点 z，使 $f(z)=\varphi(z)=a$，而这无穷个点 z 所成的集合有一个极限点 $z_0\in G$，依唯一性定理有 $f(z)=\varphi(z)=a, z\in G$，即在 G 内 $f(z)$ 为常数，此与假设矛盾.

195 若 $\varphi(r)>0$，在 $0\leqslant r<1$ 内为增函数，$f(z)$ 在 $|z|<1$ 解析，$f(0)=0$，$|f(z)|\leqslant\varphi(|z|)$. 则 $|f(z)|\leqslant k|z|\varphi(|z|)$，其

中 k 可以取为

$$k=\left[2\varphi\left(\frac{1}{2}\right)\Big/\varphi(0)\right](\geqslant 2)$$

证 因为 $f(z)$ 在 $|z|<1$ 内解析,且 $f(0)=0$. 所以

$$\frac{f(z)}{z}=\sum_{n=1}^{\infty}\frac{f^{(n)}(0)}{n!}z^{n-1}\quad(|z|<1)$$

即 $\frac{f(z)}{z}$ 在 $|z|<1$ 解析. 又 $\varphi(|z|)$ 在 $|z|<1$ 内是增函数,由最大模原理知,当 $|z|\leqslant\frac{1}{2}$ 时

$$\left|\frac{f(z)}{z}\right|\leqslant\max_{|z|=\frac{1}{2}}\left|\frac{f(z)}{z}\right|=2\max_{|z|=\frac{1}{2}}|f(z)|\leqslant 2\varphi\left(\frac{1}{2}\right)\frac{\varphi(|z|)}{\varphi(0)}$$

$\left(\text{因为}\frac{\varphi(|z|)}{\varphi(0)}>1\right)$,即

$$|f(z)|\leqslant 2\left[\varphi\left(\frac{1}{2}\right)\Big/\varphi(0)\right]|z|\varphi(|z|)=k|z|\varphi(|z|)$$

这里 $k=2\left[\varphi\left(\frac{1}{2}\right)\Big/\varphi(0)\right]\geqslant 2$.

当 $|z|>\frac{1}{2}$ 时

$$|f(z)|\leqslant\varphi(|z|)\leqslant 2|z|\varphi(|z|)\leqslant k|z|\varphi(|z|)\quad(k\geqslant 2)$$

196 证明:若 $f(z)$ 在点 z 邻域内解析,对所有充分小的 ρ

$$|f(z)|=\frac{1}{2\pi}\int_0^{2\pi}|f(z+\rho e^{i\varphi})|d\varphi$$

的充要条件为 $f(z)\equiv c$(c 为常数).

证 必要性. 若 $|f(z)|=\frac{1}{2\pi}\int_0^{2\pi}|f(z+\rho e^{i\varphi})|d\varphi$ 对所有充分小的 ρ 成立,即有

$$\frac{1}{2\pi}\int_0^{2\pi}[|f(z+\rho e^{i\varphi})|-|f(z)|]d\varphi=0$$

所以对所有充分小的 ρ 及 $[0,2\pi]$ 中的任一 φ 有

$$|f(z+\rho e^{i\varphi})|=|f(z)|\quad(\text{否则上式不为 }0)$$

故

$$f(z)\equiv c\quad(\text{在点 }z\text{ 的邻域内})$$

这是因为倘若 $f(z)\neq c$,则由最大模原理知

$$|f(z)| < M(\rho) = \max_{|\zeta - z| = \rho} |f(\zeta)| = |f(z + \rho e^{i\theta})|$$

$\theta \in [0, 2\pi]$,这与 $|f(z + \rho e^{i\varphi})| = |f(z)|$ 矛盾.

充分性.若在点 z 的邻域内 $f(z) \equiv c$,则

$$\frac{1}{2\pi}\int_0^{2\pi} |f(z + \rho e^{i\varphi})| d\varphi = |c| = |f(z)|$$

(对所有充分小的 ρ).

197 若 $f(z)$ 在圆 $|z| < R$ 内解析,$f(0) = 0$,$|f(z)| \leqslant M < +\infty$,则(1) $|f(z)| \leqslant (M|z|/R)$,$|z| < R$;(2) 若在圆内有一点 z $(0 < |z| < R)$ 使 $|f(z)| = (M|z|/R)$,就有 $f(z) = \frac{M}{R}e^{i\varphi}z$.

证 (1) 因为 $\varphi(z) = \frac{f(z)}{z} = \sum_{n=1}^{\infty}\frac{f^{(n)}(0)}{n!}z^{n-1}$ $(|z| < R)$.所以 $\varphi(z)$ 在 $|z| < R$ 内解析,且 $\varphi(0) = f'(0)$.令 z 是圆 $|z| < R$ 内任意一点,r 是满足 $|z| < r < R$ 的数,由最大模原理知

$$|\varphi(z)| \leqslant \varphi(\zeta) \quad (\zeta \in |z| = r, |z| \leqslant r < R)$$

即

$$|\varphi(z)| \leqslant \left|\frac{f(\zeta)}{\zeta}\right| \leqslant \frac{M}{r}$$

令 $r \to R$,则

$$|\varphi(z)| = \left|\frac{f(z)}{z}\right| \leqslant \frac{M}{R} \tag{$*$}$$

即 $|f(z)| \leqslant \frac{M}{R}|z|$ $(z \neq 0, |z| < R)$,显然这对 $z = 0$ 也成立(因为 $f(0) = 0$),于是 $|f(z)| \leqslant \frac{M}{R}|z|$,$|z| < R$.

(2) 若圆 $|z| < R$ 内有一点 z,使 $|f(z)| = \frac{M}{R}|z|$,$0 < |z| < R$,即 $|\varphi(z)| = \left|\frac{f(z)}{z}\right| = \frac{M}{R}$,这说明在式($*$)中,等号在圆 $|z| < R$ 内某一点达到,由最大模原理知,$|f(z)| = c$,而 $|c| = \frac{M}{R}$,所以 $\varphi(z) = \frac{M}{R}e^{i\varphi}$,即 $f(z) = \frac{M}{R}e^{i\varphi}z$.

198 若 $w = f(z)$ 在 $|z| < 1$ 解析,且 $|f(z)| < 1$,则

$$|f'(z)| \leqslant \frac{1 - |f(z)|^2}{1 - |z|^2} \quad (|z| < 1)$$

证　因为把圆 $|z|\leqslant 1$ 变成自己的线性变换具有形式

$$w=\mathrm{e}^{\mathrm{i}\theta}\frac{z-\alpha}{z-\overline{\alpha}z}\quad(|\alpha|<1)$$

设 z_0 是单位圆内的任意一点，令 $\zeta=\dfrac{z-z_0}{1-\overline{z_0}z}$，则它把 $|z|<1$ 映射为 $|\zeta|<1$. 又若把 $[f(z)-f(z_0)]/[1-\overline{f(z_0)}f(z)]$ 视为 ζ 的函数，则在 $|\zeta|<1$ 内为解析，当 $\zeta=0$ 时（即 $z=z_0$），其值为零，且在 $|\zeta|<1$ 内，它的绝对值不超过 1，故

$$\left|\frac{f(z)-f(z_0)}{1-\overline{f(z_0)}f(z)}\right|\leqslant|\zeta|=\left|\frac{z-z_0}{1-\overline{z_0}z}\right|$$

即

$$\left|\frac{f(z)-f(z_0)}{z-z_0}\right|\leqslant\frac{|1-\overline{f(z_0)}f(z)|}{|1-\overline{z_0}z|}$$

因 $f(z)$ 在 $|z|<1$ 解析，令 $z\to z_0$ 得

$$|f'(z_0)|\leqslant\frac{1-|f(z_0)|^2}{1-|z_0|^2}$$

而 z_0 是单位圆内任意一点，所以

$$|f'(z)|\leqslant\frac{1-|f(z)|^2}{1-|z|^2}\quad(|z|<1)$$

199 若 $f(z)$ 在 $|z|<1$ 解析，且 $|f(z)|<1$，则

$$\left|\frac{f(z_2)-f(z_1)}{z_2-z_1}\right|\leqslant\frac{1}{1-r^2}\quad(|z_1|<r,|z_2|<r,r<1)$$

证　设 z_1,z_2 是圆 $|z|<r<1$ 内的任意两点，Γ 是 $|z|<r$ 内连接 z_1 与 z_2 的线段，则由上题结果有

$$\left|\frac{f(z_2)-f(z_1)}{z_2-z_1}\right|=\frac{1}{|z_2-z_1|}\left|\int_\Gamma f'(z)\mathrm{d}z\right|\leqslant$$

$$\frac{1}{|z_2-z_1|}\int_\Gamma|f'(z)||\mathrm{d}z|\leqslant\frac{1}{|z_2-z_1|}\int_\Gamma\frac{1-|f(z)|^2}{1-|z|^2}|\mathrm{d}z|\leqslant$$

$$\frac{1}{|z_2-z_1|}\int_\Gamma\frac{|\mathrm{d}z|}{1-r^2}=\frac{1}{1-r^2}$$

200 证明：a 是 $f(z)$ 的 m 级零点的充要条件是 $f(z)=(z-a)^m\varphi(z)$，$\varphi(z)$ 在点 a 的邻域内解析，且 $\varphi(a)\neq 0$.

证　必要性. 设 a 是 $f(z)$ 的 m 级零点，则 $c_n=0(n=0,1,\cdots,m-1)$，

$c_m \neq 0$. 故

$$f(z)=\sum_{n=m}^{\infty}c_n(z-a)^n=(z-a)^m\sum_{n=0}^{\infty}c_{n+m}(z-a)^n=(z-a)^m\varphi(z)$$

其中 $\varphi(z)=\sum\limits_{n=0}^{\infty}c_{n+m}(z-a)^n$ 在 $|z-a|<\rho$ 内解析且 $\varphi(a)=c_m\neq 0$.

充分性. 若 $f(z)=(z-a)^m\varphi(z)$, $\varphi(z)$ 在 a 的某邻域 $|z-a|<\rho$ 内解析，且 $\varphi(a)\neq 0$，所以

$$\varphi(z)=\sum_{n=0}^{\infty}\frac{\varphi^{(n)}(a)}{n!}(z-a)^n \quad (|z-a|<\rho)$$

故

$$f(z)=(z-a)^m\varphi(z)=\sum_{n=0}^{\infty}\frac{\varphi^{(n)}(a)}{n!}(z-a)^{m+n}=$$

$$\sum_{n=m}^{\infty}c_n(z-a)^n \quad (|z-a|<\rho)$$

于是得到 $f(z)$ 在 $|z-a|<\rho$ 内解析，$c_n=0(n=0,1,\cdots,m-1)$，$c_m=\varphi(a)\neq 0$，所以 a 是 $f(z)$ 的 m 级零点.

201 若点 a 是 $f(z)$ 的 k 级零点，且为 $\varphi(z)$ 的 m 级零点，问点 a 是下列函数的几级零点？

(1) $f(z)+\varphi(z)$；

(2) $f(z)\varphi(z)$；

(3) $f(z)/\varphi(z)$.

解 因为 $f(z)=(z-a)^k f_1(z)$，$f_1(z)$ 在点 a 解析且 $f_1(a)\neq 0$，$\varphi(z)=(z-a)^m\varphi_1(z)$，$\varphi_1(z)$ 在点 a 解析且 $\varphi_1(a)\neq 0$.

(1) $f(z)+\varphi(z)=(z-a)^k f_1(z)+(z-a)^m\varphi_1(z)=(z-a)^p\psi(z)$，其中 $p=\min\{k,m\}$，$\psi(z)=(z-a)^{k-p}f_1(z)+(z-a)^{m-p}\varphi_1(z)$. 显然 $\psi(z)$ 在点 a 解析，且 $\psi(a)=f_1(a)$ 或 $\varphi_1(a)$，故不为零，所以 a 是 $f(z)+\varphi(z)$ 的 p 级零点.

(2) $f(z)\varphi(z)=(z-a)^{k+m}f_1(z)\varphi_1(z)=(z-a)^{k+m}\psi(z)$，其中 $\psi(z)=f_1(z)\varphi_1(z)$ 在点 a 解析，且 $\psi(a)=f_1(a)\varphi_1(a)\neq 0$，所以 a 是 $f(z)\varphi(z)$ 的 $k+m$ 级零点.

(3) $\dfrac{f(z)}{\varphi(z)}=\dfrac{(z-a)^k f_1(z)}{(z-a)^m\varphi_1(z)}=(z-a)^{k-m}\psi(z)$，其中 $\psi(z)=f_1(z)/\varphi_1(z)$ 在 a 点解析，且 $\psi(a)=f_1(a)/\varphi_1(a)\neq 0$，所以，若 $k>m$，则 a 是 $f(z)/\varphi(z)$ 的 $k-m$ 级零点，若 $k\leqslant m$，则 a 不是零点.

202 假设解析函数 $f(z)$ 有一个 m 级零点 z_0，问函数 $F(z)=\int_{z_0}^{z}f(\zeta)\mathrm{d}\zeta$ 在点 z_0 的性质如何？又假定 z_1 是在 z_0 的一个邻域内，并假设在这个邻域内 $f(z)$ 是解析的，试问函数 $\phi(z)=\int_{z_1}^{z}f(\zeta)\mathrm{d}\zeta$ 在点 z_0 的性质又怎样？这里积分路线假定在上述邻域内.

解 因为 z_0 是 $f(z)$ 的 m 级零点，所以 $f(z)=\sum_{n=m}^{\infty}c_n(z-z_0)^n$，其中 $c_m\neq 0$，在点 z_0 的适当邻域内，可以逐项积分. 则

$$F(z)=\int_{z_0}^{z}f(\zeta)\mathrm{d}\zeta=\sum_{n=m}^{\infty}c_n\int_{z_0}^{z}(\zeta-z_0)^n\mathrm{d}\zeta=\sum_{n=m}^{\infty}\frac{c_n}{n+1}(z-z_0)^{n+1}$$

所以 z_0 是 $F(z)$ 的 $m+1$ 级零点.

又若 z_1，z(任意)是上述邻域内两点，考虑沿 $\Delta z_1zz_0z_1$ 的积分，由柯西定理知 $\int_{z_1zz_0z_1}f(\zeta)\mathrm{d}\zeta=0$，即

$$\phi(z)=\int_{z_1}^{z}f(\zeta)\mathrm{d}\zeta=\int_{z_1}^{z_0}f(\zeta)\mathrm{d}\zeta+\int_{z_0}^{z}f(\zeta)\mathrm{d}\zeta=F(z)+\int_{z_1}^{z_0}f(\zeta)\mathrm{d}\zeta$$

由于已知点 z_0 是 $F(z)$ 的 $m+1$ 级零点，所以 $\phi(z)$ 在点 z_0 取值 $c=\int_{z_1}^{z_0}f(\zeta)\mathrm{d}\zeta$ 的 $m+1$ 次.

注 $F(z)=\int_{z_0}^{z}f(\zeta)\mathrm{d}\zeta$ 在点 z_0 的性质也可用如下方法求得.

因为 $f(z)$ 在点 z_0 的邻域内解析，此邻域是单连通的，所以 $F(z)$ 解析，且 $F'(z)=f(z)$. 故 $F^{(n)}(z)=f^{(n-1)}(z)$，而 z_0 是 $f(z)$ 的 m 级零点，即 $f(z_0)=f'(z_0)=\cdots=f^{(m-1)}(z_0)=0$，$f^{(m)}(z_0)\neq 0$，又显然 z_0 是 $F(z)$ 的零点，所以有

$$F(z_0)=F'(z_0)=\cdots=F^{(m)}(z_0)=0,F^{(m+1)}(z_0)\neq 0$$

即 z_0 是 $F(z)$ 的 $m+1$ 级零点.

203 若 $f(z)$ 在 $|z-a|<R$ 解析，且 $|f(z)|\leqslant M$，则

$$\left|f(z)-\sum_{k=0}^{n}\frac{f^{(k)}(a)}{k!}(z-a)^k\right|<\frac{M|z-a|^{n+1}}{R^n(R-|z-a|)}$$

$$(|z-a|<R,n=1,2,\cdots)$$

解 因为 $f(z)$ 在 $|z-a|<R$ 解析，所以

$$f(z)=\sum_{k=0}^{\infty}\frac{f^{(k)}(a)}{k!}(z-a)^k$$

于是

$$\left|f(z)-\sum_{k=0}^{n}\frac{f^{(k)}(a)}{k!}\right|\leqslant\sum_{k=n+1}^{\infty}\left|\frac{f^{(k)}(a)}{k!}(z-a)^k\right|\leqslant$$

$$\sum_{k=n+1}^{\infty}\frac{M}{R^k}|z-a|^k=\frac{M|z-a|^{n+1}}{R^n(R-|z-a|)}\quad(|z-a|<R)$$

上式中最后的不等号成立是由柯西不等式推得的.

204 若 $f(z)$ 在 $|z|<1$ 解析,且 $|f(z)|\leqslant\dfrac{1}{1-|z|}$, $|z|<1$,则 $|f^{(n)}(0)|<(n+1)!\ \mathrm{e}(n=1,2,\cdots)$.

证 由假设 $M(r)=\max\limits_{|z|=r<1}|f(z)|\leqslant\dfrac{1}{1-r}$,因 $f(z)$ 在 $|z|<1$ 解析,所以有 $f(z)=\sum\limits_{n=0}^{\infty}\dfrac{f^{(n)}(0)}{n!}z^n=\sum\limits_{n=0}^{\infty}c_nz^n$.

由柯西不等式得到

$$|f^{(n)}(0)|=n!\ |c_n|\leqslant n!\ \frac{M(r)}{r^n}\leqslant n!\ \frac{1}{r^n(1-r)}$$

$$(0<r<1,n=1,2,\cdots)$$

特别地,令 $r=\dfrac{n}{n+1}$,于是有

$$|f^{(n)}(0)|\leqslant n!\ \frac{1}{\left(\frac{n}{n+1}\right)^n\left(1-\frac{n}{n+1}\right)}=$$

$$(n+1)!\ \left(1+\frac{1}{n}\right)^n<(n+1)!\ \mathrm{e}$$

205 若 $f(z)$ 在有限平面解析(此时 $f(z)$ 称为整函数)且

$$\overline{\lim_{r\to\infty}}\frac{M(r)}{r^n}<\infty\quad(M(r)=\max_{|z|=r}|f(z)|)$$

则 $f(z)$ 是不高于 n 次的多项式.

证 因有 $f(z)=\sum\limits_{k=0}^{\infty}c_kz^k$, $|z|<+\infty$,由柯西不等式

$$|c_k|\leqslant\frac{M(r)}{r^k}\quad(k=0,1,2,\cdots)$$

当 $k \geqslant n+1$ 时,令 $k=n+p(p \geqslant 1)$,则

$$\lim_{r\to\infty}\frac{M(r)}{r^k}=\lim_{r\to\infty}\frac{1}{r^p}\cdot\frac{M(r)}{r^n}=0 \quad (k \geqslant n+1)$$

所以当 $k \geqslant n+1$ 时,$c_k=0$,故 $f(z)$ 是不高于 n 次的多项式.

注 此题可视为刘维尔定理的扩张.

206 若 $f(z)$ 为整函数,整数 $N \geqslant 0$,且 $\lim\limits_{z\to\infty}\dfrac{f(z)}{z^N}=k>0$,则 $f(z)$ 是关于 z 的 N 次多项式.

证 因 $f(z)$ 为整函数,所以 $f(z)=\sum\limits_{n=0}^{\infty}c_n z^n$,$|z|<\infty$,令

$$g(z)=\frac{f(z)}{z^N}-\sum_{n=0}^{N-1}\frac{c_n}{z^{N-n}}=\sum_{k=0}^{\infty}c_{N+k}z^k$$

则 $g(z)$ 也是整函数,且 $g(0)=c_N$,又

$$0<k=\lim_{z\to\infty}\frac{f(z)}{z^N}=\lim_{z\to\infty}g(z)$$

所以 $|g(z)| \leqslant M$,$|z|<\infty$. 由刘维尔定理知,$g(z)\equiv g(0)=c_N$,故

$$f(z)=z^N\cdot\sum_{n=0}^{N}\frac{c_n}{z^{N-n}}=\sum_{k=0}^{N}c_k z^k$$

207 证明:$f(z)=\sum\limits_{n=0}^{\infty}c_n z^n$ 的零点到 $z=0$ 的最短距离不小于 $\rho|c_0|/(M+|c_0|)$,其中 ρ 为不超过级数收敛半径 R 的任一数,而 $M(\rho)=\max\limits_{|z|=\rho}|f(z)|$.

证 考虑函数 $\varphi(z)=f(z)-c_0=\sum\limits_{n=1}^{\infty}c_n z^n$,显然 $z=0$ 是零点,令 $E=\{z \mid |\varphi(z)|<|c_0|\}$,显然对于任意 $z\in E$,$f(z)\neq 0$,又 $z=0\in E$,所以 E 非空. 因 $\varphi(z)$ 连续($|z|<R$),所以 $|\varphi(z)|$ 连续,故对任意的 $z\in E$,存在邻域 $N(z,\delta)\subset E$,于是 E 是包含 $z=0$ 的非空开集,在其内点 $f(z)\neq 0$,而在其边界 Γ 上的每一点 z,由于 $|\varphi(z)|=|f(z)-c_0|=|c_0|$,所以当 $z\in\Gamma$ 时,$f(z)=0$.

在 E 中取点 $z=0$ 的邻域 $N(0,d)\subset E$,若此邻域的边界 $|z|=d$ 与 Γ 至少有一个交点 z_0,则 $f(z_0)=0$. 又任一 $z\in N(0,d)$,有 $f(z)\neq 0$,所以点 z_0 是 $f(z)$ 的零点中到点 $z=0$ 距离最近的一点.

因为 $f(z)-c_0=\sum_{n=1}^{\infty}c_nz^n$ 且 $|c_n|\leqslant M(\rho)/\rho^n$(柯西不等式),所以

$$|f(z)-c_0|\leqslant\sum_{n=1}^{\infty}M(\rho)\left|\frac{z}{\rho}\right|^n=M(\rho)\frac{|z|}{\rho-|z|}$$
$$(|z|\leqslant d<\rho<R)$$

特别地,当 $z=z_0$ 时,由于 $f(z_0)=0$,所以

$$|c_0|\leqslant M(\rho)\frac{|z_0|}{\rho-|z_0|}=M\frac{d}{\rho-d}$$

即

$$|c_0|(\rho-d)\leqslant Md$$

所以

$$d\geqslant\frac{\rho|c_0|}{M+|c_0|}\quad(d<\rho<R)$$

若 $|z|=d$ 与 Γ 没有一点相交,则 $f(z)$ 的零点到 $z=0$ 的最短距离 $p>d$,所以 $p>d\geqslant\dfrac{\rho|c_0|}{M+|c_0|}$.

208 若 $f(z)=\sum_{n=0}^{\infty}c_nz^n$, $|z|<R$,则

$$\frac{1}{2\pi}\int_0^{2\pi}|f(re^{i\varphi})|^2d\varphi=\sum_{n=0}^{\infty}|c_n|^2r^{2n}\quad(r<R)$$

证法1 当 $|z|=r<R,m\neq n$ 时

$$\int_0^{2\pi}z^n\overline{z^m}d\varphi=\int_0^{2\pi}r^{n+m}e^{i(n-m)\varphi}d\varphi=r^{n+m}\left[\frac{e^{i(n-m)\varphi}}{i(n-m)}\right]\Bigg|_0^{2\pi}=0$$

所以

$$\frac{1}{2\pi}\int_0^{2\pi}\left|\sum_{n=0}^{m}c_nz^n\right|^2d\varphi=\frac{1}{2\pi}\int_0^{2\pi}\sum_{n=0}^{m}c_nz^n\cdot\sum_{n=0}^{m}\overline{c_n}\,\overline{z^n}d\varphi=$$
$$\frac{1}{2\pi}\int_0^{2\pi}\sum_{k,n=0}^{m}c_k\overline{c_n}z^k\overline{z^n}d\varphi=$$
$$\frac{1}{2\pi}\sum_{k,n=0}^{m}|c_n|^2\int_0^{2\pi}z^n\overline{z^n}d\varphi=$$
$$\sum_{n=0}^{m}|c_n|^2r^{2n}$$

由于序列 $\{s_m(z)\}=\left\{\sum_{n=0}^{m}c_nz^n\right\}$ 是连续函数序列,在 $|z|=r$ 上一致收敛,故

$\{|s_m(z)|\}=\left\{\left|\sum_{n=0}^{m}c_nz^n\right|\right\}$ 也是连续函数序列，并在 $|z|=r$ 上一致收敛. 这是因为

$$||s_{m+p}(z)|-|s_m(z)||\leqslant|s_{m+p}(z)-s_m(z)|$$

所以，令 $m\to\infty$ 时，可以在积分号下取极限，即

$$\frac{1}{2\pi}\int_0^{2\pi}|f(re^{i\varphi})|^2d\varphi=\lim_{m\to\infty}\frac{1}{2\pi}\int_0^{2\pi}\left|\sum_{n=0}^{m}c_nz^n\right|^2d\varphi=\lim_{m\to\infty}\sum_{n=0}^{m}|c_n|^2r^{2n}$$

亦即

$$\frac{1}{2\pi}\int_0^{2\pi}|f(re^{i\varphi})|^2d\varphi=\sum_{n=0}^{\infty}|c_n|^2r^{2n}\quad(r<R)$$

证法 2 对任意的非负整数 m 与 n，当 $|z|=r<R$ 时

$$\frac{1}{2\pi}\int_0^{2\pi}z^n\overline{z^m}d\varphi=\frac{r^{n+m}}{2\pi}\int_0^{2\pi}e^{i(n-m)\varphi}d\varphi=\begin{cases}0,m\neq n\\r^{2n},m=n\end{cases}$$

因为 $f(z)=\sum_{n=0}^{\infty}c_nz^n$ 在 $|z|=r<R$ 上是绝对收敛且一致收敛，所以可以调换项的次序，也能逐项积分，于是

$$\frac{1}{2\pi}\int_0^{2\pi}|f(re^{i\varphi})|^2d\varphi=\frac{1}{2\pi}\int_0^{2\pi}\sum_{n=0}^{\infty}c_nz^n\cdot\sum_{m=0}^{\infty}\overline{c_m}\,\overline{z^m}d\varphi=$$

$$\frac{1}{2\pi}\sum_{m,n=0}^{\infty}c_n\overline{c_m}\int_0^{2\pi}z^n\overline{z^m}d\varphi=$$

$$\sum_{n=0}^{\infty}|c_n|^2r^{2n}$$

注 这两个方法思路完全相同，仅所用工具稍有区别而已.

若题设改为 $f(z)=\sum_{n=0}^{\infty}c_n(z-z_0)^n$，$|z-z_0|<R$，则由上面的证明也有

$$\frac{1}{2\pi}\int_0^{2\pi}|f(z_0+re^{i\varphi})|^2d\varphi=\sum_{n=0}^{\infty}|c_n|^2r^{2n}\quad(r<R)$$

209 若 $f(z)=\sum_{n=0}^{\infty}c_n(z-z_0)^n$，$|z-z_0|<R$. 则对任意的 $r(0<r<R)$，$M(r)=\max\limits_{|z-z_0|=r}|f(z)|$ 时有

$$|f(z_0)|^2\leqslant\frac{1}{2\pi}\int_0^{2\pi}|f(z_0+re^{i\varphi})|^2d\varphi=\sum_{n=0}^{\infty}|c_n|^2r^{2n}\leqslant[M(r)]^2$$

如果对某个 $r(0<r<R)$ 上面右边的不等式成为等式，则

$$f(z)\equiv f(z_0)$$

证 由上题知，$\frac{1}{2\pi}\int_0^{2\pi}|f(z_0+re^{i\varphi})|^2d\varphi=\sum_{n=0}^{\infty}|c_n|^2r^{2n}$，而 $c_0=f(z_0)$，故 $|f(z_0)|^2=|c_0|^2\leqslant\sum_{n=0}^{\infty}|c_n|^2r^{2n}$. 对任意的 $r(0<r<R)$，由于

$$M(r)=\max_{|z-z_0|=r}|f(z)|$$

所以

$$|f(z_0)|^2\leqslant\frac{1}{2\pi}\int_0^{2\pi}|f(z_0+re^{i\varphi})|^2d\varphi=$$

$$\sum_{n=0}^{\infty}|c_n|^2r^{2n}\leqslant[M(r)]^2$$

若对某个 r，左边的不等式成为等式，即

$$|f(z_0)|^2=|c_0|^2=\sum_{n=0}^{\infty}|c_n|^2r^{2n}$$

故得 $c_n=0(n=1,2,\cdots)$，即 $f(z)\equiv c_0=f(z_0)$.

210 若 $f(z)=\sum_{n=0}^{\infty}c_nz^n$ 在 $|z|\leqslant 1$ 解析，且将这个圆单叶地映射成面积为 S 的域 G，证明

$$S=\pi\sum_{n=1}^{\infty}n|c_n|^2$$

证 $S=\iint_{|z|\leqslant 1}|f'(z)|^2dxdy=\int_0^1 rdr\int_0^{2\pi}|f'(re^{i\varphi})|^2d\varphi=$

$$\int_0^1 rdr\sum_{n=1}^{\infty}n^2|c_n|^2r^{2n-2}\cdot 2\pi\quad(0<r\leqslant 1)$$

这是因为 $f'(z)=\sum_{n=1}^{\infty}nc_nz^{n-1}$，由题 208 知

$$\frac{1}{2\pi}\int_0^{2\pi}|f'(re^{i\varphi})|^2d\varphi=\sum_{n=1}^{\infty}n^2|c_n|^2r^{2n-2}\quad(0<r\leqslant 1)$$

从而知 $\sum_{n=1}^{\infty}n^2|c_n|^2r^{2n-1}$ 在 $0<r\leqslant 1$ 上收敛，由 M 判别法知收敛是一致的，故可逐项积分，于是

$$S=2\pi\sum_{n=1}^{\infty}n^2|c_n|^2\int_0^1 r^{2n-1}dr=\pi\sum_{n=1}^{\infty}n|c_n|^2$$

211 若 $f(z)=\sum\limits_{n=0}^{\infty}c_nz^n$ 在 $|z|<1$ 解析，且将圆 $|z|\leqslant r<1$ 单叶地映射成面积为 S_r 的域 G_r，而 $\lim\limits_{r\to1}S_r=S$（若函数 $w=f(z)$ 将圆 $|z|<1$ 映射为 G，则称 S 是 G 的面积），则级数 $\sum\limits_{n=1}^{\infty}n|c_n|^2$ 收敛，其和为 s/π. 又若 $\lim S_r=\infty$，则 $\sum\limits_{n=1}^{\infty}n|c_n|^2$ 发散.

证 (1) 由上题的证明知

$$S_r=2\pi\sum_{n=1}^{\infty}n^2|c_n|^2\int_0^r r^{2n-1}\mathrm{d}r=\pi\sum_{n=1}^{\infty}n|c_n|^2r^{2n}\quad(0<r<1)$$

依题设有

$$\lim_{r\to1}S_r=\lim_{r\to1}\pi\sum_{n=1}^{\infty}n|c_n|^2r^{2n}=S$$

下面证明 $\pi\sum\limits_{n=1}^{\infty}n|c_n|^2$ 收敛. 用反证法. 倘若发散，则 $\pi\sum\limits_{n=1}^{\infty}n|c_n|^2=\infty$，于是对任意大的 $M>0$，存在 N，当 $n>N$ 时，有 $\sum\limits_{k=1}^{n}k|c_k|^2>M$. 因此对于固定的 $n(>N)$，有

$$\lim_{r\to1}\pi\sum_{k=1}^{n}k|c_k|^2r^{2k}=\sum_{k=1}^{n}\pi k|c_k|^2>M$$

即存在 $\delta(M)$，当 $1-\delta<r<1$ 时，$\pi\sum\limits_{k=1}^{n}k|c_k|^2r^{2k}>M$. 而

$$S_r=\pi\sum_{k=1}^{\infty}k|c_k|^2r^{2k}\geqslant\pi\sum_{k=1}^{n}k|c_k|^2r^{2k}>M\quad(1-\delta<r<1)$$

即 $\lim\limits_{r\to1}S_r=\infty$，此与假设矛盾.

故 $\pi\sum\limits_{n=1}^{\infty}n|c_n|^2$ 收敛，由阿贝尔第二定理知

$$S=\lim_{r\to1}S_r=\lim_{r\to1}\pi\sum_{n=1}^{\infty}n|c_n|^2r^{2n}=\pi\sum_{n=1}^{\infty}n|c_n|^2$$

即

$$\sum_{n=1}^{\infty}n|c_n|^2=\frac{S}{\pi}$$

(2) 若 $\lim\limits_{r\to1}S_r=\infty$，倘若 $\sum\limits_{n=1}^{\infty}\pi n|c_n|^2$ 收敛. 而

$$S_r=\pi\sum_{n=1}^{\infty}n\mid c_n\mid^2 r^{2n}\quad(0<r<1)$$

所以$\lim\limits_{r\to1}S_r=\sum\limits_{n=1}^{\infty}\pi n\mid c_n\mid^2=S$，这里 S 是有限值，矛盾.

212 若级数

$$C_{-1}(z-z_0)+C_{-2}(z-z_0)^2+\cdots+C_{-n}(z-z_0)^n+\cdots\quad(1)$$

的收敛半径为$\dfrac{1}{r}(r<+\infty)$，则级数

$$C_{-1}(z-z_0)^{-1}+C_{-2}(z-z_0)^{-2}+\cdots+C_{-n}(z-z_0)^{-n}+\cdots\quad(2)$$

在区域 $\mid z-z_0\mid>r$ 内绝对收敛，且对任何 $\varepsilon>0$，级数(2) 在 $\mid z-z_0\mid\geqslant r+\varepsilon$ 上一致收敛(当$\dfrac{1}{r}=\infty$ 时记 $r=0$).

证 因为当 $\mid z-z_0\mid<\dfrac{1}{r}$ 时，级数(1) 绝对收敛，所以当 $\mid z-z_0\mid^{-1}<\dfrac{1}{r}$ 即 $\mid z-z_0\mid>r$ 时，级数(2) 绝对收敛.

仍由阿贝尔第一定理知，级数(1) 在 $\mid z-z_0\mid\leqslant\dfrac{1}{r+\varepsilon}$ 上一致收敛(ε 为任意正数)，故级数(2) 在 $\mid z-z_0\mid\geqslant r+\varepsilon$ 上一致收敛(当$\dfrac{1}{r}=\infty$ 时，级数(2) 在 $\mid z-z_0\mid>0$ 绝对收敛，即在除点 z_0 外的一切点收敛). 证毕.

213 若 $f(z)$ 在圆环 $r<\mid z-z_0\mid<R(0\leqslant r<R\leqslant+\infty)$ 内解析，则 $f(z)$ 必可展成两端幂级数

$$f(z)=\sum_{n=-\infty}^{+\infty}C_n(z-z_0)^n\quad(1)$$

其中 $C_n=\dfrac{1}{2\pi i}\displaystyle\int_{\Gamma_\rho}\dfrac{f(\zeta)}{(\zeta-z_0)^{n+1}}d\zeta$，$n=0,\pm1,\pm2,\cdots$，$\Gamma_\rho$ 是圆周 $\mid z-z_0\mid=\rho$，$r<\rho<R$，且展式(1) 是唯一的.

级数(1) 就叫洛朗级数，C_n 叫洛朗系数.

证 在环 $r<\mid z-z_0\mid<R$ 内任意取定一点 z. 此时必有正数 r'，R'，使 $r<r'<\rho<R'<R$，同时使 z 在环 $r'<\mid z-z_0\mid<R'$ 内(图 8). 据假设，$f(z)$ 在闭环 $r'\leqslant\mid z-z_0\mid\leqslant R'$ 上解析. 由柯西积分公式有

$$f(z)=\frac{1}{2\pi i}\int_{\Gamma_{R'}}\frac{f(\zeta)}{\zeta-z}d\zeta-\frac{1}{2\pi i}\int_{\Gamma_{r'}}\frac{f(\zeta)}{\zeta-z}d\zeta \quad (2)$$

其中 $\Gamma_{r'}: |z-z_0|=r'$, $\Gamma_{R'}: |z-z_0|=R'$.

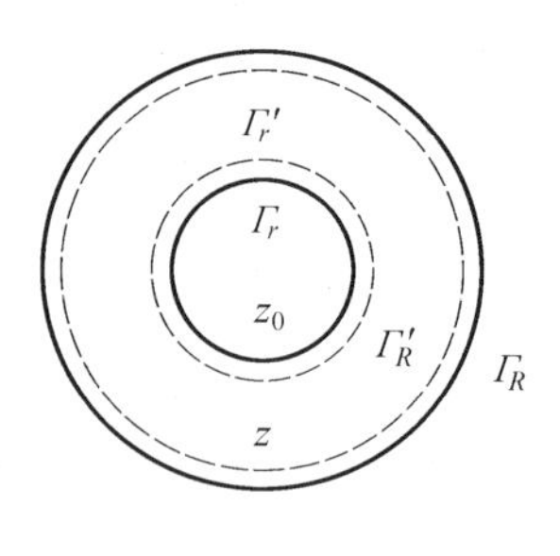

图 8

对于式(2)右端的第一个积分,据泰勒定理可知

$$\frac{1}{2\pi i}\int_{\Gamma_{R'}}\frac{f(\zeta)}{\zeta-z}d\zeta=\sum_{n=0}^{+\infty}C_n(z-z_0)^n$$

其中 $C_n=\frac{1}{2\pi i}\int_{\Gamma_{R'}}\frac{f(\zeta)}{(\zeta-z_0)^{n+1}}d\zeta, n=0,1,2,\cdots$.

对于式(2)右端的第二个积分,则有

$$-\frac{1}{2\pi i}\int_{\Gamma_{r'}}\frac{f(\zeta)}{\zeta-z}d\zeta=\frac{1}{2\pi i}\int_{\Gamma_{r'}}\frac{f(\zeta)}{z-\zeta}d\zeta=$$

$$\frac{1}{2\pi i}\int_{\Gamma_{r'}}\frac{f(\zeta)}{z-z_0-(\zeta-z_0)}d\zeta=$$

$$\frac{1}{2\pi i}\cdot\frac{1}{z-z_0}\int_{\Gamma_{r'}}\frac{f(\zeta)}{1-\frac{\zeta-z_0}{z-z_0}}d\zeta$$

注意到 $\left|\frac{\zeta-z_0}{z-z_0}\right|<1$(因为 ζ 在 $\Gamma_{r'}$ 上而 z 在此圆周外),可知

$$-\frac{1}{2\pi i}\int_{\Gamma_{r'}}\frac{f(\zeta)}{\zeta-z}d\zeta=\frac{1}{2\pi i}\cdot\frac{1}{z-z_0}\int_{\Gamma_{r'}}\sum_{n=0}^{+\infty}\left(\frac{\zeta-z_0}{z-z_0}\right)^n f(\zeta)d\zeta=$$

$$\frac{1}{2\pi i}\sum_{n=0}^{+\infty}\int_{\Gamma_{r'}}f(\zeta)(\zeta-z_0)^n d\zeta\cdot\frac{1}{(z-z_0)^{n+1}}=$$

$$\frac{1}{2\pi i}\sum_{n=1}^{+\infty}\int_{\Gamma_{r'}}f(\zeta)(\zeta-z_0)^{n-1}d\zeta\cdot\frac{1}{(z-z_0)^n}=$$

$$\sum_{n=1}^{+\infty}C_{-n}(z-z_0)^{-n}=\sum_{n=-1}^{-\infty}C_n(z-z_0)^n$$

其中 $C_{-n}=\frac{1}{2\pi i}\int_{\Gamma_{r'}}\frac{f(\zeta)}{(\zeta-z_0)^{-n+1}}d\zeta, n=1,2,\cdots$. 于是式(2)可写为

$$f(z)=\sum_{n=0}^{+\infty}C_n(z-z_0)^n+\sum_{n=-1}^{-\infty}C_n(z-z_0)^n=$$

$$\sum_{n=-\infty}^{+\infty}C_n(z-z_0)^n$$

又由柯西公式

$$C_n=\frac{1}{2\pi i}\int_{\Gamma_{R'}}\frac{f(\zeta)}{(\zeta-z_0)^{n+1}}d\zeta=\frac{1}{2\pi i}\int_{\Gamma_\rho}\frac{f(\zeta)}{(\zeta-z_0)^{n+1}}d\zeta$$

(因为 $\frac{f(\zeta)}{(\zeta-z_0)^{n+1}}$ 在 $\rho\leqslant|z-z_0|\leqslant R'$ 上解析)

$$C_{-n}=\frac{1}{2\pi i}\int_{\Gamma_{r'}}\frac{f(\zeta)}{(\zeta-z_0)^{-n+1}}d\zeta=$$
$$\frac{1}{2\pi i}\int_{\Gamma_\rho}\frac{f(\zeta)}{(\zeta-z_0)^{-n+1}}d\zeta$$

（因为$\frac{f(\zeta)}{(\zeta-z_0)^{-n+1}}$在$r'\leqslant|z-z_0|\leqslant\rho$上解析）

所以系数C_n可统一地写为

$$C_n=\frac{1}{2\pi i}\int_{\Gamma_\rho}\frac{f(\zeta)}{(\zeta-z_0)^{n+1}}d\zeta\quad(n=0,\pm1,\pm2,\cdots)$$

下证展式(1)的唯一性.若又有展式

$$f(z)=\sum_{n=-\infty}^{+\infty}C_n'(z-z_0)^n\tag{1'}$$

我们证明$C_n=C_n',n=0,\pm1,\pm2,\cdots$.

$\sum\limits_{n=-\infty}^{+\infty}C_n'(z-z_0)^n$在曲线$\Gamma_\rho:|z-z_0|=\rho(r<\rho<R)$上一致收敛.又在$\Gamma_\rho$上$\left|\frac{1}{(z-z_0)^{m+1}}\right|=\frac{1}{\rho^{m+1}}$,故$\sum\limits_{n=-\infty}^{+\infty}C_n'(z-z_0)^{n-m-1}$仍一致收敛,因而可逐项积分.

将式(1′)的两边同乘以$\frac{1}{(z-z_0)^{m+1}}$,并将z换为ζ,得

$$\frac{f(\zeta)}{(\zeta-z_0)^{m+1}}=\sum_{n=-\infty}^{+\infty}C_n'(\zeta-z_0)^{n-m-1}$$

两端积分,并逐项积分,且乘以$\frac{1}{2\pi i}$,得

$$\frac{1}{2\pi i}\int_{\Gamma_\rho}\frac{f(\zeta)}{(\zeta-z_0)^{m+1}}d\zeta=\sum_{n=-\infty}^{+\infty}C_n'\cdot\frac{1}{2\pi i}\int_{\Gamma_\rho}(\zeta-z_0)^{n-m-1}d\zeta$$

右端级数的各项中除$n=m$的一项外,其他各项等于零,于是上述等式实为

$$\frac{1}{2\pi i}\int_{\Gamma_\rho}\frac{f(\zeta)}{(\zeta-z_0)^{m+1}}d\zeta=C_m'$$

因$C_m=\frac{1}{2\pi i}\int_{\Gamma_\rho}\frac{f(\zeta)}{(\zeta-z_0)^{m+1}}d\zeta$,故$C_m=C_m',m=0,\pm1,\pm2,\cdots$.证毕.

注 当$f(z)$在环$r<|z-z_0|<R$上作洛朗展开,$f(z)$在$|z-z_0|<R$并无奇点时,由柯西定理可知,$C_{-1}=C_{-2}=C_{-3}=\cdots=0$,故此时洛朗级数$\sum\limits_{n=-\infty}^{+\infty}C_n(z-z_0)^n$变成了泰勒级数$\sum\limits_{n=0}^{+\infty}C_n(z-z_0)^n$.因此,泰勒级数可视为洛朗级数之特例.

214 若 $f(z)$ 在圆环 $r<|z-a|<R$ 解析,则在此圆环内的 L 展式是唯一的.

证法 1 在圆环 $r<|z-a|<R$ 内

$$f(z)=\sum_{n=-\infty}^{+\infty}c_n(z-a)^n$$

其中

$$c_n=\frac{1}{2\pi i}\int_\Gamma\frac{f(\zeta)d\zeta}{(\zeta-a)^{n+1}}$$

Γ 是任意圆周 $|\zeta-a|=\rho(r<\rho<R),n=0,\pm1,\pm2,\cdots$.

由于函数 $f(\zeta)/(\zeta-a)$ 在圆周 $|\zeta-a|=\rho$ 上是解析的,所以积分值唯一,即 c_n 唯一确定.

证法 2 若 $f(z)$ 在上述圆环内有两个 L 展式,则

$$f(z)=\sum_{n=-\infty}^{+\infty}a_n(z-a)^n=\sum_{n=-\infty}^{+\infty}b_n(z-a)^n$$

这时在 Γ:$|z-a|=\rho(r<\rho<R)$ 上,因为级数一致收敛,所以有

$$\frac{1}{2\pi i}\int_\Gamma\frac{f(z)dz}{(z-a)^{k+1}}=\sum_{n=-\infty}^{+\infty}\frac{a_n}{2\pi i}\int_\Gamma(z-a)^{n-k-1}dz=\sum_{n=-\infty}^{+\infty}\frac{b_n}{2\pi i}\int_\Gamma(z-a)^{n-k-1}dz$$

由于

$$\frac{1}{2\pi i}\int_\Gamma(z-a)^{n-k-1}dz=\begin{cases}1,n=k\\0,n\neq k\end{cases}$$

所以

$$a_k=b_k\quad(k=0,\pm1,\pm2,\cdots)$$

215 若 $f(z)$ 在 $R<|z|<+\infty$ 内解析,在 $R\leqslant R'<|z|<+\infty$ 内有界,则 $f(z)$ 的 L 展式形式如下

$$f(z)=\sum_{n=0}^{\infty}\frac{c_n}{z^n}\quad(|z|>R)$$

证 令 $z=\frac{1}{\zeta}$,则 $g(\zeta)=f\left(\frac{1}{\zeta}\right)$ 在 $0<|\zeta|<\frac{1}{R}$ 解析,在 $0<|\zeta|<\frac{1}{R'}$ $(R'\geqslant R)$ 时,$|g(\zeta)|=\left|f\left(\frac{1}{\zeta}\right)\right|\leqslant M$. $g(\zeta)$ 在 $0<|\zeta|<\frac{1}{R'}$ 内的 L 展式的系数 c_n 满足条件

$$|c_n| = \left|\frac{1}{2\pi i}\int_{|\zeta|=\rho}\frac{g(\zeta)}{\zeta^{n+1}}d\zeta\right| \leqslant \frac{M}{\rho^{n+1}}$$

这里 $0 < \rho < \frac{1}{R'}(n=0,\pm1,\pm2\cdots)$. 于是 $n \geqslant 1$ 时，$|c_n| \leqslant (M/\rho^{n+1}) \to 0$ $(\rho \to 0)$. 所以 $c_n = 0(n \geqslant 1)$，令 $g(0) = c_0$，则

$$g(\zeta) = \sum_{n=0}^{\infty} c_n \zeta^n \quad (|\zeta| < \frac{1}{R})$$

因此

$$f(z) = g\left(\frac{1}{z}\right) = \sum_{n=0}^{\infty}\frac{c_n}{z^n} \quad (|z| > R)$$

216 说明在指定点的邻域内，能否将所给函数 $f(z)$ 展为 L 级数：

(1) $f(z) = \cos\frac{1}{z}$ 在 $z = \infty$；

(2) $f(z) = \sec\frac{1}{z-1}$ 在 $z = 1$.

解 注意函数 $f(z)$ 仅在正则点与孤立奇点的邻域内可展为 L 级数.

(1) 令 $\frac{1}{z} = \zeta$，则点 $z = \infty$ 的邻域，化为 $\zeta = 0$ 的邻域. 而 $f(z) = \cos\frac{1}{z} = \cos\zeta$ 在 ζ 平面上解析，故 $\zeta = 0$ 是 $\cos\zeta$ 的正则点，即 $z = \infty$ 可以视为是 $f(z)$ 的正则点. 因此在 $z = \infty$ 的邻域内 $f(z)$ 可展为 L 级数.

(2) 因为 $f(z) = \sec\frac{1}{z-1} = \frac{1}{\cos\frac{1}{z-1}}$，显然 $z=1$ 是奇点，令 $\cos\frac{1}{z-1} = 0$，则 $\frac{1}{z-1} = k\pi + \frac{\pi}{2}$，即 $z = 1 + \frac{2}{\pi + 2k\pi}$，而 $\frac{2}{\pi + 2k\pi} \to 0(k \to \infty)$，故在 $z=1$ 的任意邻域内均含有 $\cos\frac{1}{z-1}$ 的零点(即 $f(z)$ 的奇点)，所以 $z=1$ 不是 $f(z)$ 的孤立奇点，因此在 $z=1$ 的邻域内 $f(z)$ 不能展为 L 级数.

217 证明：$f(z) = \ln\frac{1}{z-1}$(主支) 在 $z = \infty$ 的邻域内不能展为 L 级数.

证 令 $z = \frac{1}{\zeta}$，由于是考虑对数主支，故

$$f(z) = \ln\frac{1}{z-1} = \ln\frac{\zeta}{1-\zeta} = \ln\left|\frac{\zeta}{1-\zeta}\right| + i\arg\frac{\zeta}{1-\zeta} =$$

$$\ln|\zeta|-\ln|1-\zeta|+\mathrm{i}[\arg\zeta-\arg(1-\zeta)]$$

显然 $\zeta=0$ 是奇点，而 $\arg\zeta$ 在负实轴上不连续，因此在 $\zeta=0$ 的任何邻域内都会有负实轴上的点，所以 $\zeta=0$，即 $z=\infty$ 不是 $f(z)$ 的孤立奇点，故在 $z=\infty$ 的邻域内，$f(z)$ 不能展为 L 级数.

218 求 $f(z)=\dfrac{1}{z(z-1)}$ 在区域(1)$0<|z|<1$;(2)$0<|z-1|<1$;(3)$1<|z|<+\infty$;(4)$|z-2|<1$ 上的级数展式.

解 首先注意，$f(z)$ 在区域(1),(2),(3),(4) 都是解析的，因此能分别在上述区域展成幂级数.

$$(1)f(z)=\frac{1}{z(z-1)}=\frac{1}{z-1}-\frac{1}{z}=-\frac{1}{1-z}-\frac{1}{z}=$$
$$-\frac{1}{z}-1-z-z^2-\cdots-z^n-\cdots\quad(0<|z|<1)$$

$$(2)f(z)=\frac{1}{z(z-1)}=\frac{1}{z-1}-\frac{1}{z}=\frac{1}{z-1}-\frac{1}{1+(z-1)}=$$
$$\frac{1}{z-1}-1+(z-1)-(z-1)^2+\cdots+$$
$$(-1)^{n+1}(z-1)^n+\cdots\quad(0<|z-1|<1)$$

$$(3)f(z)=\frac{1}{z(z-1)}=\frac{1}{z-1}-\frac{1}{z}=-\frac{1}{z}+\frac{1}{z}\cdot\frac{1}{1-\frac{1}{z}}=$$
$$\frac{1}{z^2}+\frac{1}{z^3}+\cdots+\frac{1}{z^n}+\cdots\quad(1<|z|<+\infty)$$

$$(4)f(z)=\frac{1}{z-1}-\frac{1}{z}=\frac{1}{1+(z-2)}-\frac{1}{2+(z-2)}=$$
$$\frac{1}{1+(z-2)}-\frac{1}{2}\cdot\frac{1}{1+\frac{z-2}{2}}=$$
$$\sum_{n=0}^{+\infty}(-1)^n(z-2)^n-\frac{1}{2}\sum_{n=0}^{+\infty}(-1)^n\left(\frac{z-2}{2}\right)^n=$$
$$\sum_{n=0}^{+\infty}(-1)^n\left(1-\frac{1}{2^{n+1}}\right)(z-2)^n\quad(|z-2|<1)$$

注 从题中看到，同一个函数 $f(z)=\dfrac{1}{z(z-1)}$ 却有多种不同的级数展开式，此乃因为是在不同的区域上的展开，这并不与级数展式的唯一性相违背.

我们把情形(4) 的区域 $|z-2|<1$ 看作是一种特殊的环域. 从题中看到，

当在以 z_0 为心的圆环上展开时，其幂级数的各项均为以 $z-z_0$ 为底的幂函数. 这实际上是题 213 所告知我们的，应用时自当注意. 如果函数已经是 $z-z_0$ 的整幂(或其代数和)，则函数的洛朗或泰勒展式就是它自身，比如在情形(1)中，$-\frac{1}{z}$ 的展式就是它自身；情形(2) 中，$\frac{1}{z-1}$ 的展式就是它自身等. 正如函数 $3z-2z^2+4z^3$ 在 $z=0$ 的泰勒展式是它自己一样.

219 求 $\frac{1}{1-z}e^z$ 在区域(1) $|z|<1$；(2) $0<|z-1|<+\infty$ 的幂级数展式.

解 (1) 在 $|z|<1$ 内

$$\frac{1}{1-z}e^z=(1+z+z^2+\cdots+z^n+\cdots)(1+z+\frac{z^2}{2!}+\cdots+\frac{z^n}{n!}+\cdots)=$$

$$1+(1+\frac{1}{1!})z+(1+\frac{1}{1!}+\frac{1}{2!})z^2+\cdots+$$

$$(1+\frac{1}{1!}+\frac{1}{2!}+\cdots+\frac{1}{n!})z^n+\cdots$$

(2) 在 $0<|z-1|<+\infty$ 内

$$\frac{1}{1-z}e^z=\frac{1}{1-z}e^{z-1+1}=$$

$$-e\cdot\frac{1}{z-1}\left[1+(z-1)+\frac{(z-1)^2}{2!}+\cdots+\frac{(z-1)^n}{n!}+\cdots\right]=$$

$$-e\left[\frac{1}{z-1}+1+\frac{z-1}{2!}+\cdots+\frac{(z-1)^{n-1}}{n!}+\cdots\right]$$

220 求在 $0<|z-1|<\infty$ 上 $\sin\frac{z}{z-1}$ 的展开式.

解 $\sin\frac{z}{z-1}=\sin\left(1+\frac{1}{z-1}\right)=$

$$\sin 1\cdot\cos\frac{1}{z-1}+\cos 1\cdot\sin\frac{1}{z-1}=$$

$$\sin 1\sum_{n=0}^{\infty}\frac{(-1)^n}{(2n)!}\cdot\frac{1}{(z-1)^{2n}}+$$

$$\cos 1\sum_{n=0}^{\infty}\frac{(-1)^n}{(2n+1)!}\cdot\frac{1}{(z-1)^{2n+1}}$$

221 求$\frac{z}{z^2+1}$,$z_0=\mathrm{i}$,$r_1=0$,$r_2=2$的洛朗展开式.

解 因

$$\frac{z}{z^2+1}=\frac{z}{(z+\mathrm{i})(z-\mathrm{i})}=\frac{(z-\mathrm{i})+\mathrm{i}}{2\mathrm{i}}\left[\frac{1}{z-\mathrm{i}}+\frac{1}{z+\mathrm{i}}\right]$$

而$\frac{1}{z+\mathrm{i}}$在$z_0=\mathrm{i}$的邻域内解析,故可展为关于$z-\mathrm{i}$的幂级数,则

$$\frac{1}{z+\mathrm{i}}=\frac{1}{2\mathrm{i}+(z-\mathrm{i})}=\frac{1}{2\mathrm{i}\left(1+\frac{z-\mathrm{i}}{2\mathrm{i}}\right)}=$$

$$\frac{1}{2\mathrm{i}}\left[1-\frac{(z-\mathrm{i})}{2\mathrm{i}}+\frac{(z-\mathrm{i})^2}{2\mathrm{i}}-\cdots\right]\quad(|z-\mathrm{i}|<2)$$

故

$$\frac{z}{z^2+1}=\frac{1}{2(z-\mathrm{i})}+\frac{1}{4\mathrm{i}}\left[1-\frac{(z-\mathrm{i})}{2\mathrm{i}}+\frac{(z-\mathrm{i})^2}{2\mathrm{i}}-\cdots\right]$$

222 求$f(z)=\frac{1}{(z-1)(z-2)}$在环(1)$|z|<1$;(2)$1<|z|<2$;(3)$2<|z|$内的洛朗展开式.

解 因$f(z)=\frac{1}{z-2}-\frac{1}{z-1}$.

在环(1)内,当$|z|<1$时,分式展开为收敛的几何级数

$$\frac{1}{z-2}=-\frac{1}{2}\cdot\frac{1}{1-\frac{z}{2}}=-\frac{1}{2}\left(1+\frac{z}{2}+\frac{z^2}{4}+\cdots\right)$$

$$\frac{1}{z-1}=-\frac{1}{1-z}=-(1+z+z^2+\cdots)\tag{1}$$

故$f(z)$的洛朗级数为平常的幂级数(这是自然的,因$z=0$不是$f(z)$的奇点).所以

$$f(z)=-\frac{1}{2}\left(1+\frac{z}{2}+\frac{z^2}{4}+\cdots\right)+(1+z+z^2+\cdots)=$$

$$\frac{1}{2}+\frac{3}{4}z+\frac{7}{8}z^2+\cdots\tag{2}$$

在环(2)内,展开式(1)的头一个继续有效,但第二个变为$|z|>1$时到处收敛的展开式

$$\frac{1}{z-1}=\frac{1}{z}\cdot\frac{1}{1-\frac{1}{z}}=\frac{1}{z}\left(1+\frac{1}{z}+\frac{1}{z^2}+\cdots\right)$$

因此在环(2)内,式(2)变为展开式

$$f(z)=-\frac{1}{z}\left(1+\frac{z}{2}+\frac{z^2}{4}+\cdots\right)-\left(\frac{1}{z}+\frac{1}{z^2}+\frac{1}{z^3}+\cdots\right)$$

在环(3)内,最后一个$\frac{1}{z-1}$的展开式仍有效,而式(1)的第一个展开式变为

$$\frac{1}{z-2}=\frac{1}{z}\cdot\frac{1}{1-\frac{2}{z}}=\frac{1}{z}\left(1+\frac{2}{z}+\frac{4}{z^2}+\cdots\right)$$

故 $f(z)$ 在环(3)内的展开式为

$$f(z)=\left(\frac{1}{z}+\frac{2}{z^2}+\cdots\right)-\left(\frac{1}{z}+\frac{1}{z^2}+\cdots\right)=\frac{1}{z^2}+\frac{3}{z^3}+\cdots$$

223 在单位圆周上,若把 $f(z)$ 的洛朗级数看成实自变量 t 的函数时,则它是函数 $F(t)=f(\mathrm{e}^{\mathrm{i}t})$ 的傅里叶级数.

证 设 $f(z)$ 在环 $1-\varepsilon<|z|<1+\varepsilon$ 内正则,则它在这个环内可化为洛朗级数

$$f(z)=\sum_{n=-\infty}^{\infty}c_nz^n$$

其中

$$c_n=\frac{1}{2\pi\mathrm{i}}\int_{|\xi|=1}\frac{f(\xi)\mathrm{d}\xi}{\xi^{n+1}}=\frac{1}{2\pi}\int_0^{2\pi}f(\mathrm{e}^{\mathrm{i}\theta})\mathrm{e}^{-\mathrm{i}n\theta}\mathrm{d}\theta$$

对单位圆周上的点 $z=\mathrm{e}^{\mathrm{i}t}$,我们得

$$F(t)=f(\mathrm{e}^{\mathrm{i}t})=\sum_{n=-\infty}^{\infty}c_n\mathrm{e}^{\mathrm{i}nt} \tag{1}$$

其中

$$c_n=\frac{1}{2\pi}\int_0^{2\pi}F(\theta)\mathrm{e}^{-\mathrm{i}n\theta}\mathrm{d}\theta \tag{2}$$

系数为式(2)的级数(1)就是 $F(t)$ 的傅里叶级数的复数形式.

实际上,级数(1)可以改写为

$$F(t)=c_0+\sum_{n=1}^{\infty}(c_n\mathrm{e}^{\mathrm{i}nt}+c_{-n}\mathrm{e}^{-\mathrm{i}nt})=$$

$$\frac{a_0}{2}+\sum_{n=1}^{\infty}(a_n\cos nt+b_n\sin nt) \tag{3}$$

其中令 $c_0=\frac{a_0}{2}$,应用欧拉公式并记 $c_n+c_{-n}=a_n$,$\mathrm{i}(c_n-c_{-n})=b_n$.对于系数 a_n,

b_n，根据式(2)有

$$a_0=2c_0=\frac{1}{\pi}\int_0^{2\pi}F(\theta)\mathrm{d}\theta$$

$$a_n=c_n+c_{-n}=\frac{1}{\pi}\int_0^{2\pi}F(\theta)\cos n\theta\,\mathrm{d}\theta$$

$$b_n=\frac{c_{-n}-c_n}{\mathrm{i}}=\frac{1}{\pi}\int_0^{2\pi}F(\theta)\sin n\theta\,\mathrm{d}\theta$$

因此它们是 $F(t)$ 的傅里叶系数.

224 把函数 $\sqrt{(z-1)(z-2)}$ 展成洛朗级数，其中 $|z|>2$.

解 $f(z)=\sqrt{(z-1)(z-2)}=\sqrt{z^2\left(1-\frac{1}{z}\right)\left(1-\frac{2}{z}\right)}=$

$$\pm z\left(1-\frac{1}{z}\right)^{\frac{1}{2}}\left(1-\frac{2}{z}\right)^{\frac{1}{2}}\quad(|z|>2>1)$$

因

$$\left(1-\frac{1}{z}\right)^{\frac{1}{2}}=\binom{\alpha}{0}-\binom{\alpha}{1}\frac{1}{z}+\binom{\alpha}{2}\left(\frac{1}{z}\right)^2-\cdots+(-1)^n\binom{\alpha}{n}\left(\frac{1}{z}\right)^n+\cdots$$

$$\left(1-\frac{2}{z}\right)^{\frac{1}{2}}=\binom{\alpha}{0}-\binom{\alpha}{1}\frac{2}{z}+\binom{\alpha}{2}\left(\frac{2}{z}\right)^2-\cdots+(-1)^n\binom{\alpha}{n}\left(\frac{2}{z}\right)^n+\cdots$$

其中

$$\alpha=\frac{1}{2},\left|\frac{1}{z}\right|<1,\left|\frac{2}{z}\right|<1$$

且

$$\binom{\alpha}{n}=\mathrm{C}_n^{\alpha}=\frac{\alpha(\alpha-1)\cdots(\alpha-n+1)}{n!}$$

而

$$\left(1-\frac{1}{z}\right)^{\frac{1}{2}}\left(1-\frac{2}{z}\right)^{\frac{1}{2}}=\binom{\alpha}{0}\binom{\alpha}{0}-\left[\binom{\alpha}{0}\binom{\alpha}{1}\cdot\frac{2}{1}+\binom{\alpha}{0}\binom{\alpha}{1}\right]\frac{1}{z}+$$
$$\left[2\binom{\alpha}{1}\binom{\alpha}{1}+\binom{\alpha}{0}\binom{\alpha}{2}\cdot 2^2+\binom{\alpha}{0}\binom{\alpha}{2}\right]\frac{1}{z^2}-\cdots=$$
$$C_0-C_1\frac{1}{z}+C_2\frac{1}{z^2}-\cdots+(-1)^nC_n\frac{1}{z^n}+\cdots$$

而

$$C_n=\binom{\alpha}{n}+2\binom{\alpha}{n-1}\binom{\alpha}{1}+2^2\binom{\alpha}{n-2}\binom{\alpha}{2}+\cdots+2^n\binom{\alpha}{n}$$

所以

$$\sqrt{(z-1)(z-2)}=\pm\left[C_0 z-C_1+\frac{C_2}{z}-\frac{C_3}{z^2}+\cdots+(-1)^n\frac{C_n}{2^{n-1}}+\cdots\right]$$

225 在点 $z=\infty$ 的邻域内将函数 $f(z)=e^{\frac{z}{z+2}}$ 展成洛朗级数.

解 令 $z=\frac{1}{t}$,则 $f\left(\frac{1}{t}\right)=e^{\frac{1}{1+2t}}=g(t)$,$t=0$ 为其正则点.而

$$g'(t)=-\frac{2}{(1+2t)^2}e^{\frac{1}{1+2t}}$$

$$g''(t)=e^{\frac{1}{1+2t}}\left[\frac{8}{(1+2t)^3}+\frac{4}{(1+2t)^4}\right]$$

等,于是 $g(0)=e$,$g'(0)=-2e$,$g''(0)=12e$,$\cdots$.所以

$$g(t)=e(1-2t+6t^2+\cdots)$$

从而

$$e^{\frac{z}{z+2}}=e\left(1-\frac{2}{z}+\frac{6}{z^2}+\cdots\right)$$

此级数在 $|z|>2$ 收敛,因 $z=-2$ 是其唯一奇点.

226 求 $f(z)=\ln\frac{z}{1+z}(|z|>1)$ 的洛朗展开式.

解 $\ln\frac{z}{1+z}=-\ln\left(1+\frac{1}{z}\right)=-\sum_{n=1}^{\infty}(-1)^{n-1}\frac{z^n}{n}=\sum_{n=1}^{\infty}(-1)^n\frac{z^n}{n}.$

227 求函数$\frac{e^z}{z^2-1}$在点 ∞ 的留数.

解 这个函数在扩充平面上共有三个奇点:$\pm 1,\infty$.而

$$\mathrm{Res}(1)=\lim_{z\to 1}\frac{(z-1)e^z}{z^2-1}=\frac{e}{2}$$

$$\mathrm{Res}(-1)=\lim_{z\to -1}\frac{(z+1)e^z}{z^2-1}=-\frac{e^{-1}}{2}$$

所以

$$\mathrm{Res}(\infty)=-[\mathrm{Res}(1)+\mathrm{Res}(-1)]=\frac{1}{2}(e^{-1}-e)=\frac{1-e^2}{2e}$$

在题 228 ~ 236 中,将函数 $f(z)$ 在所指定的区域内展为 L 级数.

228 $f(z)=\dfrac{1}{(z-a)(z-b)}$ 在 $z=0,z=a,z=\infty$ 的邻域及圆环 $|a|<|z|<|b|$.

解 (1) 在 $z=0$ 时

$$\frac{1}{(z-a)(z-b)}=\frac{1}{(b-a)}\left(\frac{1}{a-z}-\frac{1}{b-z}\right)=\frac{1}{b-a}\left[\frac{1}{a}\sum_{n=0}^{\infty}\left(\frac{z}{a}\right)^n-\frac{1}{b}\sum_{n=0}^{\infty}\left(\frac{z}{b}\right)^n\right]$$

的收敛域为 $|z|<|a|$(因为 $|a|<|b|$),即

$$f(z)=\frac{1}{b-a}\sum_{n=0}^{\infty}\frac{b^{n+1}-a^{n+1}}{a^{n+1}b^{n+1}}z^n\quad(|z|<|a|)$$

这是泰勒级数,它是 L 级数的特殊情况(即 $c_{-n}=0,n=1,2,\cdots$).

(2) 在 $z=a$ 时

$$f(z)=\frac{1}{a-b}\left[\frac{1}{z-a}+\frac{1}{(b-a)-(z-a)}\right]=\frac{1}{a-b}\left[\frac{1}{z-a}+\sum_{n=0}^{\infty}\frac{(z-a)^n}{(b-a)^{n+1}}\right]$$

收敛域为 $0<|z-a|<|b-a|$.

(3) 在 $z=\infty$ 时

$$f(z)=\frac{1}{b-a}\left[\frac{1}{z-b}-\frac{1}{z-a}\right]=\frac{1}{b-a}\left[\frac{1}{z}\sum_{n=0}^{\infty}\left(\frac{b}{z}\right)^n-\frac{1}{z}\sum_{n=0}^{\infty}\left(\frac{a}{z}\right)^n\right]=$$

$$\frac{1}{b-a}\sum_{n=2}^{\infty}\frac{b^{n-1}-a^{n-1}}{z^n}$$

的收敛域为 $|z|>|b|$(因为 $|a|<|b|$).

(4) 在 $|a|<|z|<|b|$ 时

$$f(z)=\frac{1}{a-b}\left(\frac{1}{z-a}-\frac{1}{z-b}\right)=\frac{1}{a-b}\left(\sum_{n=0}^{\infty}\frac{z^n}{b^{n+1}}+\sum_{n=1}^{\infty}\frac{a^{n-1}}{z^n}\right)$$

229 $f(z)=\dfrac{1}{(z+2)(z^2+1)}$ 在 $|z|<1,1<|z|<2,|z|>2$.

解 因为 $f(z)=\dfrac{1}{5}\left(\dfrac{1}{z+2}+\dfrac{2-z}{z^2+1}\right)$.

(1) 在 $|z|<1$ 时.因为

$$\frac{1}{z+2}=\frac{1}{2}\sum_{n=0}^{\infty}(-1)^n\left(\frac{z}{2}\right)^n=\sum_{n=0}^{\infty}(-1)^n\frac{z^n}{2^{n+1}}\quad(|z|<2)$$

$$\frac{2-z}{z^2+1}=(2-z)\sum_{n=0}^{\infty}(-1)^n z^{2n}=$$

$$\sum_{n=0}^{\infty}(-1)^n 2z^{2n}+\sum_{n=0}^{\infty}(-1)^{n+1}z^{2n+1}\quad(|z|<1)$$

由于$\sum_{n=0}^{\infty}\frac{(-1)^n}{2^{n+1}}z^n=\sum_{n=0}^{\infty}\frac{z^{2n}}{2^{2n+1}}-\sum_{n=0}^{\infty}\frac{z^{2n+1}}{2^{2n+2}}$，所以在$|z|<1$时

$$f(z)=\frac{1}{5}\left[\sum_{n=0}^{\infty}\left(\frac{1}{2^{2n+1}}+(-1)^n z\right)z^{2n}-\right.$$
$$\left.\sum_{n=0}^{\infty}\left(\frac{1}{2^{2n+2}}+(-1)^n\right)z^{2n+1}\right]$$

(2)$1<|z|<2$，在$|z|>1$时

$$\frac{2-z}{z^2+1}=\frac{2-z}{z^2}\sum_{n=0}^{\infty}(-1)^n z^{-2n}=\sum_{n=0}^{\infty}(-1)^n 2z^{-2n-2}+\sum_{n=0}^{\infty}(-1)^{n+1}z^{-2n-1}$$

所以

$$f(z)=\frac{1}{5}\left[\sum_{n=0}^{\infty}\frac{(-1)^n}{2^{n+1}}z^n+\sum_{n=0}^{\infty}\frac{(-1)^{n+1}}{z^{2n+1}}+\sum_{n=1}^{\infty}\frac{(-1)^{n+1}2}{2^{2n}}\right]$$

(3) 在$|z|>2$时. 因为

$$\frac{1}{z+2}=\frac{1}{z}\sum_{n=0}^{\infty}(-1)^n\left(\frac{2}{z}\right)^2=\sum_{n=0}^{\infty}\frac{2^{2n}}{z^{2n+1}}-\sum_{n=1}^{\infty}\frac{2^{2n-1}}{z^{2n}}$$

所以

$$f(z)=\frac{1}{5}\left[\sum_{n=0}^{\infty}\frac{2^{2n}+(-1)^{n+1}}{z^{2n+1}}-\sum_{n=1}^{\infty}\frac{2^{2n-1}+(-1)^n 2}{z^{2n}}\right]$$

230 $f(z)=\frac{1}{(z^2+1)^2}$在点$z=\mathrm{i}$及$z=\infty$的邻域.

解 (1) 在$z=\mathrm{i}$时. 因为

$$f(z)=\frac{1}{(z-\mathrm{i})^2}\cdot\frac{1}{(z-\mathrm{i}+2\mathrm{i})^2}=$$
$$\frac{1}{(z-\mathrm{i})^2}\cdot\frac{1}{\left[2\mathrm{i}\left(1+\frac{z-\mathrm{i}}{2\mathrm{i}}\right)\right]^2}$$

当$|z-\mathrm{i}|<2$时，$\frac{1}{1+\frac{z-\mathrm{i}}{2\mathrm{i}}}=\sum_{n=0}^{\infty}(-1)^n\left(\frac{z-\mathrm{i}}{2\mathrm{i}}\right)^n$且可逐项微分.

于是$\frac{-1}{2\mathrm{i}\left(1+\frac{z-\mathrm{i}}{2\mathrm{i}}\right)^2}=\sum_{n=0}^{\infty}(-1)^n n\left(\frac{z-\mathrm{i}}{2\mathrm{i}}\right)^{n-1}\cdot\frac{1}{2\mathrm{i}}$. 所以

$$f(z)=\frac{1}{(z-\mathrm{i})^2}\cdot\frac{1}{(2\mathrm{i})^2}\sum_{n=1}^{\infty}(-1)^{n+1}n\left(\frac{z-\mathrm{i}}{2\mathrm{i}}\right)^{n-1}=$$
$$\sum_{n=1}^{\infty}(-1)^{n+1}n\frac{(z-\mathrm{i})^{n-3}}{(2\mathrm{i})^{n+1}}=$$

$$\sum_{n=1}^{\infty}\frac{n\mathrm{i}^{n+1}(z-\mathrm{i})^{n-3}}{2^{n+1}}=$$

$$-\frac{1}{4(z-\mathrm{i})^2}-\frac{\mathrm{i}}{4(z-\mathrm{i})}+\sum_{n=0}^{\infty}\frac{(n+3)\mathrm{i}^n(z-\mathrm{i})^n}{2^{n+4}}$$

其中 $0<|z-\mathrm{i}|<2$(因为 $z\neq\mathrm{i}$).

(2) 在 $z=\infty$ 时. 令 $z=\frac{1}{\zeta}$, $z=\infty$ 的邻域化为 $\zeta=0$ 的邻域. 故

$$f(z)=\frac{1}{(z^2+1)^2}=\frac{\zeta^4}{(1+\zeta^2)^2}$$

而 $\frac{1}{1+\zeta^2}=\sum_{n=0}^{\infty}(-1)^n\zeta^{2n}$ 在 $|\zeta|\leqslant|r|<1$ 可逐项微分,于是 $|\zeta|<1$ 时

$$-\frac{2\zeta}{(1+\zeta^2)^2}=\sum_{n=1}^{\infty}(-1)^n 2n\zeta^{2n-1}$$

所以

$$f(z)=\frac{\zeta^3}{2}\cdot\frac{2\zeta}{(1+\zeta^2)^2}=\sum_{n=1}^{\infty}(-1)^{n+1}n\zeta^{2n+2}=$$

$$\sum_{n=1}^{\infty}(-1)^{n+1}\frac{n}{z^{2n+2}}\quad(|z|>1)$$

231 $f(z)=\frac{1}{z(z+2)^3}$ 在点 $z=-2, z=0, z=\infty$ 的邻域.

解 (1) 在 $z=-2$ 时,令 $z+2=u$. 则

$$f(z)=\frac{1}{z(z+2)^3}=\frac{1}{(u-2)u^3}=\frac{-1}{2u^3\left(1-\frac{u}{2}\right)}=$$

$$-\frac{1}{2u^3}\sum_{n=0}^{\infty}\left(\frac{u}{2}\right)^n=$$

$$-\sum_{n=0}^{\infty}\frac{1}{2^{n+1}}(z+2)^{n-3}\quad(0<|z+2|<2)$$

(2) $z=0$,在 $0<|z|<2$ 时

$$f(z)=\frac{1}{z(z+2)^3}=\frac{1}{8z}\left(1+\frac{z}{2}\right)^{-3}=$$

$$\sum_{n=0}^{\infty}\frac{(-3)(-4)\cdots(-n-2)z^{n-1}}{n!\ 2^{n+3}}$$

(3) $z=\infty$,在 $|z|>2$ 时

$$f(z)=\frac{1}{z(z+2)^3}=\frac{1}{z^4}\left(1+\frac{2}{z}\right)^{-3}=$$

$$\sum_{n=0}^{\infty}\frac{(-3)(-4)\cdots(-n-2)2^n}{n!\ z^{n+4}}$$

232 $f(z)=\sqrt{(z-a)(z-b)}\,(|a|\leqslant|b|)$，在 $z=\infty$ 的邻域(研究函数的两支).

解 令 $z=\frac{1}{\zeta}$，则点 $z=\infty$ 的邻域化为 $\zeta=0$ 的邻域. 设 $\sqrt{(1-a\zeta)(1-b\zeta)}$ 表示 $\zeta=0$ 时其值为 1 的一支，于是

$$f(z)=\sqrt{(z-a)(z-b)}=\pm\frac{1}{\zeta}\sqrt{(1-a\zeta)(1-b\zeta)}=$$

$$\pm\frac{1}{\zeta}\left[\sum_{n=0}^{\infty}\begin{pmatrix}\frac{1}{2}\\ n\end{pmatrix}(-a\zeta)^n\right]\left[\sum_{n=0}^{\infty}\begin{pmatrix}\frac{1}{2}\\ n\end{pmatrix}(-b\zeta)^n\right]=$$

$$\pm z\sum_{n=0}^{\infty}\begin{pmatrix}\frac{1}{2}\\ n\end{pmatrix}\frac{(-1)^n a^n}{z^n}\cdot\sum_{n=0}^{\infty}\begin{pmatrix}\frac{1}{2}\\ n\end{pmatrix}\frac{(-1)^n b^n}{z^n}=$$

$$\pm z\left[1-\frac{1}{2}(a+b)\frac{1}{z}+\sum_{n=2}^{\infty}\frac{c_{-(n-1)}}{z^n}\right]=$$

$$\pm\left[z-\frac{1}{2}(a+b)+\sum_{n=1}^{\infty}\frac{c_{-n}}{z^n}\right]$$

这里

$$c_{-(n-1)}=(-1)^n\left[\begin{pmatrix}\frac{1}{2}\\ n\end{pmatrix}b^n+\begin{pmatrix}\frac{1}{2}\\ n-1\end{pmatrix}\begin{pmatrix}\frac{1}{2}\\ 1\end{pmatrix}b^{n-1}a+\right.$$

$$\left.\begin{pmatrix}\frac{1}{2}\\ n-2\end{pmatrix}\begin{pmatrix}\frac{1}{2}\\ 2\end{pmatrix}b^{n-2}a^2+\cdots+\begin{pmatrix}\frac{1}{2}\\ n\end{pmatrix}a^n\right]$$

其中 $\begin{pmatrix}\frac{1}{2}\\ n\end{pmatrix}=\dfrac{\frac{1}{2}\left(\frac{1}{2}-1\right)\cdots\left(\frac{1}{2}-n+1\right)}{n!}$.

由于每个 $|z|>|b|$，上面相乘的两个级数是绝对收敛的，故可用乘法定理.

233 $f(z)=e^{\frac{1}{1-z}}$ 在点 $z=1$ 与 $z=\infty$ 的邻域.

解法 1 (1) 在 $z=1$ 时, $f(z)=e^{-\frac{1}{z-1}}=\sum_{n=0}^{\infty}\frac{(-1)^n}{n!}\cdot\frac{1}{(z-1)^n}$, $0<|z-1|<\infty$.

(2) 在 $z=\infty$ 时, 令 $z=\frac{1}{\zeta}$, 则 $\frac{1}{(z-1)^n}=\frac{\zeta^n}{(1-\zeta)^n}$, 而 $\frac{1}{1-\zeta}=\sum_{p=0}^{\infty}\zeta^p$ $(|\zeta|<1)$ 在 $0<|\zeta|\leqslant r<1$ 可逐项微分 $n-1$ 次, 于是

$$\frac{(n-1)!}{(1-\zeta)^n}=\sum_{p=n-1}^{\infty}p(p-1)\cdots(p-n+2)\zeta^{p-n+1}$$

所以

$$\frac{1}{(1-\zeta)^n}=\sum_{p=n-1}^{\infty}\binom{p}{n-1}\zeta^{p-n+1}$$

故

$$\frac{1}{(z-1)^n}=\frac{\zeta^n}{(1-\zeta)^n}=\sum_{p=n-1}^{\infty}\binom{p}{n-1}\zeta^{p+1}=$$
$$\sum_{p=n-1}^{\infty}\binom{p}{n-1}\frac{1}{z^{p+1}}\quad(|z|>1)$$

所以

$$e^{\frac{1}{1-z}}=\sum_{n=0}^{\infty}\frac{(-1)^n}{n!}\cdot\frac{1}{(z-1)^n}=$$
$$\sum_{n=0}^{\infty}\frac{(-1)^n}{n!}\sum_{p=n-1}^{\infty}\binom{p}{n-1}\frac{1}{z^{p+1}}=$$
$$1+\sum_{n=1}^{\infty}\frac{(-1)^n}{n!}\sum_{p=n-1}^{\infty}\binom{p}{n-1}\frac{1}{z^{p+1}}=$$
$$1+(-1)\sum_{p=0}^{\infty}\binom{p}{0}\frac{1}{z^{p+1}}+(-1)^2\frac{1}{2!}\sum_{p=1}^{\infty}\binom{p}{1}\frac{1}{z^{p+1}}+\cdots+$$
$$\frac{(-1)^k}{k!}\sum_{p=k-1}^{\infty}\binom{p}{k-1}\frac{1}{z^{p+1}}+\cdots=$$
$$1-\frac{1}{z}+\left[-1+\frac{(-1)^2}{2!}\binom{1}{1}\right]\frac{1}{z^2}+$$
$$\left[-1+\frac{(-1)^2}{2!}\binom{2}{1}+\frac{(-1)^3}{3!}\binom{2}{2}\right]\frac{1}{z^3}+\cdots+$$
$$\left[-1+\frac{(-1)^2}{2!}\binom{n-1}{1}+\frac{(-1)^3}{3!}\binom{n-1}{2}+\cdots+\right.$$

$$\left.\frac{(-1)^n}{n!}\binom{n-1}{n-1}\right]\frac{1}{z^n}+\cdots=$$

$$1-\frac{1}{z}+\sum_{n=2}^{\infty}\left[-1+\sum_{k=1}^{n-1}\frac{(-1)^{k+1}}{(k+1)!}\binom{n-1}{k}\right]\frac{1}{z^n}=$$

$$1-\frac{1}{z}+\sum_{n=2}^{\infty}c_{-n}z^{-n}$$

其中 $c_{-n}=-1+\sum\limits_{k=1}^{n-1}\frac{(-1)^{k+1}}{(k+1)!}\binom{n-1}{k}(n=2,3,\cdots)$，$|z|>1$.

解法 2 令 $u=\frac{1}{1-z}=-\frac{1}{z-1}=-\frac{1}{z\left(1-\frac{1}{z}\right)}\left(\left|\frac{1}{z}\right|<1\right)$. 所以

$$f(z)=\mathrm{e}^u=\sum_{n=0}^{\infty}\frac{1}{n!}u^n=1+\sum_{n=1}^{\infty}(-1)^n\frac{1}{n!}\cdot\frac{1}{z^n\left(1-\frac{1}{z}\right)^n}$$

但

$$\frac{1}{1-z}=-\frac{1}{z\left(1-\frac{1}{z}\right)}=-\sum_{n=1}^{\infty}\frac{1}{z^n}\quad(|z|>1)$$

所以

$$f(z)=1+\sum_{n=1}^{\infty}\frac{(-1)^n}{n!}\left[\frac{1}{z^n}\left(1+\frac{1}{z}+\frac{1}{z^2}+\cdots\right)^n\right]=$$

$$1-\frac{1}{z}\left(1+\frac{1}{z}+\frac{1}{z^2}+\cdots\right)+$$

$$\frac{1}{2!\ z^2}\left(1+\frac{1}{z}+\frac{1}{z^2}+\cdots\right)^2+\cdots+$$

$$(-1)^n\frac{1}{n!}\cdot\frac{1}{z^n}\left(1+\frac{1}{z}+\frac{1}{z^2}+\cdots\right)^n+\cdots=$$

$$1-\frac{1}{z}-\frac{1}{2z^2}-\frac{1}{6z^3}+\frac{1}{24z^4}+\frac{19}{120z^5}+\cdots$$

234 $f(z)=\sin z\sin\frac{1}{z}$ 在域 $0<|z|<\infty$.

解 $f(z)=\sin z\sin\frac{1}{z}=\left(\frac{1}{z}-\frac{1}{3!\ z^3}+\frac{1}{5!\ z^5}-\cdots+\right.$

$$\left.(-1)^k\frac{1}{(2k+1)!\ z^{2k+1}}+\cdots\right)\sum_{n=0}^{\infty}(-1)^n\frac{z^{2n+1}}{(2n+1)!}$$

即

$$f(z)=\sum_{n=0}^{\infty}(-1)^n\frac{z^{2n}}{(2n+1)!}+\frac{(-1)}{3!}\sum_{n=-1}^{\infty}(-1)^{n+1}\frac{z^{2n}}{(2n+3)!}+\cdots+$$
$$\frac{(-1)^k}{(2k+1)!}\sum_{n=-k}^{\infty}(-1)^{n+k}\frac{z^{2n}}{(2n+2k+1)!}+\cdots=$$
$$\sum_{n=0}^{\infty}\left[\sum_{k=0}^{\infty}\frac{(-1)^{n+2k}}{(2k+1)!\ (2n+2k+1)!}\right]z^{2n}+\sum_{n=0}^{\infty}c_{-2n}z^{-2n}=$$
$$\sum_{n=0}^{\infty}c_{2n}z^{2n}+\sum_{n=0}^{\infty}c_{-2n}z^{2n}$$

其中

$$c_{2n}=\sum_{k=0}^{\infty}\frac{(-1)^{n+2k}}{(2k+1)!\ (2n+2k+1)!}=$$
$$\sum_{n=0}^{\infty}\frac{(-1)^n}{(2k+1)!\ (2n+2k+1)!}\quad(n=0,1,2,\cdots)$$

由于对任意的 $z(0<|z|<\infty)$，$\sum_{n=0}^{\infty}(-1)\frac{z^{2n+1}}{(2n+1)!}$ 与 $\sum_{n=0}^{\infty}\frac{(-1)^n}{(2n+1)!\ z^{2n+1}}$ 绝对收敛.由绝对收敛性质知，上面的计算是合理的.

又

$$f(z)=\left[z-\frac{1}{3!}z^3+\cdots+(-1)^k\frac{z^{2k+1}}{(2k+1)!}+\cdots\right]\cdot$$
$$\sum_{n=0}^{\infty}(-1)^n\frac{1}{(2n+1)!\ z^{2n+1}}=$$
$$\sum_{n=0}^{\infty}\frac{(-1)^n}{(2n+1)!\ z^{2n}}+\frac{(-1)}{3!}\sum_{n=-1}^{\infty}\frac{(-1)^{n+1}}{(2n+3)!\ z^{2n}}+\cdots+$$
$$\frac{(-1)^k}{(2k+1)!}\sum_{n=-k}^{\infty}\frac{(-1)^{n+k}}{(2n+1)!\ z^{2n}}+\cdots=$$
$$\sum_{n=0}^{\infty}\left[\sum_{k=0}^{\infty}\frac{(-1)^{n+2k}}{(2k+1)!\ (2n+2k+1)!}\right]\frac{1}{z^{2n}}+\sum_{n=0}^{\infty}c_{2n}z^{2n}$$

所以

$$c_{2n}=c_{-2n}=\sum_{n=0}^{\infty}\frac{(-1)^n}{(2k+1)!\ (2n+2k+1)!}\quad(n=0,1,2,\cdots)$$

235 $f(z)=\frac{1}{z-2}\ln\frac{z-i}{z+i}$（主支）在 $z=\infty$ 的邻域.

解 对数主支 $\ln(1+z)=\sum_{n=1}^{\infty}(-1)^{n-1}\frac{z^n}{n}$，$|z|<1$.有

$$f(z)=\frac{1}{z-2}\ln\frac{z-\mathrm{i}}{z+\mathrm{i}}=\frac{1}{z}\cdot\frac{1}{1-\frac{2}{z}}\ln\frac{1-\frac{\mathrm{i}}{z}}{1+\frac{\mathrm{i}}{z}}=$$

$$\frac{1}{z}\sum_{n=0}^{\infty}\left(\frac{2}{z}\right)^{n}\left[-\sum_{n=1}^{\infty}\frac{\mathrm{i}^{n}}{nz^{n}}+\sum_{n=1}^{\infty}\frac{(-\mathrm{i})^{n}}{nz^{n}}\right]=$$

$$\frac{1}{z}\sum_{n=1}^{\infty}\left(\frac{2}{z}\right)^{n-1}\sum_{n=1}^{\infty}\frac{-2\mathrm{i}^{2n-1}}{(2n-1)z^{2n-1}}=$$

$$2\sum_{n=1}^{\infty}\left(\frac{2}{z}\right)^{n-1}\sum_{n=1}^{\infty}\frac{(-1)^{n}\mathrm{i}}{(2n-1)z^{2n}}=$$

$$-\mathrm{i}\left[\frac{2}{z^{2}}+\frac{2^{2}}{z^{3}}+\left(2^{3}-\frac{2}{3}\right)\frac{1}{z^{4}}+\left(2^{4}-\frac{2^{2}}{3}\right)\frac{1}{z^{5}}+\cdots\right]=$$

$$\sum_{n=2}^{\infty}\frac{c_{-n}}{z^{n}}\quad(|z|>2)$$

其中

$$c_{-2k}=-\mathrm{i}\left[2^{2k-1}-\frac{2^{2k-3}}{3}+\frac{2^{2k-5}}{5}-\cdots+\frac{(-1)^{k+1}2}{2k-1}\right]$$

$$c_{-(2k+1)}=2c_{-2k}\quad(k=1,2,\cdots)$$

236 $f(z)=\sin\frac{z}{1-z}$ 在 $z=1$ 的邻域.

解 因为 $f(z)=\sin\left[-\left(1-\frac{1}{1-z}\right)\right]=-\sin\left(1+\frac{1}{z-1}\right)$. 即

$$f(z)=-\left(\sin 1\cos\frac{1}{z-1}+\cos 1\sin\frac{1}{z-1}\right)=$$

$$-\left[\sin 1\sum_{n=0}^{\infty}\frac{(-1)^{n}}{(2n)!\ (z-1)^{2n}}+\cos 1\sum_{n=0}^{\infty}\frac{(-1)^{n}}{(2n+1)!\ (z-1)^{2n+1}}\right)=$$

$$-\left[\sin 1+\frac{\cos 1}{z-1}-\frac{\sin 1}{2!\ (z-1)^{2}}-\frac{\cos 1}{3!\ (z-1)^{3}}+\cdots+\right.$$

$$\left.(-1)^{n}\frac{\sin 1}{(2n)!\ (z-1)^{2n}}+(-1)^{n}\frac{\cos 1}{(2n+1)!\ (z-1)^{2n+1}}+\cdots\right]=$$

$$-\sum_{n=0}^{\infty}\frac{\sin\left(1+\frac{n\pi}{2}\right)}{n!\ (z-1)^{n}}\quad(0<|z-1|<\infty)$$

237 证明:在 $0<|z|<+\infty$ 时,下列展式是成立的

$$\operatorname{ch}\left(z+\frac{1}{z}\right)=c_0+\sum_{n=1}^{\infty}c_n\left(z^n+\frac{1}{z^n}\right)$$

其中

$$c_n=\frac{1}{\pi}\int_0^{\pi}\cos n\varphi\operatorname{ch}(2\cos\varphi)\mathrm{d}\varphi\quad(n=0,\pm 1,\pm 2,\cdots)$$

证　因为 $\operatorname{ch}\left(z+\frac{1}{z}\right)$ 除去点 $z=0,\infty$ 外全解析，所以在 $0<|z|<\infty$ 时，可展为 L 级数 $\sum\limits_{n=-\infty}^{+\infty}c_nz^n$. 其中

$$c_{\pm n}=\frac{1}{2\pi\mathrm{i}}\int_{|z|=1}\frac{\operatorname{ch}(z+z^{-1})}{\pm n+1}\mathrm{d}z=$$
$$\frac{1}{2\pi}\int_{-\pi}^{\pi}\frac{\operatorname{ch}(\mathrm{e}^{\mathrm{i}\varphi}+\mathrm{e}^{-\mathrm{i}\varphi})}{\mathrm{e}^{\pm\mathrm{i}n\varphi}}\mathrm{d}\varphi=$$
$$\frac{1}{2\pi}\int_{-\pi}^{\pi}\operatorname{ch}(2\cos\varphi)(\cos n\varphi\mp\mathrm{i}\sin n\varphi)\mathrm{d}\varphi$$

因为 $\operatorname{ch}(2\cos\varphi)\cos n\varphi$ 是偶函数，$\operatorname{ch}(2\cos\varphi)\sin n\varphi$ 是奇函数，所以

$$c_{\pm n}=\frac{1}{\pi}\int_0^{\pi}\operatorname{ch}(2\cos\varphi)\cos n\varphi\mathrm{d}\varphi\quad(n=0,1,2,\cdots)$$

238 设 $f(z)$ 在环 $r<|z|<R$ 上解析，$r<1<R$，则 $f(z)$ 的洛朗展式为

$$f(z)=\sum_{n=-\infty}^{+\infty}c_nz^n\tag{1}$$

其中

$$c_n=\frac{1}{2\pi\mathrm{i}}\int_{|\zeta|=1}\frac{f(\zeta)}{\zeta^{n+1}}\mathrm{d}\zeta=\frac{1}{2\pi\mathrm{i}}\int_0^{2\pi}\frac{f(\mathrm{e}^{\mathrm{i}\theta})}{\mathrm{e}^{\mathrm{i}(n+1)\theta}}\mathrm{e}^{\mathrm{i}\theta}\cdot\mathrm{i}\mathrm{d}\theta=$$
$$\frac{1}{2\pi}\int_0^{2\pi}f(\mathrm{e}^{\mathrm{i}\theta})\mathrm{e}^{-\mathrm{i}n\theta}\mathrm{d}\theta$$

证　只在单位圆周 $z=\mathrm{e}^{\mathrm{i}\theta}(0\leqslant\theta\leqslant 2\pi)$ 上考虑 $f(z)$，则式(1)可写为

$$f(\mathrm{e}^{\mathrm{i}\theta})=\sum_{n=-\infty}^{+\infty}c_n\mathrm{e}^{\mathrm{i}n\theta}=$$
$$c_0+\sum_{n=1}^{+\infty}(c_n\mathrm{e}^{\mathrm{i}n\theta}+c_{-n}\mathrm{e}^{-\mathrm{i}n\theta})=$$
$$c_0+\sum_{n=1}^{+\infty}[(c_n+c_{-n})\cos n\theta+\mathrm{i}(c_n-c_{-n})\sin n\theta]\tag{2}$$

若记 $a_0=2c_0=\dfrac{1}{\pi}\int_0^{2\pi}f(\mathrm{e}^{\mathrm{i}\theta})\mathrm{d}\theta$,则

$$a_n=c_n+c_{-n}=\frac{1}{2\pi}\int_0^{2\pi}f(\mathrm{e}^{\mathrm{i}\theta})(\mathrm{e}^{-\mathrm{i}n\theta}+\mathrm{e}^{\mathrm{i}n\theta})\mathrm{d}\theta=$$

$$\frac{1}{\pi}\int_0^{2\pi}f(\mathrm{e}^{\mathrm{i}\theta})\cos n\theta\,\mathrm{d}\theta$$

$$b_n=\mathrm{i}(c_n-c_{-n})=\frac{\mathrm{i}}{2\pi}\int_0^{2\pi}f(\mathrm{e}^{\mathrm{i}\theta})(\mathrm{e}^{-\mathrm{i}n\theta}-\mathrm{e}^{\mathrm{i}n\theta})\mathrm{d}\theta=$$

$$\frac{1}{\pi}\int_0^{2\pi}f(\mathrm{e}^{\mathrm{i}\theta})\sin n\theta\,\mathrm{d}\theta$$

则式(2)可改写为

$$f(\mathrm{e}^{\mathrm{i}\theta})=\frac{a_0}{2}+\sum_{n=1}^{+\infty}(a_n\cos n\theta+b_n\sin n\theta)$$

这就是说,当在单位圆周 $z=\mathrm{e}^{\mathrm{i}\theta}(0\leqslant\theta\leqslant 2\pi)$ 上,将 $f(z)=f(\mathrm{e}^{\mathrm{i}\theta})$ 视为实变数 θ 的函数时,$f(z)$ 的洛朗级数便是 $f(\mathrm{e}^{\mathrm{i}\theta})$ 作为 θ 的函数的傅里叶级数.

239 若把 $f(z,t)=\mathrm{e}^{z(t-t^{-1})/2}$ 看作 t 的函数,在 $t=0$ 的邻域内的 L 级数如果记为 $\sum\limits_{n=-\infty}^{+\infty}J_n(z)t^n$,则

$$J_n(z)=(-1)^nJ_{-n}(z)=\frac{1}{\pi}\int_0^{\pi}\cos(n\varphi-z\sin\varphi)\mathrm{d}\varphi$$

证 因为 $J_n(z)=\dfrac{1}{2\pi\mathrm{i}}\int_{|t|=1}\dfrac{\mathrm{e}^{z(t-t^{-1})/2}}{t^{n+1}}\mathrm{d}t$,即

$$J_n(z)=\frac{1}{2\pi}\int_{-\pi}^{\pi}\mathrm{e}^{\frac{z(\mathrm{e}^{\mathrm{i}\varphi}-\mathrm{e}^{-\mathrm{i}\varphi})}{2}}\mathrm{e}^{-\mathrm{i}n\varphi}\mathrm{d}\varphi=\frac{1}{2\pi}\int_{-\pi}^{\pi}\mathrm{e}^{\mathrm{i}z\sin\varphi-\mathrm{i}n\varphi}\mathrm{d}\varphi=$$

$$\frac{1}{2\pi}\int_{-\pi}^{\pi}\cos(z\sin\varphi-n\varphi)\mathrm{d}\varphi+\frac{\mathrm{i}}{2\pi}\int_{-\pi}^{\pi}\sin(z\sin\varphi-n\varphi)\mathrm{d}\varphi$$

由于 $\cos(z\sin\varphi-n\varphi)$ 与 $\sin(z\sin\varphi-n\varphi)$ 分别是 φ 的偶函数与奇函数,所以

$$J_n(z)=\frac{1}{\pi}\int_0^{\pi}\cos(z\sin\varphi-n\varphi)\mathrm{d}\varphi$$

类似地,可得

$$J_{-n}(z)=\frac{1}{\pi}\int_0^{\pi}\cos(z\sin\varphi+n\varphi)\mathrm{d}\varphi$$

令 $\varphi=\pi-\theta$,则

$$J_{-n}(z)=\frac{1}{\pi}\int_0^{\pi}\cos[z\sin(\pi-\theta)+n(\pi-\theta)](-\mathrm{d}\theta)=$$

$$\frac{1}{\pi}\int_0^{\pi}\cos[z\sin\theta-n\theta+n\pi]\mathrm{d}\theta=$$

$$\frac{1}{\pi}\int_0^{\pi}\cos(z\sin\theta-n\theta)\cdot(-1)^n\mathrm{d}\theta=(-1)^nJ_n(z)$$

注 $J_n(z)$ 称为 n 级的第一种贝塞尔(Bessel) 函数,$\mathrm{e}^{z(t-t^{-1})/2}$ 是第一种贝塞尔函数的母函数(生成函数).

240 在 $z_0=0$ 的邻域内把 $\mathrm{e}^{\frac{1}{2}x(z-\frac{1}{z})}$ 展开.

解 因

$$\mathrm{e}^{\frac{1}{2}xz}=\sum_{l=0}^{\infty}\frac{1}{l!}\left(\frac{1}{2}xz\right)^l\quad(|z|<\infty)\tag{1}$$

$$\mathrm{e}^{-\frac{1}{2}x\frac{1}{z}}=\sum_{n=0}^{\infty}\frac{1}{n!}\left(-\frac{1}{2}x\frac{1}{z}\right)^n\quad(0<|z|)\tag{2}$$

以上二级数绝对收敛可以逐项相乘,为得乘积中某个正幂 $z^m(m\geqslant 0)$,应取式(2)中所有各项而分别用式(1)中 $l=n+m$ 项去乘;为得到乘积中某个负幂 $z^{-h}(h>0)$ 项,应取式(1)中所有各项分别用式(2)中的 $n=l+h$ 去乘,这样

$$\mathrm{e}^{\frac{1}{2}x(z-\frac{1}{z})}=\sum_{m=0}^{\infty}\left[\sum_{n=0}^{\infty}\frac{(-1)^n}{(m+n)!\ n!}\left(\frac{x}{2}\right)^{m+2n}\right]z^m+$$
$$\sum_{h=1}^{\infty}\left[(-1)^h\sum_{l=0}^{\infty}\frac{(-1)^l}{l!\ (l+h)!}\left(\frac{x}{2}\right)^{h+2l}\right]z^{-h}$$
$$(0<|z|<\infty)$$

把 $-h$ 改作 m,l 改作 n,则

$$\mathrm{e}^{\frac{1}{2}x(z-\frac{1}{z})}=\sum_{m=0}^{\infty}\left[\sum_{n=0}^{\infty}\frac{(-1)^n}{(m+n)!\ n!}\left(\frac{x}{2}\right)^{m+2n}\right]z^m+$$
$$\sum_{m=-1}^{-\infty}\left[(-1)^m\sum_{n=0}^{\infty}\frac{(-1)^n}{n!\ (n+|m|)!}\left(\frac{x}{2}\right)^{|m|+2n}\right]z^m=$$
$$\sum_{m=-\infty}^{\infty}J_m(x)z^m\quad(0<|z|<\infty)$$

241 说明下面所指出的多值函数,在指定点的邻域内是否有可以展为 L 级数(特别时为幂级数)的单值支:

(1) $f(z)=\sqrt{z}$,$z=0$;

(2) $f(z)=\sqrt{z(z-1)}$,$z=\infty$;

(3) $f(z)=\sqrt[4]{z(z-1)^2}$，$z=\infty$；

(4) $f(z)=\arctan z$，$z=0$.

解 多值函数 $f(z)$ 是根式时，若所指的点是支点，则在该点的邻域内不可展. 若不是支点，则可展；若 $a_1,a_2,\cdots,a_m$ 是多值函数 $f(z)=\sqrt[n]{p(z)}$ 的全部相异的零点（这里 $p(z)$ 是任一个 N 次多项式），$p_1,p_2,\cdots,p_m$ 是它们的重复次数，则有如下结论：

① 异于所有 a_k 的任意有限点 z 均不是 $f(z)$ 的支点. ② 各个零点 $a_k(k=1,2,\cdots,m)$ 中，其重复次数 p_k 不是 n 的整倍数的，便是 $f(z)$ 的支点. ③ 当 N 是 n 的整倍数时，$z=\infty$ 不是 $f(z)$ 的支点，若 N 不是 n 的整倍数，则 $z=\infty$ 是 $f(z)$ 的支点.

(1) 方法 1：因为 $f(z)=\sqrt{z}$，这里 $p(z)=z$，$n=2$，$z=0$ 是零点，其重复次数为 1，不是 $n=2$ 的倍数，所以 $z=0$ 是支点. 因此，$f(z)$ 在 $z=0$ 的任何邻域内，分不出可展为 L 级数的单值支.

方法 2：令 $z=r(\cos\varphi+\mathrm{i}\sin\varphi)(-\pi<\varphi\leqslant\pi)$，则

$$f(z)=\sqrt{z}=\sqrt{r}\left(\cos\frac{\varphi+2k\pi}{2}+\mathrm{i}\sin\frac{\varphi+2k\pi}{2}\right)\quad(k=0,1)$$

取 $k=0$ 的一支，则 $\sqrt{z}=\sqrt{r}\left(\cos\frac{\varphi}{2}+\mathrm{i}\sin\frac{\varphi}{2}\right)$.

对负实轴上任一点 $a(a<0)$，考虑当 $z\to a$ 时，$\sqrt{z}$ 的极限，若 $\varphi\to\pi^+$（即 z 从第二象限趋于 a），$\sqrt{z}=r\left(\cos\frac{\varphi}{2}+\mathrm{i}\sin\frac{\varphi}{2}\right)\to\sqrt{r}\,\mathrm{i}$；若 $\varphi\to\pi^-$（即 z 从第三象限趋于 a），$\sqrt{z}\to-\sqrt{r}\,\mathrm{i}$. 所以 $f(z)=\sqrt{z}$ 对 $k=0$ 的一支，在 $z=0$ 的任何邻域内不连续（因含有负实轴上的点）. 同理，$k=1$ 的一支也是一样.

故 $f(z)=\sqrt{z}$ 在 $z=0$ 的邻域内不可展.

(2) $f(z)=\sqrt{z(z-1)}$，$z=\infty$.

这里 $p(z)=z^2-z$，$n=2$，$N=2$，N 是 n 的倍数，所以 $z=\infty$ 不是 $f(z)$ 的支点，故在 $|z|>1$ 时，$f(z)$ 的任意一支都是解析的，即在 $z=\infty$ 的邻域内均可展.

(3) $f(z)=\sqrt[4]{z(z-1)^2}$，$z=\infty$.

这里 $p(z)=z(z-1)^2$，$n=4$，$N=3$，N 不是 n 的倍数，所以 $z=\infty$ 是 $f(z)$ 的支点，故在 $z=\infty$ 的邻域内不可展.

(4) $f(z)=\arctan z$，$z=0$.

因为 $\arctan z=\frac{1}{2\mathrm{i}}\ln\frac{1+\mathrm{i}z}{1-\mathrm{i}z}$，支点为 $z=\pm\mathrm{i}$，所以 $f(z)$ 的每一支在 $|z|<$

1 内解析,故在 $|z|<1$ 时可展为幂级数.

242 若函数 $f(z)=\sum\limits_{n=-\infty}^{\infty}c_nz^n$ 在圆环 $r\leqslant|z|\leqslant R$ 内解析,并且单叶地把这个圆环映射成某个域 D,证明这个域的面积 S 等于

$$S=\pi\sum_{n=-\infty}^{+\infty}n\mid c_n\mid^2(R^{2n}-r^{2n})$$

证 显然 D 是有界闭域,故面积 S 是有限的,$f(z)$ 在某个包含 $r\leqslant|z|\leqslant R$ 的域 G 内解析.下面计算闭曲线 Γ_r 与 Γ_R 所围成区域的面积 S_r 与 S_R,其中 Γ_r 与 Γ_R 是在映射 $w=f(z)$ 下,圆周 $|z|=r$ 与 $|z|=R$ 的象.

假设 z 沿 $|z|=r$ 或 $|z|=R$ 正向运行时,点 $w=f(z)$ 也沿 Γ_r 与 Γ_R 的正向运行.由数学分析知

$$S_r=\frac{1}{2}\int_{\Gamma_r}(u\mathrm{d}v-v\mathrm{d}u),S_R=\frac{1}{2}\int_{\Gamma_R}(u\mathrm{d}v-v\mathrm{d}u)$$

因 $f(z)=\sum\limits_{n=-\infty}^{+\infty}c_nz^n$ 在 G 内解析,又 $f(r\mathrm{e}^{\mathrm{i}\varphi})=\sum\limits_{n=-\infty}^{+\infty}c_nr^n\mathrm{e}^{\mathrm{i}n\varphi}$ 可逐项微分,故

$$\frac{\partial f}{\partial\varphi}=\sum_{n=-\infty}^{+\infty}\mathrm{i}nc_nr^n\mathrm{e}^{\mathrm{i}n\varphi}$$

令

$$z=x+\mathrm{i}y,w=f(z)=u(x,y)+\mathrm{i}v(x,y)$$

所以

$$\mathrm{d}u=\frac{\partial u}{\partial x}\mathrm{d}x+\frac{\partial u}{\partial y}\mathrm{d}y,\mathrm{d}v=\frac{\partial v}{\partial x}\mathrm{d}x+\frac{\partial v}{\partial y}\mathrm{d}y$$

而

$$\frac{\partial f}{\partial\varphi}\mathrm{d}\varphi=\left[\frac{\partial u}{\partial x}\cdot\frac{\mathrm{d}x}{\mathrm{d}\varphi}+\frac{\partial u}{\partial y}\cdot\frac{\mathrm{d}y}{\mathrm{d}\varphi}+\mathrm{i}\left(\frac{\partial v}{\partial x}\cdot\frac{\mathrm{d}x}{\mathrm{d}\varphi}+\frac{\partial v}{\partial y}\cdot\frac{\mathrm{d}y}{\mathrm{d}\varphi}\right)\right]\mathrm{d}\varphi$$

这里因 r 是常数,故 x 及 y 均是 φ 的一元函数,即

$$\frac{\partial f}{\partial\varphi}\mathrm{d}\varphi=\mathrm{d}u+\mathrm{i}\mathrm{d}v$$

于是

$$S_r=\frac{1}{2}\int_{\Gamma_r}(u\mathrm{d}v-v\mathrm{d}u)=\frac{1}{2}\int_{\Gamma_r}\mathrm{Im}[(u-\mathrm{i}v)(\mathrm{d}u+\mathrm{i}\mathrm{d}v)]=$$
$$\frac{1}{2}\int_0^{2\pi}\mathrm{Im}\left[\overline{f(r\mathrm{e}^{\mathrm{i}\varphi})}\frac{\partial f}{\partial\varphi}\right]\mathrm{d}\varphi=$$
$$\frac{1}{2}\int_0^{2\pi}\mathrm{Im}\left(\sum_{n=-\infty}^{+\infty}\overline{c_n}r^n\mathrm{e}^{-\mathrm{i}n\varphi}\sum_{n=-\infty}^{+\infty}\mathrm{i}nc_nr^n\mathrm{e}^{\mathrm{i}n\varphi}\right)\mathrm{d}\varphi$$

由于上面两级数是绝对收敛与一致收敛(r 常数)，故有

$$S_r=\frac{1}{2}\mathrm{Im}\left(\sum_{n=-\infty}^{+\infty}\mathrm{i}n\mid c_n\mid^2 r^{2n}2\pi\right)=\pi\sum_{n=-\infty}^{+\infty}n\mid c_n\mid^2 r^{2n}$$

同理

$$S_R=\pi\sum_{n=-\infty}^{+\infty}n\mid c_n\mid^2 R^{2n}$$

所以

$$S=S_R-S_r=\pi\sum_{n=-\infty}^{+\infty}n\mid c_n\mid^2(R^{2n}-r^{2n})$$

243 若 $f(z)$ 在域 $\mid z\mid>1$ 是单叶的，且它在 $\mid z\mid>1$ 的 L 展式为

$$f(z)=z+\frac{c_{-1}}{z}+\frac{c_{-2}}{z^2}+\cdots+\frac{c_{-n}}{z^n}+\cdots$$

证明：$\sum\limits_{n=1}^{\infty}n\mid c_{-n}\mid^2\leqslant 1$.

证　函数 $f(z)$ 把圆周 $\mid z\mid=\rho>1$ 映射为闭约当曲线 Γ_ρ，它所围成的面积为 S_ρ，若 z 依正向绕行圆周一次，则点 $f(z)$ 亦正向绕行 Γ_ρ 一次，由上题知

$$\begin{aligned}S_\rho=&\frac{1}{2}\int_{\Gamma_\rho}(u\mathrm{d}v-v\mathrm{d}u)=\frac{1}{2}\int_0^{2\pi}\mathrm{Im}\left[\overline{f(\rho\mathrm{e}^{\mathrm{i}\varphi})}\,\frac{\partial f(\rho\mathrm{e}^{\mathrm{i}\varphi})}{\partial\varphi}\right]\mathrm{d}\varphi=\\&\frac{1}{2}\int_0^{2\pi}\mathrm{Im}[(\rho\mathrm{e}^{-\mathrm{i}\varphi}+\bar{c}_{-1}\rho^{-1}\mathrm{e}^{\mathrm{i}\varphi}+\bar{c}_{-2}\rho^{-2}\mathrm{e}^{\mathrm{i}2\varphi}+\cdots+\\&\bar{c}_{-n}\rho^{-n}\mathrm{e}^{\mathrm{i}n\varphi}+\cdots)\cdot\mathrm{i}(\rho\mathrm{e}^{\mathrm{i}\varphi}-c_{-1}\rho^{-1}\mathrm{e}^{-\mathrm{i}\varphi}-\\&2c_{-2}\mathrm{e}^{-2\mathrm{i}\varphi}-\cdots-nc_{-n}\mathrm{e}^{-\mathrm{i}n\varphi}-\cdots)]=\\&\mathrm{Im}[\frac{2\pi\mathrm{i}}{2}(\rho^2-\mid c_{-1}\mid^2\rho^{-2}-2\mid c_{-2}\mid^2\rho^{-4}-\cdots-n\mid c_{-n}\mid^2\rho^{-2n}-\cdots)]=\\&\pi\left(\rho^2-\sum_{n=1}^{\infty}n\mid c_{-n}\mid^2\rho^{-2n}\right)>0\end{aligned}$$

所以对任意的 $\rho>1$，有 $\sum\limits_{n=1}^{\infty}n\mid c_{-n}\mid^2\rho^{-2n}<\rho^2$，于是 $\sum\limits_{n=1}^{N}n\cdot\mid c_{-n}\mid^2\rho^{-2n}<\rho^2$，故当 $\rho\to 1$ 时，有 $\sum\limits_{n=1}^{N}n\mid c_{-n}\mid^2\leqslant 1$. 再令 $N\to\infty$ 得，$\sum\limits_{n=1}^{\infty}n\mid c_{-n}\mid^2\leqslant 1$.

244 $f(z)$ 的孤立奇点 z_0 为 $f(z)$ 的可去奇点的充要条件是 $f(z)$ 在 $z=z_0$ 有有限极限.

证 先证必要性.

因 z_0 是 $f(z)$ 的可去奇点,故存在 R,$f(z)$ 在 $0<|z-z_0|<R$ 上的展式为

$$c_0+c_1(z-z_0)+c_2(z-z_0)^2+\cdots+c_n(z-z_0)^n+\cdots$$

此级数在 $|z-z_0|<R$ 内必收敛.因此,该级数之和函数 $g(z)$ 必在 $|z-z_0|<R$ 内解析,又当 $0<|z-z_0|<R$ 时,$f(z)=g(z)$,故

$$\lim_{z\to z_0}f(z)=\lim_{z\to z_0}g(z)$$

而 $\lim\limits_{z\to z_0}g(z)=c_0$,于是 $\lim\limits_{z\to z_0}f(z)=c_0(c_0\neq\infty)$.

下证充分性.

因 $\lim\limits_{z\to z_0}f(z)$ 有限,故存在正数 δ 及 $M>0$,使得当 $0<|z-z_0|<\delta$ 时

$$|f(z)|<M$$

又设 $f(z)$ 在点 z_0 的洛朗展式为

$$f(z)=\sum_{n=-\infty}^{+\infty}c_n(z-z_0)^n$$

其中

$$|c_n|=\left|\frac{1}{2\pi i}\int_{|z-z_0|=\delta}\frac{f(\zeta)}{(\zeta-z_0)^{n+1}}d\zeta\right|\leqslant$$

$$\frac{1}{2\pi}M\cdot\frac{1}{\delta^{n+1}}\cdot 2\pi\delta=\frac{M}{\delta^n}$$

因 δ 可任意小,故当 $n=-1,-2,\cdots$ 时 $c_n=0$.于是,$f(z)$ 在点 z_0 的洛朗展式应为

$$f(z)=\sum_{n=0}^{+\infty}c_n(z-z_0)^n$$

其主要部分消失,因此 z_0 是 $f(z)$ 的可去奇点.证毕.

245 若点 z_0 是 $|z|=1$ 上的一点,且 z_0 是 $f(z)$ 的简单极点,除 z_0 外,$f(z)$ 在 $|z|\leqslant 1$ 上解析,并设

$$f(z)=\sum_{n=0}^{\infty}a_nz^n\quad(|z|<1)$$

则

$$\lim_{n\to\infty}\frac{a_{n-1}}{a_n}=z_0$$

证 设 $f(z)$ 在点 z_0 的邻域内的 L 展式的主要部分为 $\frac{a}{z-z_0}(a\neq 0)$.则

$g(z)=f(z)-\dfrac{a}{z-z_0}$ 是 $|z|\leqslant 1$ 上的解析函数，于是有

$$g(z)=\sum_{n=0}^{\infty}b_n z^n$$

其中

$$b_n=\frac{g^{(n)}(0)}{n!}=\frac{\left[f(z)-\dfrac{a}{z-z_0}\right]^{(n)}\Bigg|_{z=0}}{n!}=\frac{f^{(n)}(0)}{n!}+\frac{a}{z_0^{n+1}}$$

即

$$b_n=a_n+\frac{a}{z_0^{n+1}}$$

因为 $g(z)=\sum\limits_{n=0}^{\infty}b_n z^n$ 在 $|z|\leqslant 1$ 解析，所以在 $z=1$ 时收敛，即 $\sum\limits_{n=0}^{\infty}b_n$ 是收敛的，因此 $\lim\limits_{n\to\infty}b_n=0$. 故

$$\lim_{n\to\infty}\frac{a_{n-1}}{a_n}=\lim_{n\to\infty}\frac{b_{n-1}-a/z_0^n}{b_n-a/z_0^{n+1}}=z_0$$

在题 246 ～ 253 中，求出 $f(z)$ 的奇点，说明是什么样的奇点，并研究 $f(z)$ 在无穷远点的性态.

246 $f(z)=z^5/(1-z)^2$.

解法 1 显然 $z=1$ 是 $f(z)$ 的二级极点. 下面考虑 $z=\infty$ 时的情况.

令 $z=\dfrac{1}{\zeta}$，则 $f(z)=f\left(\dfrac{1}{\zeta}\right)=\dfrac{1}{\zeta^3(\zeta-1)^2}=\varphi(\zeta)$. 显然 $\zeta=0$ 是 $\varphi(\zeta)$ 的三级极点，即 $z=\infty$ 是 $f(z)$ 的三级极点.

解法 2 将 $f(z)$ 在 $|z|>1$ 展开 L 级数，则易得到上述结论.

247 $f(z)=\mathrm{e}^z/(1+z^2)$.

解法 1 因为 $\mathrm{e}^z\neq 0$，所以 $z=\pm\mathrm{i}$ 是 $f(z)$ 的一级极点，下面考虑 $z=\infty$ 时的情况. 因为

$$\frac{1}{f(z)}=\frac{1+z^2}{\mathrm{e}^z}=(1+z^2)\sum_{n=0}^{\infty}(-1)^n\frac{z^n}{n!}$$

即

$$\frac{1}{f(z)}=\sum_{n=0}^{\infty}(-1)^n\frac{z^n}{n!}+\sum_{n=2}^{\infty}(-1)^n\frac{z^n}{(n-2)!}=$$
$$1-z+\sum_{n=2}^{\infty}(-1)^n\left[\frac{1}{(n-2)!}+\frac{1}{n!}\right]z^n$$

上展式中含有无穷多项 z 的正幂，所以 $z=\infty$ 是 $\dfrac{1}{f(z)}$ 的本性奇点，故 $z=\infty$ 是 $f(z)$ 的本性奇点.

解法 2 令

$$z=x>0,\lim_{x\to\infty}\frac{1}{f(x)}=\lim_{x\to\infty}\frac{2x}{e^x}=0$$

$$z=-x(x>0),\lim_{x\to\infty}\frac{1}{f(-x)}=\lim_{x\to\infty}\frac{x^2+1}{e^{-x}}=\infty$$

因此，极限 $\lim\limits_{z\to\infty}\dfrac{1}{f(z)}$ 不存在(包括不为 ∞). 所以，$z=\infty$ 是 $1/f(z)$ 的本性奇点，故 $z=\infty$ 是 $f(z)$ 的本性奇点(注意这里用到的结论：若 $\lim\limits_{z\to\infty}f(z)$ 不存在，则 $z=\infty$ 是 $f(z)$ 的本性奇点).

这是显然的，否则若 $z=\infty$ 是可去奇点(或正则点)或极点，则 $\lim\limits_{z\to\infty}f(z)$ 存在且有限，或 $\lim\limits_{z\to\infty}f(z)=\infty$，矛盾.

248 $f(z)=\dfrac{1}{e^z-1}-\dfrac{1}{z}$.

解 令 $e^z-1=0$，则 $z=\ln 1=2k\pi i(k=0,\pm 1,\cdots)$，而 $e^z-1\Big|_{z=2k\pi i}=1\neq 0$，所以 $z=2k\pi i$ 是 e^z-1 的一级零点，即 $z=2k\pi i$ 是 $\dfrac{1}{e^z-1}$ 的一级极点.

(1) 当 $k=0$，即 $z=0$ 时

$$f(z)=\frac{1}{e^z-1}-\frac{1}{z}=\frac{1}{z}\left(\frac{1}{1+\frac{1}{2!}z+\frac{1}{3!}z^2+\cdots+\frac{1}{n!}z^{n-1}+\cdots}-1\right)=$$

$$\frac{1}{z}\left[\left(1-\frac{1}{2}z+\frac{1}{12}z^2+\cdots\right)-1\right]=-\frac{1}{2}+\frac{1}{12}z+\cdots$$

所以 $z=0$ 是 $f(z)$ 的可去奇点(或正则点).

(2) 当 $z=2k\pi i$ 时 $(k=\pm 1,\pm 2,\cdots)$，由于它是 $\dfrac{1}{z}$ 的正则点，所以 $z=2k\pi i$ $(k=\pm 1,\pm 2,\cdots)$ 是 $f(z)=\dfrac{1}{e^z-1}-\dfrac{1}{z}$ 的一级极点.

又 $2k\pi i\to\infty(k\to\infty)$，故 $z=\infty$ 是 $f(z)$ 的极点的极限点(非孤立奇点).

249 $f(z)=\tan^2 z$.

解 因为 $f(z)=\dfrac{\sin^2 z}{\cos^2 z}$，而 $(\cos^2 z)'=-\sin 2z$ 在点 $z_k=\left(k+\dfrac{1}{2}\right)\pi$ 为零，

$k=0,\pm1,\pm2,\cdots$，$\cos^2 z$ 的二级导数在点 z_k 等于 2，所以 z_k 是分母 $\cos^2 z$ 的二级零点，而 z_k 是分子 $\sin^2 z$ 的正则点（且非零点），故 $z_k=\left(k+\dfrac{1}{2}\right)\pi(k=0,\pm1,\pm2,\cdots)$ 是 $f(z)$ 的二级极点.

显然，$z=\infty$ 是极点的极限点.

250 $f(z)=\cot z-\dfrac{1}{z}$.

解 $z=k\pi(k=0,\pm1,\pm2,\cdots)$ 是 $\cot z$ 的一级极点，当 $k\neq0$ 时，$z=k\pi$ 是 $\dfrac{1}{z}$ 的正则点，故 $z=k\pi(k=\pm1,\pm2,\cdots)$ 是 $f(z)$ 的一级极点.

当 $k=0$ 时，$z=0$ 也是 $1/z$ 的极点，但是

$$f(z)=\cot z-\frac{1}{z}=\sum_{n=1}^{\infty}(-1)^n\frac{B_{2n}z^{2n-1}}{(2n)!}\quad(|z|<\pi)$$

其中 B_{2n} 是伯努利数，故知 $z=0$ 是 $f(z)$ 的正则点. 又显然 $z=\infty$ 是极点的极限点.

注 $z=0$ 时，可将 $\sin z$ 与 $\cos z$ 展开，则

$$f(z)=\frac{z\cos z-\sin z}{z\sin z}=\frac{z^3\psi(z)}{z^2\varphi(z)}=zp(z)$$

其中 $p(0)\neq0$，所以 $z=0$ 是一级零点.

251 $f(z)=\dfrac{1}{\sin z-\sin a}$.

解 令 $\varphi(z)=\sin z-\sin a=2\cos\dfrac{z+a}{2}\sin\dfrac{z-a}{2}=0$，解得 $z_k=2k\pi+a$ 与 $z_k^*=(2k+1)\pi-a(k=0,\pm1,\pm2,\cdots)$，用求导数的方法可以验证：当 $a\neq\left(m+\dfrac{1}{2}\right)\pi$ 时（$m=0,\pm1,\pm2,\cdots$），z_k 与 z_k^* 是 $\varphi(z)$ 的一级零点，因而是 $f(z)=1/\varphi(z)$ 的一级极点.

当 $a=\left(m+\dfrac{1}{2}\right)\pi$ 时（$m=0,\pm1,\pm2,\cdots$），z_k 与 z_k^* 是 $\varphi(z)$ 的二级零点，因而是 $f(z)$ 的二级极点. 注意，此时当 m 为偶数时，z_k 与 z_k^* 可记为 $z=2k\pi+\dfrac{\pi}{2}$，当 m 为奇数时，z_k 与 z_k^* 可记为

$$z=(2k+1)\pi+\frac{\pi}{2}\quad(k=0,\pm1,\pm2,\cdots)$$

显然,$z=\infty$ 是极点的极限点.

252 $f(z)=\mathrm{e}^{\tan\frac{1}{z}}$.

解　令 $w=\tan\frac{1}{z}$,则 $f(z)=\mathrm{e}^{w}$.

由 $\cos\frac{1}{z}=0$ 得到 $z=\frac{2}{(2k+1)\pi}(k=0,\pm 1,\cdots)$ 为 $w=\tan\frac{1}{z}$ 的极点,而 e^{w} 以 $w=\infty$ 为本性奇点(且是唯一的奇点),所以 $z=\frac{2}{(2k+1)\pi}$ 为 $f(z)$ 的本性奇点.

显然 $z=0$ 是 $f(z)$ 的本性奇点的极限点. $z=\infty$ 是 $f(z)$ 的正则点.

253 $f(z)=\sin\left(\frac{1}{\sin\frac{1}{z}}\right)$.

解　令 $w=\frac{1}{\sin\frac{1}{z}}$,则 $f(z)=\sin w$. 由于 $\sin w$ 只有唯一的奇点(本性奇点)$w=\infty$,对应的是 $\sin\frac{1}{z}$ 的零点,即 $z=\frac{1}{k\pi}(k=\pm 1,\pm 2,\cdots)$ 与 $z=\infty$. 所以 $z=\infty$ 与 $z=\frac{1}{k\pi}(k=\pm 1,\pm 2,\cdots)$ 是 $f(z)$ 的本性奇点. $z=0$ 是本性奇点的极限点.

254 用魏尔斯特拉斯定理验明 $z=0$ 为 $\mathrm{e}^{\frac{1}{z}}$ 的本性奇点.

证　对 $A=\infty$,取点列 $z_k=\frac{1}{k}$, $k=1,2,\cdots$,则

$$\lim_{k\to\infty} f(z_k)=\lim_{k\to\infty}\mathrm{e}^{k}=\infty$$

对 $A=0$,取点列 $z_k=-\frac{1}{k}$, $k=1,2,\cdots$,则

$$\lim_{k\to\infty} f(z_k)=\lim_{k\to\infty}\mathrm{e}^{-k}=0$$

对有限值 $A\neq 0$,令 $A=R\mathrm{e}^{\mathrm{i}\alpha}$,并设 $\frac{1}{z}=p+\mathrm{i}q$,则 $\mathrm{e}^{p+\mathrm{i}q}=R\mathrm{e}^{\mathrm{i}\alpha}$,因此 $\mathrm{e}^{p}=R$,或 $p=\ln R$.

而 $q=\alpha+2k\pi$(k 为整数),故

$$z=\frac{1}{\ln R+(\alpha+2k\pi)\mathrm{i}}$$

于是若取

$$z_k=\frac{1}{\ln R+(\alpha+2k\pi)\mathrm{i}}$$

则

$$\lim_{k\to\infty}f(z_k)=\lim_{k\to\infty}\mathrm{e}^{\ln R+(\alpha+2k\pi)\mathrm{i}}=A$$

由此还知,方程 $\mathrm{e}^{\frac{1}{z}}=A(A\neq 0)$ 在 $z=0$ 之邻域内有无限个根.

255 若 $f(z)$ 在 z 平面($z=\infty$ 包含在内)只有孤立奇点,则这个数必为有限;反之,若 $f(z)$ 在 z 平面全部只有有限个奇点,则此奇点必为孤立的.

证 由假设知,若 $z=\infty$ 不为函数的正则点,则为其孤立奇点.不管怎样情况,皆可作一圆 C,除 $z=\infty$ 外,包含 $f(z)$ 的所有奇点在内,此时 $f(z)$ 在 C 内只能有有限个奇点,否则,若有无限个奇点,这些奇点之集将有一极限点,而此极限点就不是孤立的,与所设不符.反之,若奇点不为孤立的,即在其任何邻域内都含有奇点,于是有极限点,而此极限点邻近有无穷个奇点,与所设抵触.

256 求下列函数的非孤立奇点:

(1) $\dfrac{1}{\sin\left(\dfrac{1}{z}\right)}$;

(2) $\dfrac{1}{\sin\left[\dfrac{1}{\sin\left(\dfrac{1}{z}\right)}\right]}$;

(3) $\dfrac{1}{\mathrm{e}^{\frac{1}{z^2}}+1}$.

解 (1)$z=0$ 为非孤立奇点,因 $\dfrac{1}{\sin\left(\dfrac{1}{z}\right)}$ 的极点为 $z=\dfrac{1}{k\pi}$(k 为整数),而 $z=0$ 为这些极点的极限点(非孤立本性奇点).

(2) 以方程 $\sin\left(\dfrac{1}{z}\right)=\dfrac{1}{k\pi}$ 之根

$$z=\frac{1}{2k'\pi+\arcsin\left(\frac{1}{k\pi}\right)}\quad(k,k'\text{ 为奇数})$$

为其极点，故 $z=\frac{1}{2k'\pi}$ 皆为函数的非孤立奇点.

(3) $z=0$ 为非孤立奇点，因 $z=0$ 是这个函数的极点，$z_k=\pm\frac{1}{\sqrt{\pi(2k+1)\mathrm{i}}}$ 的极限点（实际上 $z=0$ 是函数的非孤立的本性奇点）.

257 用魏尔斯特拉斯定理验证 $z=0$ 为 $\sin\frac{1}{z}$ 的本性奇点.

证 若 $A=\infty$，可令 $z_n=\frac{\mathrm{i}}{n}$，即 $\frac{1}{z_n}=-\mathrm{i}n$. 我们得 $\sin\frac{1}{z_n}=-\mathrm{i}\sin n\to\infty$，当 $n\to\infty$ 时.

设 $A\neq\infty$，解方程 $\sin\frac{1}{z}=A$. 得

$$\frac{1}{z}=\arcsin A=\frac{1}{\mathrm{i}}\ln(\mathrm{i}A+\sqrt{1-A^2})$$

于是

$$z=\frac{\mathrm{i}}{\ln(\mathrm{i}A+\sqrt{1-A^2})}=\frac{\mathrm{i}}{\ln|\mathrm{i}A+\sqrt{1-A^2}|+2k\pi\mathrm{i}}$$

若取 $z_n=\frac{\mathrm{i}}{\ln|\mathrm{i}A+\sqrt{1-A^2}|+2n\pi\mathrm{i}}$，并使 $n=1,2,\cdots$，便得收敛于零的叙列 $\{z_n\}$，并满足条件 $f(z_n)=A(n=1,2,\cdots)$，于是 $\lim\limits_{n\to\infty}f(z_n)=A$.

258 指出下列函数有什么样的奇异点：

(1) $\sin\frac{1}{1-z}$；

(2) $\frac{1}{1-\mathrm{e}^z}$；

(3) $\frac{1}{\sin z^2}$；

(4) $\frac{1}{\ln z}$.

解 (1) $f(z)=\sin\frac{1}{1-z}$ 在 $z=1$ 近旁的洛朗展开式为

$$\sin\frac{1}{1-z}=-\sin\frac{1}{z-1}=-\sum_{n=0}^{\infty}(-1)^n\cdot$$
$$\frac{1}{(2n+1)!}\cdot\frac{1}{(z-1)^{2n+1}}$$

含有无穷多项$\frac{1}{z-1}$之幂，故 $z=1$ 为本性奇点.

(2) $f(z)=\frac{1}{1-e^z}$ 在 $z=2k\pi i$（k 为整数）有一阶极点，因令 $g(z)=1-e^z$，则 $g(2k\pi i)=0$，而 $g'(2k\pi i)=-e^{2k\pi i}=-1\neq 0$.

(3) $f(z)=\frac{1}{\sin z^2}$ 在 $z_0=0$ 有二阶极点，而在点 $z_k=\pm\sqrt{k\pi}$（$k=\pm 1,\pm 2,\cdots$）有一阶极点，因设 $g(z)=\sin z^2$，则 $g(z_k)=0$. 当 $k\neq 0$ 时，$g'(z_k)=2z_k\cos z_k^2\neq 0$，而且 $g'(z_0)=0$，$g''(z_0)\neq 0$.

(4) $f(z)=\frac{1}{\ln z}$ 在 $z=1$ 有一阶极点.

因令 $z=1+t$，$|t|<1$. 则

$$f(z)=\frac{1}{\ln(1+t)}=\frac{1}{t-\frac{1}{2}t^2+\frac{1}{3}t^2-\cdots}=$$
$$\frac{1}{t\left(1-\frac{1}{2}t+\frac{1}{3}t^2-\frac{1}{4}t^3+\cdots\right)}=$$
$$\frac{1}{t}\left(1+\frac{1}{2}t-\frac{1}{12}t^2+\frac{1}{24}t^3-\cdots\right)=$$
$$\left(\frac{1}{2}-\frac{1}{12}t+\frac{1}{24}t^2-\cdots\right)+\frac{1}{t}=$$
$$\left(\frac{1}{2}-\frac{1}{12}(z-1)+\frac{1}{24}(z-1)^2+\cdots\right)+\frac{1}{z-1}$$

这是在 $t=0$，即 $z=1$ 附近的洛朗展开式.

259 考虑 $f(z)=\frac{1}{z^3(e^{z^3}-1)}$ 的孤立奇点.

解 $z=0$ 显然是 $f(z)$ 的孤立奇点，又因

$$z^3(e^{z^3}-1)=z^6+\frac{1}{2!}z^9+\frac{1}{3!}z^{12}+\cdots$$

故 $z=0$ 是 $z^3(e^{z^3}-1)$ 的六级零点. 因此，$z=0$ 是 $f(z)=\frac{1}{z^3(e^{z^3}-1)}$ 的六级

极点.

260 考虑 $f(z)=\dfrac{1}{1+e^z}$ 的孤立奇点.

解 因为 $z=\pi i$ 是 $1+e^z$ 的零点，所以 $z=\pi i$ 是函数 $f(z)=\dfrac{1}{1+e^z}$ 的极点. 又因

$$1+e^z=1+e^{z-\pi i+\pi i}=1-e^{z-\pi i}=$$
$$-(z-\pi i)-\frac{(z-\pi i)^2}{2!}-\cdots$$

故 $z=\pi i$ 为 $1+e^z$ 的一级零点，从而为 $f(z)=\dfrac{1}{1+e^z}$ 的一级极点. 同理，$(2k+1)\pi i$ 为 $f(z)=\dfrac{1}{1+e^z}$ 的一级极点，$k=0,\pm 1,\pm 2,\cdots$.

261 验证毕卡定理和魏尔斯特拉斯定理对 $f(z)=e^{\frac{1}{z}}$ 的真确性.

解 因为

$$e^{\frac{1}{z}}=1+\frac{1}{z}+\frac{1}{2!\ z^2}+\frac{1}{3!\ z^3}+\cdots$$

其主要部分有无穷多项，所以 $z=0$ 是函数 $e^{\frac{1}{z}}$ 的本性奇点. 我们来验证毕卡大定理对于函数 $e^{\frac{1}{z}}$ 的真确性.

因恒有 $e^{\frac{1}{z}}\neq 0$，故 0 为毕卡定理中所提到的例外值. 现任给 $A\neq 0,A\neq\infty$，由

$$e^{\frac{1}{z}}-A=0$$

可解得 $z=\dfrac{1}{\mathrm{Ln}\,A}=\dfrac{1}{\ln A+2n\pi i}$，$n=0,\pm 1,\pm 2,\cdots$.

故若取 $z_n=\dfrac{1}{\ln A+2n\pi i}$，则 $z_n\to 0$ 且 $e^{\frac{1}{z_n}}=A$. 这就验证了毕卡定理对 $e^{\frac{1}{z}}$ 的真确性.

此外，若取 $z_n=-\dfrac{1}{n}$，则 $z_n\to 0$，同时

$$e^{\frac{1}{z_n}}=e^{-n}\to 0\quad(n\to\infty)$$

这样也就验证了魏尔斯特拉斯定理对 $e^{\frac{1}{z}}$ 的真确性.

262 验证毕卡定理和魏尔斯特拉斯定理对 $\sin\dfrac{1}{z-1}$ 的真确性.

解 因为

$$\sin\frac{1}{z-1}=\frac{1}{z-1}-\frac{1}{3!\ (z-1)^3}+\frac{1}{5!\ (z-1)^5}+\cdots$$

所以 $z=1$ 是 $\sin\dfrac{1}{z-1}$ 的本性奇点.

对任何 $A\neq\infty$,只要取

$$z_n=\frac{1}{\ln(\mathrm{i}A+\sqrt{1-A^2})+2n\pi\mathrm{i}}+1$$

则 $z_n\to 1(n\to\infty)$ 且 $\sin\dfrac{1}{z_n-1}=A$. 于是同时验证了毕卡定理和魏尔斯特拉斯定理对 $\sin\dfrac{1}{z-1}$ 的真确性.

263 证明:当 $n\to\infty$ 时,$a_n\to 0$,这里

$$a_n=1-\frac{n-1}{1!}+\frac{(n-2)^2}{2!}-\frac{(n-3)^3}{3!}+\cdots+\frac{1}{(n-1)!}$$

证 若

$$f(z)=(\mathrm{e}^z-z)^{-1}=\mathrm{e}^{-z}(1-z\mathrm{e}^{-z})^{-1}=\mathrm{e}^{-z}+z\mathrm{e}^{-2z}+z^2\mathrm{e}^{-3z}+\cdots$$

被展开为幂级数 $f(z)=\sum\limits_{n=0}^{\infty}a_nz^n$,假设 $f(z)$ 的每个奇异点满足 $|z|>1$,则 $\sum\limits_{n=0}^{\infty}a_n$ 收敛,且 $a_n\to 0$ 如所希望的.

今若 $z=\mathrm{e}^z$ 有 $|z|\leqslant 1$,我们将有

$$x+\mathrm{i}y=\mathrm{e}^{x+\mathrm{i}y}=\mathrm{e}^x(\cos y+\mathrm{i}\sin y)\quad(x^2+y^2\leqslant 1)$$

以致 $y^2<(\pi/2)^2$ 与 $x=y/\tan y>0$,因此 $|z|=\mathrm{e}^x\ |\mathrm{e}^{\mathrm{i}y}|=\mathrm{e}^x>1$. 这个矛盾完成了证明.

264 方程 $\sin x=x$ 显然除了 $x=0$ 没有实数根,但有没有复数根?

解 由毕卡定理容易做出肯定回答,事实上,能有如下较强的结果:

函数 $f(z)=z-\sin z$ 取每个复数值无限多次.

因设有一复数 α,$f(z)$ 能取至多不过有限多次,则由毕卡定理,$\alpha+2\pi$ 取

无限多次,设$\{\xi_n\}$是一无限的相异数列使$f(\xi_n)=\xi_n-\sin\xi_n=\alpha+2\pi$,置$\xi_n=2\pi+w_n$,则$2\pi+w_n-\sin w_n=\alpha+2\pi$或$f(w_n)=w_n-\sin w_n=\alpha$. 因此$f(z)$取$\alpha$无限多次与所设矛盾.

别解:方程有无限多个复数根,因$f(z)=z^{-1}\sin z-1$也是一个阶为1的整函数. 因此$f\{z^{\frac{1}{2}}\}$是一个阶为$\frac{1}{2}$的整数,一个非整数阶的整函数有无限多个零.

再解:设$P(z)$是一多项式(次数n)且设函数$\phi(x)=P(x)-\sin x$仅有有限多个零,因$\phi(x)$是阶为1的整函数,由阿达玛定理得出$\phi(x)=F(x)\cdot e^{Ax}$,这里$F(x)$是多项式,A为常数,微分$n+1$次我们得

$$\sin x=G_1(x)\cdot e^{Ax}\text{ 或 }\cos x=G_2(x)\cdot e^{Ax}$$

这里G_1,G_2是多项式,因式子左边有无限多个零,而式子右边有有限个零,得出了矛盾,由此得出方程$\sin x=P(x)$有无限多个复数根.

265 设$f(z)$是复变数z的复函数,对所有有限值z有定义,假若有常数$k,0<k<1$使对所有z,w有

$$|f(z)-f(w)|\leqslant k|z-w|$$

证明对任意常数a,方程

$$z=f(z)+a$$

有唯一解.

证 任选z_0,递归地定义

$$z_{n+1}=f(z_n)+a \tag{1}$$

由假设,对j用归纳法得出

$$|z_{j+1}-z_j|\leqslant k^j|z_1-z_0|$$

因$0<k<1$,级数$\sum\limits_{j=0}^{\infty}(z_{j+1}-z_j)$绝对收敛,因此

$$z_{n+1}=z_0+\sum_{j=0}^{n}(z_{j+1}-z_j)$$

趋于一个极限,设为z,题中条件蕴含f连续,因此,式(1)两边取极限,我们得出

$$z=f(z)+a \tag{2}$$

于是解存在. 设有两个解z'与z'',代入式(2)得出$z'-z''=f(z')-f(z'')$. 但这与假设是不相容的,故只有$z'=z''$.

别证:因$k<1$,故存在有限值z,设为z_0,使

$$|f(0)+a|/(1-k)=|z_0|$$

则我们必有

$$|f(z_0)+a|\leqslant|f(z_0)-f(0)|+|f(0)+a|\leqslant$$
$$k|z_0|+|f(0)+a|\leqslant \quad (\text{由假设})$$
$$|z_0| \quad (\text{由 } z_0 \text{ 的定义})$$

因此在区域 R：$|z|\leqslant|z_0|$ 上映射 $z\to f(z)+a$ 连续地变到它自己，于是由布劳威尔(Brouwer) 不动点定理，在 R 内至少存在一个 z_1 使 $z_1=f(z_1)+a$.

若存在两个解 z_1,z_2，则有 $|f(z_1)-f(z_2)|=|z_1-z_2|$. 但这与假设条件矛盾.

266 设 $f(z)$ 是任一单周期整函数. 证明：存在(有限)z_0 使 $f(z_0)=z_0$.

证 设 f 为非常数，且 $h\neq 0$ 为 f 的一个周期，由毕卡定理，整函数$f(z)-z$ 假若不取值 0 就要取值 h，在一个确定的 z_1 处，在前一情形我们有 $f(z_1)=z_1$；在后一情形我们有 $f(z_1+h)=f(z_1)=z_1+h$，因此我们可以取 $z_0=z_1$ 或 $z_0=z_1+h$.

267 设 Γ 是一条约当(Jordan) 曲线使 0 在其外部，则存在一个多项式 $P(z)$，有 $P(0)=0$ 与 $\mathrm{Re}\,P(z)>1$，对所有 Γ 内部的 z.

证 设 a 是一个较大的正数，则 $1+\dfrac{a}{z}$ 在 Γ 上及其内部解析，因此能有一多项式逼近它，因此设 $Q(z)$ 是如此的多项式 $|1+a/z-Q(z)|<1$ 对 Γ 内部的 z. 取 $P(z)=zQ(z)$，则 $P(0)=0$ 且 $\mathrm{Re}\,P(z)\geqslant\mathrm{Re}(z+a-|z|)$ 遍及 Γ 的内部，若 a 足够大，无论如何，右边大于 1.

268 设 $f(z)=\sum\limits_{n=0}^{\infty}a_nz^n$. 这里 a_n 在复平面上一条约当曲线 Γ 的内部，而原点在 Γ 的外部. 证明：存在奇异点 $z_1,\cdots,z_k(k\geqslant 1)$ 在单位圆上，与正整数 $n_1,\cdots,n_k$ 使 $z_1^{n_1}\cdots z_k^{n_k}=1$.

证 承前题，此时 $P(a_n)$ 是有界的以致对 $|z|<1$，$\sum\limits_{n=0}^{\infty}P(a_n)z^n$ 收敛，因 $\mathrm{Re}\,P(a_n)>1$，所以得出当 $z\to 1^-$ 时 $\mathrm{Re}\,P(z)z^n\to\infty$，因此 $z=1$ 是 $\sum\limits_{n=0}^{\infty}P(a_n)z^n$ 的一个奇异点. 于是对某个 $k>0$，$\sum\limits_{n=0}^{\infty}a_n^kz^n$ 在 $z=1$ 有奇异性，但

$\sum_{n=0}^{\infty} a_n b_n z^n$ 能有奇异点仅在 $z_1 z_2$，这里 z_1 是 $\sum_{n=0}^{\infty} a_n z^n$ 的一个奇异点，z_2 是 $\sum_{n=0}^{\infty} b_n z^n$ 的一个奇异点，因此 $\sum_{n=0}^{\infty} a_n z^n$ 必有 k 个奇异点在 $|z|=1$ 使得 $1=z_1 z_2 \cdots z_k$，这就得到结果(这里 z_k 不必相异).

269 证明下述两定义的等价性.

(1) 若在点 $z=a$ 的邻域内 $f(z)$ 的 L 展式为

$$f(z)=\sum_{n=-\infty}^{+\infty} c_n (z-a)^n \quad (c_{-n} \neq 0, c_{-(n+k)}=0, k \geqslant 1)$$

则点 $z=a$ 称为 $f(z)$ 的 n 级极点.

(2) 若在点 $z=a$ 的某邻域内，$f(z)=\frac{\varphi(z)}{(z-a)^n}$，其中 $\varphi(z)$ 解析，且 $\varphi(a) \neq 0$，则点 $z=a$ 称为 $f(z)$ 的 n 级极点.

证 若 $f(z)=\frac{c_{-n}}{(z-a)^n}+\frac{c_{-(n-1)}}{(z-a)^{n-1}}+\cdots+c_0+\sum_{n=0}^{\infty} c_n (z-a)^n, c_{-n} \neq 0$，则 $f(z)=\frac{\varphi(z)}{(z-a)^n}$，其中 $\varphi(z)=\sum_{k=0}^{\infty} c_{-(n-k)} (z-a)^k$ 在点 a 的某邻域解析，且 $\varphi(a)=c_{-n} \neq 0$.

反之，若 $f(z)=\frac{\varphi(z)}{(z-a)^n}$，其中 $\varphi(z)$ 在点 a 解析，且 $\varphi(a) \neq 0$，则

$$f(z)=\frac{c_0+c_1(z-a)+\cdots+c_n(z-a)^n+\cdots}{(z-a)^n}=$$

$$\frac{c_0}{(z-a)^n}+\frac{c_1}{(z-a)^{n-1}}+\cdots+c_n+$$

$$\sum_{k=1}^{\infty} c_{n+k} (z-a)^k$$

其中 $c_0=\varphi(a) \neq 0$，令 $a_{-(n-k)}=c_k$，则得

$$f(z)=\frac{a_{-n}}{(z-a)^n}+\frac{a_{-(n-1)}}{(z-a)^{n-1}}+\cdots+a_0+\sum_{k=1}^{\infty} a_k (z-a)^k$$

270 z_0 为 $f(z)$ 的 m 级极点的充要条件是：z_0 为 $\varphi(z)=\frac{1}{f(z)}$ 的 m 级零点(可去奇点当作解析点看待).

证 先证必要性.

证明线索如下：可预料，当 z_0 是 $f(z)$ 的 m 级极点时，$g(z)=(z-z_0)^m f(z)$ 会以 z_0 为可去奇点并视之为解析点，且 $g(z_0)\neq 0$，从而 $\frac{1}{g(z)}$ 亦于 z_0 解析且非零，于是可以期待从等式 $\frac{1}{f(z)}=\frac{(z-z_0)^m}{g(z)}$ 得知，z_0 为 $\frac{1}{f(z)}$ 的 m 级零点. 以下是详细证明.

因 z_0 是 $f(z)$ 的 m 级极点，故有 $\delta>0$，在 $0<|z-z_0|<\delta$ 内有以下展式

$$f(z)=\frac{c_{-m}}{(z-z_0)^m}+\frac{c_{-m+1}}{(z-z_0)^{m-1}}+\cdots+\frac{c_{-1}}{z-z_0}+c_0+c_1(z-z_0)+c_2(z-z_0)^2+\cdots$$

其中 $c_{-m}\neq 0$. 现考察 $(z-z_0)^m f(z)$（记其为 $g(z)$），其洛朗展式为

$$g(z)=(z-z_0)^m f(z)=c_{-m}+c_{-m+1}(z-z_0)+\cdots+c_{-1}(z-z_0)^{m-1}+c_0(z-z_0)^m+\cdots \tag{1}$$

故 z_0 是 $g(z)$ 的可去奇点并视之为解析点. 从而，$g(z)$ 于 $|z-z_0|<\delta$ 内解析且 $g(z_0)=c_{-m}\neq 0$. 于是有正数 $\delta'\leqslant\delta$，使得 $\frac{1}{g(z)}$ 在 $|z-z_0|<\delta'$ 内解析且不等于零. 故在 $|z-z_0|<\delta'$ 内有以下展式

$$\frac{1}{g(z)}=a_0+a_1(z-z_0)+a_2(z-z_0)^2+\cdots+a_n(z-z_0)^n+\cdots \tag{2}$$

其中 $a_0\neq 0$. 由式(1)，(2) 可知

$$\varphi(z)=\frac{1}{f(z)}=\frac{(z-z_0)^m}{g(z)}=a_0(z-z_0)^m+a_1(z-z_0)^{m+1}+\cdots+a_n(z-z_0)^{m+n}+\cdots\quad (a_0\neq 0)$$

这就表明 $z=z_0$ 是 $\frac{1}{f(z)}$ 的 m 级零点.

下证充分性.

若 z_0 是 $\varphi(z)=\frac{1}{f(z)}$ 的 m 级零点，则 $\varphi(z)$ 必可写为

$$\varphi(z)=(z-z_0)^m g(z)$$

其中 $g(z)$ 在 z_0 解析且 $g(z_0)\neq 0$. 故存在 $\rho>0$，$\frac{1}{g(z)}$ 在 $|z-z_0|<\rho$ 内解析，且

$$\frac{1}{g(z)}=b_0+b_1(z-z_0)+b_2(z-z_0)^2+\cdots\quad (b_0\neq 0)$$

故有

$$f(z)=\frac{1}{\varphi(z)}=\frac{1}{(z-z_0)^m}\cdot\frac{1}{g(z)}=$$

$$\frac{b_0}{(z-z_0)^m}+\frac{b_1}{(z-z_0)^{m-1}}+\cdots+b_m+b_{m+1}(z-z_0)+\cdots\quad(b_0\neq 0)$$

这表明 z_0 是 $f(z)$ 的 m 级极点.证毕.

注 以上的证明在于反复使用洛朗展式,关键在于作出 $g(z)$,它解析且于 z_0 的值非零.当 z_0 是 $f(z)$ 的 m 级极点时,令 $(z-z_0)^m f(z)$ 等于 $g(z)$;当 z_0 是 $f(z)$ 的 m 级零点时,令 $\frac{f(z)}{(z-z_0)^m}$ 等于 $g(z)$.

一个函数的极点及其级的确定可以变为对另一函数的零点及其级的确定.

271 点 $z=z_0$ 为 $f(z)$ 的极点的充要条件是

$$\lim_{z\to z_0}f(z)=\infty$$

证 先证充分性.

若 $\lim\limits_{z\to z_0}f(z)=\infty$,则 $\lim\limits_{z\to z_0}\frac{1}{f(z)}=0$.故可视 z_0 为函数 $\frac{1}{f(z)}$ 的解析点且为零点.因为 $f(z)=\frac{1}{\frac{1}{f(z)}}$,故点 z_0 是 $f(z)$ 的极点.

现证必要性.

设 z_0 为 $f(z)$ 的极点,则存在自然数 m,使

$$f(z)=\frac{g(z)}{(z-z_0)^m}\quad(g(z_0)\neq 0)$$

因

$$\lim_{z\to z_0}\frac{1}{(z-z_0)^m}=\infty,\lim_{z\to z_0}g(z)=g(z_0)\neq 0$$

故

$$\lim_{z\to z_0}f(z)=\lim_{z\to z_0}\frac{1}{(z-z_0)^m}\cdot g(z)=\infty$$

证毕.

272 若函数 $f(z)$ 与 $\varphi(z)$ 分别以 $z=a$ 为它们的 m 级与 n 级极点,则对于函数:(1) $f(z)+\varphi(z)$;(2) $f(z)\varphi(z)$;(3) $f(z)/\varphi(z)$ 在点 $z=$

a 有什么性质?

证 因为 $z=a$ 是 $f(z)$ 与 $\varphi(z)$ 的 m 级与 n 级极点,$\lim\limits_{n\to\infty}f(z_n)=A$.

先设 $A=\infty$.

因 z_0 是 $f(z)$ 的本性奇点而非可去奇点,故 $f(z)$ 在 z_0 的任一邻域内无界.因此必可取 z_n,使 $z_n\to z_0$,而$\lim\limits_{n\to\infty}f(z_n)=\infty=A$.

次设 $A\neq\infty$.

若点 z_0 的任一邻域内都有异于 z_0 的 z 使得 $f(z)=A$,则显然可取$\{z_n\}$,使 $z_n\to z_0(n\to\infty)$,而 $f(z_n)=A$,因而$\lim\limits_{n\to\infty}f(z_n)=A$.

若有某 $\delta>0$,在 $0<|z-z_0|<\delta$ 内的每一点 z 都有 $f(z)\neq A$,则函数 $\varphi(z)=\dfrac{1}{f(z)-A}$ 在 $0<|z-z_0|<\delta$ 内解析.我们指出,此时点 z_0 必为 $\varphi(z)$ 的本性奇点,因为若 z_0 为 $\varphi(z)$ 的极点,则 z_0 就会是 $f(z)-A$ 的零点(从而是 $f(z)$ 的可去奇点);若 z_0 为 $\varphi(z)$ 的可去奇点,则 z_0 就会是 $f(z)-A$(从而是 $f(z)$)的可去奇点或极点,这都与 z_0 是 $f(z)$ 的本性奇点的假设相违,所以 z_0 只能是 $\varphi(z)$ 的本性奇点.

因此,$\varphi(z)$ 亦必在 z_0 的任一邻域内无界,从而有 $z_n\to z_0(n\to\infty)$,使 $\varphi(z_n)\to\infty(n\to\infty)$.亦即当 $n\to\infty$ 时,$f(z_n)-A\to 0$ 或 $f(z_n)\to A$.证毕.

在上述魏尔斯特拉斯定理出现之后不久,毕卡又得到以下更深入的结论,称为毕卡大定理:

若 z_0 为 $f(z)$ 的本性奇点,则对任何数 $A\neq\infty$,除可能有一个例外值,必存在趋于 z_0 的无限点列 $z_n,z_n\neq z_0$,使 $f(z_n)=A,n=1,2,\cdots$.

这是关于函数在本性奇点附近函数值分布情况的一个定理,是函数值分布理论的最初结果之一.

所以

$$f(z)=\frac{f_1(z)}{(z-a)^m},\varphi(z)=\frac{\varphi_1(z)}{(z-a)^n}$$

其中 $f_1(z)$ 与 $\varphi_1(z)$ 在 $z=a$ 解析,且 $f_1(a)\neq 0,\varphi_1(a)\neq 0$,于是

$$f(z)+\varphi(z)=\begin{cases}\dfrac{f_1(z)+(z-a)^{m-n}\varphi_1(z)}{(z-a)^m},m>n\\[2ex]\dfrac{(z-a)^{n-m}f_1(z)+\varphi_1(z)}{(z-a)^n},n>m\\[2ex]\dfrac{f_1(z)+\varphi_1(z)}{(z-a)^n},n=m\end{cases}$$

其中当 $m>n$ 时,分子以 $z=a$ 代入得,$f_1(a)\neq 0$.当 $n>m$ 时,代 $z=a$ 于分

子中得,$\varphi_1(a)\neq 0$. 当 $m=n$ 时,分子以 $z=a$ 代入为 $f_1(a)+\varphi_1(a)$. 又显然各个分子在 $z=a$ 是解析的,所以有结论:

当 $m\neq n$ 时,点 a 是 $f(z)+\varphi(z)$ 的 $\max\{m,n\}$ 级极点. 当 $m=n$ 时,若 $f_1(a)+\varphi_1(a)\neq 0$,则点 a 是 $f(z)+\varphi(z)$ 的 n 级极点,若 $f_1(a)+\varphi_1(a)=0$,则点 a 是低于 n 级极点或可去奇点. 于是

$$f(z)\cdot\varphi(z)=\frac{f_1(z)\varphi_1(z)}{(z-a)^{m+n}}$$

其 $f_1(z)\varphi_1(z)$ 在 $z=a$ 解析,且 $f_1(a)\varphi_1(a)\neq 0$,所以 $z=a$ 是 $f(z)\varphi(z)$ 的 $m+n$ 级极点. 故

$$\frac{f(z)}{\varphi(z)}=\begin{cases}\dfrac{1}{(z-a)^{n-m}}\cdot\dfrac{f_1(z)}{\varphi_1(z)}, m<n, a\text{ 是 } n-m \text{ 级极点}\\ (z-a)^{m-n}\cdot\dfrac{f_1(z)}{\varphi_1(z)}, m>n, a\text{ 是 } m-n \text{ 级零点}\\ \dfrac{f_1(z)}{\varphi_1(z)}, m=n, a\text{ 是可去奇点}\end{cases}$$

273 求在扩大复平面上只有 n 个一级极点的函数的一般形式.

解 设 $\alpha_1,\alpha_2,\cdots,\alpha_n$ 为 $f(z)$ 的 n 个一级极点. 则

$$f(z)=\frac{\varphi(z)}{(z-\alpha_1)(z-\alpha_2)\cdots(z-\alpha_n)}$$

其中 $\varphi(z)$ 在全平面解析,且不恒等于零,此时 $z=\infty$ 不是 $f(z)$ 的极点,因而 $\varphi(z)$ 的展式中 z 的最高次幂不能大于 n,即

$$\varphi(z)=a_0+a_1z+\cdots+a_nz^n$$

所以

$$f(z)=\frac{a_0+a_1z+\cdots+a_nz^n}{(z-\alpha_1)(z-\alpha_2)\cdots(z-\alpha_n)}$$

其中所有 α_k 互异,且 $a_k(k=0,1,\cdots,n)$ 中至少有一个不为零. 若 $\alpha_k(k=1,2,\cdots,n)$ 中有一个为 ∞,把其余 $n-1$ 个依次排列为 $\alpha_1,\alpha_2,\cdots,\alpha_{n-1}$,则

$$f(z)=\frac{a_0+a_1z+\cdots+a_nz^n}{(z-\alpha_1)(z-\alpha_2)\cdots(z-\alpha_{n-1})}$$

其中 $a_n\neq 0$,且当 $i\neq j$ 时,$\alpha_i\neq\alpha_j(1\leqslant i,j\leqslant n-1)$.

274 若在 $0<|z-a|<R$ 内 $f(z)$ 解析,$(z-a)^kf(z)$ 有界,则点 a 是 $f(z)$ 的不高于 k 级的极点.

证 令 $g(z)=(z-a)^kf(z)$,则 $g(z)$ 在 $0<|z-a|<R$ 解析,且

$|g(z)| \leqslant M$，于是 $g(z)=\sum_{n=-\infty}^{+\infty} c_n(z-a)^n$，而

$$|c_n|=\left|\frac{1}{2\pi\mathrm{i}}\int_{|z-a|=r}\frac{g(z)\mathrm{d}z}{(z-a)^{n+1}}\right| \leqslant \frac{M}{r^n}$$

$$(n=0,\pm 1,\cdots,0<r<R)$$

于是负幂的系数 $|c_n| \leqslant \frac{M}{r^n} \to 0(r\to 0, n=-1,-2,\cdots)$，即

$$c_n=0 \quad (n=-1,-2,\cdots)$$

故点 a 是 $g(z)$ 的可去奇点，于是

$$f(z)=\frac{g(z)}{(z-a)^k}$$

所以 a 是 $f(z)$ 的不高于 k 级的极点.

275 设 $f(z)$ 是域 G 中除极点外没有其他奇点的单值函数，证明：函数 $f'(z)/[f(z)-A]$ 在 $f(z)$ 的一切极点及一切点 A 处有简单极点，此外无其他奇点.

证 设 $z=a$ 是 $f(z)$ 的 k 级极点，则也是 $f(z)-A$ 的 k 级极点，于是

$$f(z)-A=\frac{\varphi(z)}{(z-a)^k}$$

其中 $\varphi(z)$ 在 $z=a$ 解析，且 $\varphi(a)\neq 0$，所以

$$f'(z)=\frac{1}{(z-a)^{k+1}}[\varphi'(z)(z-a)-k\varphi(z)]$$

显然 $z=a$ 为 $f'(z)$ 的 $k+1$ 级极点.

故知 $z=a$ 是 $f'(z)/[f(z)-A]$ 的简单极点(题 272(3)).

若 $z=a$ 为 $f(z)$ 的点 A，则当 $|z-a|<R$ 时，$f(z)-A=\sum_{n=1}^{\infty} c_n(z-a)^n$，

$f'(z)=\sum_{n=1}^{\infty} nc_n(z-a)^{n-1}$，于是

$$\frac{f'(z)}{f(z)-A}=\frac{1}{z-a}\cdot\frac{\sum_{n=1}^{\infty} nc_n(z-a)^{n-1}}{\sum_{n=1}^{\infty} c_n(z-a)^n}=$$

$$\frac{1}{z-a}\sum_{n=0}^{\infty} a_n(z-a)^n$$

由此可见，$z=a$ 是 $f'(z)/[f(z)-A]$ 的简单极点.

若不是 $f(z)$ 的极点与点 A 的任意一点 z_0，则 $f(z_0)-A\neq 0$，且 $z=z_0$ 是

$f(z)$ 的正则点，因而也是 $f'(z)$ 与 $f(z)-A$ 的正则点，所以 $z=z_0$ 不是 $f'(z)/[f(z)-A]$ 的奇点.

276 称函数 $f(z)=\dfrac{a_nz^n+a_{n-1}z^{n-1}+\cdots+a_0}{b_mz^m+b_{m-1}z^{m-1}+\cdots+b_0}$(分子与分母是既约的)为有理函数，证明：单值解析函数 $f(z)$ 为有理函数的充要条件是：在 $|z|\leqslant\infty$ 时，$f(z)$ 只有有限个极点(注：在有限平面上除去极点外处处解析的函数称为亚纯函数).

证 由题设 $f(z)$ 的分母只有有限个零点，此时分子不为零(因为既约)，所以这有限个分母的零点即是 $f(z)$ 的极点.

在 $z=\infty$ 时，若 $n>m$，则 $z=\infty$ 是 $n-m$ 级的极点.若 $n\leqslant m$，则 $z=\infty$ 是可去奇点，此时定义 $f(\infty)$ 为 a_n/b_n 或 0 后，则 $z=\infty$ 为正则点，因此 $f(z)$ 在 $z=\infty$ 只能有极点，所以可令 $f(z)$ 的 L 展式的主部为 $g(z)=A_1z+A_2z^2+\cdots+A_pz^p(R<|z|<\infty)$.

下面证明：在 $|z|\leqslant R$ 时，$f(z)$ 只能有有限个极点.

否则，若在 $|z|\leqslant R$ 时，$f(z)$ 有无穷多个极点，则这无穷个极点至少有一个极限点 z_0 在 $|z|\leqslant R$ 内，于是得到 z_0 是 $f(z)$ 的非极点的奇点，这与题设矛盾.

反之，记这有限个极点为 $z_1,z_2,\cdots,z_k$，令 $f(z)$ 在 $z_j(j=1,2,\cdots,k)$ 的 L 展式的主部为

$$h_j(z)=\frac{c_{-1}^{(j)}}{z-z_j}+\frac{c_{-2}^{(j)}}{(z-z_j)^2}+\cdots+\frac{c_{-\alpha_j}^{(j)}}{(z-z_j)^{\alpha_j}}\quad(j=1,2,\cdots,k)$$

并记 $R(z)=\sum\limits_{j=1}^{k}h_j(z)+g(z)$，显然整理后 $R(z)$ 是有理函数，作 $F(z)=f(z)-R(z)$，函数 $F(z)$ 只能在点 $z_j(j=1,2,\cdots,k)$ 与 ∞ 有奇点，根据 L 展式的唯一性，$F(z)$ 在这些点没有主部，所以都是可去奇点，适当定义后可得，$F(z)$ 是扩大平面上的解析函数，于是在 $|z|>R$ 时，$|f(z)|\leqslant M_1$，当 $|z|\leqslant R$ 时，$f(z)$ 解析，故连续，所以 $|f(z)|\leqslant M_2$. 于是

$$|f(z)|\leqslant M=\max\{M_1,M_2\}\quad(|z|\leqslant\infty)$$

由刘维尔定理知 $F(z)=c$，所以 $f(z)=R(z)+c$ 是有理函数.

277 设函数 $f(z)$ 在无穷远点的邻域 $|z|>R$ 内是解析的.试问在什么样的条件下，$F(z)=\int_{z_0}^{z}f(\zeta)\mathrm{d}\zeta$ 在域 $|z|>R$ 内才是一个单

值的解析函数？其中 z_0 与积分路线都在这个区域内. 又从 $f(z)$ 在无穷远点的性质，我们可以推知，$F(z)$ 在无穷远点的一些什么性质？

解 因为 $f(z)$ 在 $|z|>R$ 解析，所以 $f(z)=\sum_{n=-\infty}^{+\infty}a_nz^n$.

(1) 若 $a_{-1}=0$，由于在 $|z|>R$ 内任一线路上，L 级数一致收敛，所以 $|z|>R$ 时

$$F(z)=\int_{z_0}^{z}f(\zeta)\mathrm{d}\zeta=\sum_{n=-\infty}^{\infty}\int_{z_0}^{z}a_n\zeta^n\mathrm{d}\zeta=$$

$$\sum_{n=-\infty}^{-2}\frac{a_n(z^{n+1}-z_0^{n+1})}{n+1}+\sum_{n=0}^{\infty}\frac{a_n(z^{n+1}-z_0^{n+1})}{n+1}$$

是一个单值解析函数.

① 若 $z=\infty$ 是 $f(z)$ 的 β 级极点，即 $f(z)=\sum_{n=-\infty}^{\beta}a_nz^n(a_{-1}=0)$，于是可得 $z=\infty$ 是 $F(z)$ 的 $\beta+1$ 级极点. 特别地，如果 $z=\infty$ 是 $f(z)$ 的正则点，即 $f(z)=\sum_{n=0}^{\infty}a_nz^n$，并设 $a_0\neq 0$，于是

$$F(z)=\sum_{n=0}^{\infty}\frac{a_n(z^{n+1}-z_0^{n+1})}{n+1}$$

即 $z=\infty$ 是 $F(z)$ 的简单极点.

② 若 $z=\infty$ 是 $f(z)$ 的 $\alpha(\alpha\geqslant 2)$ 级零点，即

$$f(z)=\sum_{n=-\infty}^{-\alpha}a_nz^n+\sum_{n=0}^{\infty}a_nz^n$$

所以

$$F(z)=\sum_{n=-\infty}^{-\alpha}\frac{a_n(z^{n+1}-z_0^{n+1})}{n+1}+\sum_{n=0}^{\infty}\frac{a_n(z^{n+1}-z_0^{n+1})}{n+1}$$

即 $z=\infty$ 是 $F(z)$ 的 $\alpha-1$ 级零点.

③ 若 $z=\infty$ 是 $f(z)$ 的本性奇点，即 $f(z)$ 在 $|z|>R$ 内的展开式中含有 z 的无穷多个正幂，逐项积分后依然含有 z 的无穷多个正幂，所以 $z=\infty$ 亦是 $F(z)$ 的本性奇点.

(2) 若 $a_{-1}\neq 0$，由于

$$\int_{z_0}^{z}\frac{a_{-1}}{\zeta}\mathrm{d}\zeta=a_{-1}(\ln z-\ln z_0)=a_{-1}\ln z-c$$

这里 $c=a_{-1}\ln z_0$ 是常数，而 $\ln z$ 是无穷多值的，所以 $\int_{z_0}^{z}\frac{1}{\zeta}a_{-1}\mathrm{d}\zeta$ 是无穷多值

的,于是当 $|z|>R$

$$F(z)-a_{-1}\ln z=\sum_{n=-\infty}^{-2}\frac{a_n(z^{n+1}-z_0^{n+1})}{n+1}+\sum_{n=0}^{\infty}\frac{a_n(z^{n+1}-z_0^{n+1})}{n+1}$$

是一个单值解析函数.

278 若点 z_0(可为 ∞)是 $\varphi(z)$ 的正则点或极点,而点 $w_0=\varphi(z_0)$ 是函数 $f(w)$ 的下列类型的奇点:(1) 可去奇点;(2)n 级极点;(3) 本性奇点.问函数 $F(z)=f[\varphi(z)]$ 在点 z_0 有怎样的奇点?

解 (1) 设 z_0 是 $\varphi(z)$ 的正则点或极点,当 $z_0=\infty$ 是 $\varphi(z)$ 的极点时,定义 $w_0=\varphi(\infty)=\lim\limits_{z\to\infty}\varphi(z)=\infty$,于是 $\varphi(z)$ 在点 z_0 是连续的,而点 $w_0=\varphi(z_0)$ 是 $f(w)$ 的可去奇点,故有 w_0 的邻域 $U_R(w_0)$ 在此邻域内,$f(w)$ 有界.

又由 $\varphi(z)$ 的连续性,有 z_0 的邻域 $U_r(z_0)$,使 $z\in U_r(z_0)$ 时,$\varphi(z)\in U_R(w_0)$.

于是得到,当 $z\in U_r(z_0)$ 时,$f[\varphi(z)]=f(w)$ 有界.所以点 z_0 是 $F(z)=f[\varphi(z)]$ 的可去奇点.

(2)① 若 $z\neq\infty$ 是 $\varphi(z)$ 的正则点,$\varphi(z_0)=w_0\neq\infty$,由于 w_0 是 $f(w)$ 的 n 级极点,所以

$$f(w)=\frac{\psi(w)}{(w-w_0)^n}$$

其中 $\psi(w)$ 解析,且 $\psi(w_0)\neq 0$.而 z_0 至少是 $\varphi(z)$ 的一级 $w_0=\varphi(z_0)$ 点,故可令 z_0 是 $\varphi(z)$ 的 m 级 w_0 点,即 z_0 是 $\varphi(z)-w_0$ 的 m 级零点($m\geqslant 1$).于是 $\varphi(z)-\varphi(z_0)=w-w_0=(z-z_0)^m p(z)$,其中 $p(z)$ 解析,且 $p(z_0)\neq 0$.因此

$$F(z)=f[\varphi(z)]=\frac{\psi[\varphi(z)]}{(z-z_0)^{mn}[p(z)]^n}=\frac{R(z)}{(z-z_0)^{mn}}$$

其中 $R(z)$ 解析,且 $R(z_0)=\dfrac{\psi(w_0)}{[p(z_0)]^n}\neq 0$.

所以 z_0 是 $F(z)$ 的 mn 级极点.

② 若 $z_0=\infty$ 是 $\varphi(z)$ 的正则点,$\varphi(\infty)=w_0\neq\infty$,令 $z_0=\infty$ 是 $\varphi(z)$ 的 m 重 $w_0=\varphi(\infty)$ 点.

同 ① 可得 z_0 是 $F(z)$ 的 mn 级极点.

③ 若 $z_0\neq\infty$ 是 $\varphi(z)$ 的 m 级极点,$\varphi(z_0)=w_0=\infty$ 是 $f(w)$ 的 n 级极点,于是

$$\varphi(z)=\frac{p(z)}{(z-z_0)^m},f(w)=w^n\psi(w)$$

其中 $p(z)$ 与 $\psi(w)$ 解析，且 $p(z_0)\neq 0,\psi(\infty)\neq 0$，故

$$F(z)=f[\varphi(z)]=\frac{[p(z)]^n}{(z-z_0)^{mn}}\psi[\varphi(z)]=\frac{R(z)}{(z-z_0)^{mn}}$$

其中 $R(z)$ 解析，且 $R(z_0)=[p(z_0)]^n\psi(\infty)\neq 0$.

所以 z_0 是 $F(z)$ 的 mn 级极点.

④ 若 $z_0=\infty$ 是 $\varphi(z)$ 的 m 级极点，$w_0=\varphi(z_0)=\infty$ 是 $f(w)$ 的 n 级极点，于是

$$\varphi(z)=z^m p(z),f(w)=w^n\psi(w)$$

同 ③ 可得上述结论.

总之，点 z_0(可为 ∞) 是 $F(z)$ 的 mn 级极点，其中 $m(\geqslant 1)$ 是在点 z_0，$\varphi(z)$ 取 $w_0=\varphi(z_0)$ 的次数(注：若 $\varphi(z)$ 在点 z_0 的某邻域是单叶的，此时 $\varphi'(z_0)\neq 0$，故 $m=1$，则 z_0 是 $F(z)$ 的 n 级极点).

(3) 若点 z_0(可为 ∞) 是 $\varphi(z)$ 的正则点或极点，由(1) 知，$\varphi(z)$ 在点 z_0 是连续的，又 $w_0=\varphi(z_0)$ 是 $f(w)$ 的本性奇点，所以

$$\lim_{z\to z_0}F(z)=\lim_{z\to z_0}f[\varphi(z)]=\lim_{w\to w_0}f(w)$$

不存在. 由此知，z_0 是 $F(z)$ 的本性奇点.

279 考虑微分方程 $z^2(\mathrm{d}^4w/\mathrm{d}z^4)=a(\mathrm{d}^2w/\mathrm{d}z^2)$，这里 a 为实参数，$z=x+\mathrm{i}y$，确定满足它的复函数 $w=f(z,a)$ 的奇异性.

解 方程的形式解可以直接求出，令 $w''=v$，则 $z^2v''=av$ 属欧拉－柯西型，根据 a 的值，我们区分如下情形：

(1)$a=0,v''=w''''=0$，这时 $w=Az^3+Bz^2+Cz+D$；

(2)$a=-\dfrac{1}{2},v=(C_1+C_2\log z)z^{1/2}$，这时 $w=(A\log z+B)z^{5/2}+Cz+D$；

(3)$a=2,v=C_1z^2+C_2z^{-1}$，这时 $w=Az\log z+Bz^4+Cz+D$；

(4)$a=6,v=C_1z^3+C_2z^{-2}$，这时 $w=A\log z+Bz^5+Cz+D$.

若 $a\neq 0,-\dfrac{1}{4},2,6$，则 $v=C_1z^s+C_2z^t$，这里 s 和 t 是方程 $x^2-x-a=0$ 的相异根，且得到

$$w=Az^{s+2}+Bz^{t+2}+Cz+D \tag{1}$$

特别地，若 a 具形：

(5)$a=r(r-1)>-\dfrac{1}{4}$，对有理数 $r=p/q(p,q$ 互质整数)，则 $s=r$，在式(1)$t=1-r$；若：

(6)$a>-\frac{1}{4}$但$a\neq r(r-1)$，对有理数r，则s与t相异，且式(1)可以写为

$$w=z^{5/2}(A\sin(C\log z)+B\cos(C\log z))+Cz+D$$

而$C=\frac{1}{2}(4|a|-1)^{1/2}$.

因此，除去平凡的情形$A=B=C=0$，当$w=D$是一常数外，得出w有对数支点在$z=0$与$z=\infty$于情形(2)，(3)，(4)若$A\neq 0$，及在情形(6)若A,B都不为0，而支点变为代数的，在情形(2)若$A=0,B\neq 0$阶为1，在情形(5)当A,B都不为0时阶为$q-1$，剩下的情形，w是一多项式，且它的仅有奇异性是极在$z=\infty$，阶为z的非零最高幂.

280 若$f(z)$在无穷远点有可去奇点，则通常令$f(\infty)=\lim\limits_{z\to\infty}f(z)$，并称$f(z)$在无穷远点是正则的. 此时试证刘维尔定理的变更说法：若$f(z)$在闭平面上是正则的，则它就是常量.

证 因由$f(z)$在$z=\infty$的正则性就可推知它在这个点的邻域内的有界性. 设当$\infty>|z|>R$时$|f(z)|<M_1$，另一方面，$f(z)$又在$|z|\leqslant R$内正则，当然连续，于是有界，设$|z|\leqslant R$时$|f(z)|<M_2$. 令$M=\max\{M_1,M_2\}$，则对所有z有$|f(z)|<M$.

于是由通常的刘维尔定理知，$f(z)=\mathrm{const}$.

281 求$f(z)=\frac{1}{z^2+1}$的洛朗展开式.

解 函数的奇异点为$z=\pm\mathrm{i}$，$z=\infty$为正则点，对$z=\mathrm{i}$有

$$f(z)=\frac{1}{(z-\mathrm{i})(z+\mathrm{i})}=\frac{1}{(z-\mathrm{i})(2\mathrm{i}+z-\mathrm{i})}=$$

$$\frac{1}{2\mathrm{i}(z-\mathrm{i})}\cdot\frac{1}{1+\frac{z-\mathrm{i}}{2\mathrm{i}}}$$

而

$$\frac{1}{1+\frac{z-\mathrm{i}}{2\mathrm{i}}}=\sum_{n=0}^{\infty}\left(\frac{z-\mathrm{i}}{-2\mathrm{i}}\right)^n$$

故

$$f(z)=\frac{1}{2\mathrm{i}(z-\mathrm{i})}\sum_{n=0}^{\infty}\left(\frac{z-\mathrm{i}}{-2\mathrm{i}}\right)^n=\sum_{n=-1}^{\infty}\frac{1}{4}\left(\frac{z-\mathrm{i}}{-2\mathrm{i}}\right)^n$$

对 $z=-\mathrm{i}$,有

$$f(z)=\sum_{n=-1}^{\infty}\frac{1}{4}\left(\frac{z+\mathrm{i}}{2\mathrm{i}}\right)^n$$

对 $z=\infty$,有

$$f(z)=\frac{1}{z^2}\cdot\frac{1}{1+\frac{1}{z^2}}=\frac{1}{z^2}\sum_{n=0}^{\infty}\left(-\frac{1}{z^2}\right)^n=$$

$$\sum_{n=1}^{\infty}(-1)^{n+1}\frac{1}{z^{2n}}$$

对于平面上其他任一正则点 a 的洛朗展开,当 a 在上半平面时

$$|\mathrm{i}-a|<|z-a|<|\mathrm{i}+a|$$

故

$$f(z)=\frac{1}{(z-\mathrm{i})(z+\mathrm{i})}=-\frac{1}{2\mathrm{i}}\cdot\frac{1}{z+\mathrm{i}}+\frac{1}{2\mathrm{i}}\cdot\frac{1}{z-\mathrm{i}}=$$

$$\frac{-1}{2\mathrm{i}(z-a+a+\mathrm{i})}+\frac{1}{2\mathrm{i}(z-a+a-\mathrm{i})}=$$

$$\frac{-1}{2\mathrm{i}(a+\mathrm{i})}\cdot\frac{1}{1+\frac{z-a}{a+\mathrm{i}}}+\frac{1}{2\mathrm{i}(z-a)}\cdot\frac{1}{1+\frac{a-\mathrm{i}}{z-a}}=$$

$$\sum_{n=0}^{\infty}\frac{1}{2\mathrm{i}}\left(\frac{-1}{a+\mathrm{i}}\right)^{n+1}(z-a)^n+\sum_{n=1}^{\infty}\frac{1}{2\mathrm{i}}(\mathrm{i}-a)^{n-1}\frac{1}{(z-a)^n}$$

当 a 在下半平面时,$|\mathrm{i}+a|<|z-a|<|\mathrm{i}-a|$.故

$$f(z)=\frac{1}{2\mathrm{i}}\sum_{n=0}^{\infty}\frac{(\mathrm{i}+a)^n}{[-(z-a)]^{n+1}}-\frac{1}{2\mathrm{i}}\sum_{n=1}^{\infty}\frac{(z-a)^{n-1}}{(\mathrm{i}-a)^n}$$

282 求 $F(s)=\dfrac{\cos hx\sqrt{s}}{s\cos h\sqrt{s}}$ 的所有奇点,$0<x<1$.

解 式中出现$\sqrt{s}$,似乎 $s=0$ 是一个支点,然而,只要略加注意就可看到

$$F(s)=\frac{1+(x\sqrt{s})^2/2!+(x\sqrt{s})^4/4!+\cdots}{s[1+(\sqrt{s})^2/2!+(\sqrt{s})^4/4!+\cdots]}=$$

$$\frac{1+x^2s/2!+x^4s^2/4!+\cdots}{s(1+s/2!+s^2/4!+\cdots)}$$

由此知,$s=0$ 不是支点,而是一个单极点.

$F(s)$ 还有无限多个极点,由方程

$$\cos h\sqrt{s}=(\mathrm{e}^{\sqrt{s}}+\mathrm{e}^{-\sqrt{s}})/2=0$$

的根给出，这些根在 $e^{2\sqrt{s}}=-1=e^{\pi i+2k\pi i}$ 中，由此 $\sqrt{s}=(k+\frac{1}{2})\pi i$ 或 $s=-\left(k+\frac{1}{2}\right)^2\pi^2(k=0,\pm1,\pm2,\cdots)$ 这些都是单极点.

283 若整函数 $f(z)$ 不在平面内任何点取某个值 $A(\neq\infty)$，则 $f(z)$ 有

$$f(z)=A+e^{g(z)}$$

的形状，此处 $g(z)$ 为一整函数.

证 因函数 $f(z)-A$ 不能为零. 所以 $\frac{f'(z)}{f(z)-A}=h(z)$ 是处处解析的，即为一整函数，但

$$\frac{f'(z)}{f(z)-A}=\frac{d}{dz}\ln(f(z)-A)$$

故

$$[\ln(f(z)-A)]\Big|_0^z=\int_0^z h(z)dz$$

因而

$$f(z)-A=\exp\left[\int_0^z h(z)dz+\ln(f(0)-A)\right]=e^{g(z)}$$

此处 $g(z)=\int_0^z h(z)dz+\ln(f(0)-A)$ 亦为某一整函数.

284 若在原点的某一邻域 $|z|<R<\infty$ 内，整函数 $f(z)=\sum_{n=0}^{\infty}a_nz^n$ 是解析的，且对一切 ρ，$0<\rho<R$，其实数部分 $u(r,\theta)$ 满足不等式

$$u(\rho,\theta)\leqslant U$$

（$u(\rho,\theta)$ 在此处不取绝对值，故在特殊情况，U 可能是负数），则其幂级数的系数满足不等式

$$|a_n|\leqslant\frac{2(U-\alpha_0)}{R^n}\quad(n=1,2,\cdots)$$

此处

$$\alpha_0=u(0)=\frac{1}{2\pi}\int_0^{2\pi}u(r,\theta)d\theta$$

证　命 $f(z)=u(r,\theta)+\mathrm{i}v(r,\theta)$，函数 $U-f(z)=U-u(r,\theta)-\mathrm{i}v(r,\theta)$ 的泰勒展开式为 $U-a_0-\sum\limits_{n=1}^{\infty}a_nz^n$，故 a_n 可用下式表示

$$-a_n=\frac{1}{2\pi\mathrm{i}}\int_{|\xi|=\rho}\frac{U-f(z)}{\xi^{n+1}}\mathrm{d}\xi=$$

$$\frac{1}{2\pi\rho^n}\int_0^{2\pi}[U-u(r,\theta)-\mathrm{i}v(\rho,\theta)]\mathrm{e}^{-\mathrm{i}n\theta}\mathrm{d}\theta \tag{1}$$

再依柯西积分定理

$$0=\frac{1}{2\pi\mathrm{i}}\int_{|\xi|=\rho}[U-f(\xi)]\xi^{n-1}\mathrm{d}\xi=$$

$$\frac{\rho^n}{2\pi}\int_0^{2\pi}[U-u(\rho,\theta)-\mathrm{i}v(\rho,\theta)]\mathrm{e}^{\mathrm{i}n\theta}\mathrm{d}\theta$$

由此

$$0=\frac{1}{2\pi\rho^n}\int_0^{2\pi}[U-u(\rho,\theta)+\mathrm{i}v(\rho,\theta)]\mathrm{e}^{-\mathrm{i}n\theta}\mathrm{d}\theta \tag{2}$$

式(1),(2) 相加便得

$$-a_n=\frac{1}{\pi\rho^n}\int_0^{2\pi}[U-u(\rho,\theta)]\mathrm{e}^{-\mathrm{i}n\theta}\mathrm{d}\theta$$

因而

$$|a_n|\leqslant\frac{1}{\pi\rho^n}\int_0^{2\pi}[U-u(\rho,\theta)]\mathrm{d}\theta=$$

$$\frac{2U}{\rho^n}-\frac{1}{\pi\rho^n}\int_0^{2\pi}u(\rho,\theta)\mathrm{d}\theta$$

但

$$\frac{1}{\pi\rho^2}\int_0^{2\pi}u(\rho,\theta)\mathrm{d}\theta=\frac{2}{\rho^n}\cdot\frac{1}{2\pi}\int_0^{2\pi}u(\rho,\theta)\mathrm{d}\theta=\frac{2u(0)}{\rho^n}=\frac{2\alpha_0}{\rho^n}$$

故对任何 $\rho<R$ 有 $|a_n|\leqslant\dfrac{2(U-\alpha_0)}{\rho^n}(n=1,2,\cdots)$，再令 $\rho\to R$，求极限，便得所证.

285 若自某数起的一切 r 值均使整函数 $f(z)$ 的实数部分 $u(r,\theta)$ 适合不等式

$$u(r,\theta)\leqslant r^{\mu}\quad(r>r_0)$$

此处 $\mu>0$，则 $f(z)$ 为不高于$[\mu]$次的多项式.

证　根据调和函数的最大模原则，对一切 $\rho<r$，将有 $u(\rho,\theta)\leqslant r^{\mu}$，因而依照前题有

$$|a_n| \leqslant 2\frac{r^{\mu}-\alpha_0}{r^n}$$

若 $n \geqslant [\mu]+1$，令 r 无限增大，便得

$$a_{[\mu]+1}=a_{[\mu]+2}=\cdots=0$$

故

$$f(z)=a_0+a_1z+\cdots+a_{[\mu]}z^{[\mu]}$$

这就是要证明的.

286 设 $f(z)$ 与 $g(z)$ 是整函数，每一个没有固定点，二者不是都线性，则 $f(g(z))$ 有无穷个固定点.

证 因整函数 $f(z)$ 没有固定点，函数 $f(z)-z$ 是一个整函数，没有零点，因此能表示成形式 $e^{F(z)}$，这里 $F(z)$ 也是整函数.

类似地，$g(z)$ 确定一整函数 $G(z)$，则

$$f(z)=e^{F(z)}+z, g(z)=e^{G(z)}+z$$

一点 z 是 $f(g(z))$ 的固定点的充要条件是满足方程

$$e^{F(e^{G(z)}+z)}=-e^{G(z)}=e^{G(z)+i\pi}$$

出现这个式子的充要条件是：对某个整数 n，$F(e^{G(z)}+z)=G(z)+(2n+1)\pi i$.

因 $f(z)$ 与 $g(z)$ 不是二者都是线性的，所以 $F(z)$ 与 $G(z)$ 至多不过一个是常数. 由此知：

$H(z)=F(e^{G(z)}+z)-G(z)$ 是一个非常数的整函数，因此由毕卡定理，承担每个值至多不过一个例外. 因此它承担无穷多个值 $(2n+1)i\pi$，即有无穷多个不动点.

287 证明 $\left(\dfrac{\pi}{\sin \pi z}\right)^2=\sum\limits_{n=-\infty}^{+\infty}\dfrac{1}{(z-n)^2}$.

证 因函数 $\dfrac{\pi^2}{\sin^2 \pi z}$ 以 $z=n$（整数）为极点，$z=0$ 的主要部分是 $\dfrac{1}{z^2}$，$z=n$ 的主要部分是 $\dfrac{1}{(z-n)^2}$，级数 $\sum\limits_{n=-\infty}^{+\infty}\dfrac{1}{(z-n)^2}$，当 $z\neq n$ 时收敛，且在不含 $z=n$ 的任一闭区域上一致收敛.

作 $g(z)=\dfrac{\pi^2}{\sin^2 \pi z}-\sum\limits_{n=-\infty}^{+\infty}\dfrac{1}{(z-n)^2}$. 则因 $\dfrac{\pi^2}{\sin^2 \pi z}$ 与 $\sum\limits_{n=-\infty}^{+\infty}\dfrac{1}{(z-n)^2}$ 有周期 1，故 $g(z)$ 亦为周期为 1 的函数，且在全平面上解析.

令 $z=x+iy$. 有

$$|\sin \pi z|^2=\frac{1}{2}(\cos h2\pi y-\cos 2\pi x)$$

当 $|y|\to\infty$ 时，$\frac{\pi^2}{\sin^2\pi z}$ 一致收敛于0，又当 $|y|\to\infty$ 时，$\sum_{n=-\infty}^{+\infty}\frac{1}{(z-n)^2}$ 也一致收敛于0，故当 $0\leqslant x\leqslant 1$ 时，$|g(z)|$ 一致有界，从而由 $g(z)$ 的周期性知，$|g(z)|$ 在全平面上有界，于是由刘维尔定理知，$g(z)$ 为一常数，但当 $|y|\to\infty$ 时，$|g(z)|\to 0$，故 $g(z)\equiv 0$. 于是便有

$$\frac{\pi^2}{\sin^2\pi z}=\sum_{n=-\infty}^{+\infty}\frac{1}{(z-n)^2}$$

288 设 $f(z)$ 当 $|z|<1$ 时解析，且 $|f(z)|\leqslant\frac{1}{1-|z|}$，试由柯西不等式求 $|f^{(n)}(0)|$ 的最优估值.

解 $0<r<1$，由柯西积分公式

$$f^{(n)}(0)=\frac{n!}{2\pi\mathrm{i}}\int_{|z|=r}\frac{f(z)}{z^{n+1}}\mathrm{d}z$$

所以

$$|f^{(n)}(0)|\leqslant\frac{n!}{2\pi}\int_{|z|=r}\frac{|\mathrm{d}z|}{|z|^{n+1}(1-|z|)}=\frac{n!}{r^n(1-r)}$$

当 $0\leqslant r<1$ 时求出右边的最小值便得

$$|f^{(n)}(0)|\leqslant\frac{n!\ (n+1)^{n+1}}{n^n}$$

289 求证：在整个平面上解析的函数，若对某些 n 及所有充分大的 $|z|$，能满足不等式 $|f(z)|<|z|^n$，则必为一多项式.

证 设 $z\neq\infty$，对 $|\xi|=R$ 内之 z(R 充分大)有

$$f^{(n+1)}(z)=\frac{(n+1)!}{2\pi\mathrm{i}}\int_{|\xi|=R}\frac{f(\xi)}{(\xi-z)^{n+1}}\mathrm{d}\xi$$

由于 $|f(\xi)|\leqslant|\xi|^n$，故

$$|f^{(n+1)}(z)|\leqslant\frac{(n+1)!}{2\pi}\int_0^{2\pi}\frac{R^n}{(R-|z|)^{n+2}}R\mathrm{d}\theta$$

令 $R\to\infty$，右边趋于0，故

$$f^{(n+1)}(z)=0$$

但 z 为任意，故 $f^{(n+1)}(z)\equiv 0$.

由此知，$f(z)$ 为一不高于 n 次的多项式.

290 设 $w=f(z)$ 于 $|z|<1$ 为解析，且 $|z|<1$，$|w|<1$ 一一对应，而 $f(0)=0$，$f'(0)>0$，则 $f(z)\equiv z$.

证 因 $f(z)$ 于 $|z|<1$ 解析，$|f(z)|<1$，$f(0)=0$，故由施瓦兹引理知

$$|w|\leqslant|z|$$

又反函数 $z=f^{-1}(w)$ 于 $|f(z)|<1$ 解析，且 $|f^{-1}(w)|<1$. $f^{-1}(0)=0$，故同样有

$$|z|\leqslant|w|$$

从而当 $|z|<1$ 时，$|w|=|z|$. 于是 $f(z)=e^{i\theta}z(0\leqslant\theta<2\pi)$. 由于 $f'(0)>0$，故 $f(z)\equiv z$.

291 $f(z)$ 于 $|z|<1$ 内解析，$\mathrm{Re}\,f(z)\leqslant A$. 则

$$|f(z)-f(0)|\leqslant\frac{2\mathrm{Re}\{A-f(0)\}\cdot|z|}{1-|z|}$$

证 不妨设 $A>0$，$f(0)=0$. 作

$$w(z)=\frac{f(z)}{f(z)-2A}$$

由假设 $\mathrm{Re}\{f(z)-2A\}\leqslant -A<0$，故 $w(z)$ 于 $|z|<1$ 解析，且 $w(0)=0$. 令 $f(z)=u+iv$，则

$$|u|\leqslant 2A-u$$

故

$$|w(z)|^2=\frac{u^2+v^2}{(2A-u)^2+v^2}\leqslant 1$$

于是由施瓦兹引理 $|w(z)|\leqslant|z|$.

而 $f(z)=\dfrac{2A\omega(z)}{\omega(z)-1}$. 所以

$$|f(z)|\leqslant\frac{2A|w(z)|}{1-|w(z)|}\leqslant\frac{2A|z|}{1-|z|}$$

292 $f(z)$ 于 $|z-z_0|\leqslant r$ 解析，$|\mathrm{Re}\,f(z)|\leqslant M$，则

$$|f'(z_0)|\leqslant\frac{2M}{r}$$

证 设 $f(z)=u(z)+iv(z)$. 则

$$f'(z_0)=\frac{1}{2\pi i}\int_{|z-z_0|=r}\frac{f(z)}{(z-z_0)^2}dz=$$

$$\frac{1}{2\pi r}\int_0^{2\pi}[u(re^{i\theta})+iv(re^{i\theta})]e^{-i\theta}d\theta$$

$$0=\frac{1}{2\pi ir^2}\int_{|z-z_0|=r}f(z)dz=$$

$$\frac{1}{2\pi r}\int_0^{2\pi}[u(re^{i\theta})+iv(re^{i\theta})]e^{i\theta}d\theta=$$

$$\frac{1}{2\pi r}\int_0^{2\pi}[u(re^{i\theta})-iv(re^{i\theta})]e^{-i\theta}d\theta$$

相加得

$$f'(z_0)=\frac{1}{\pi r}\int_0^{2\pi}u(re^{i\theta})e^{-i\theta}d\theta$$

所以

$$|f'(z_0)|\leqslant\frac{1}{\pi r}\int_0^{2\pi}|u(re^{i\theta})|d\theta\leqslant\frac{2M}{r}$$

293 $f(z)$ 在 $|z|\leqslant R$ 解析，且 $|f(z)|\leqslant M, f(0)\neq 0$，则当 $|z|\leqslant\frac{R}{3}$ 时，$f(z)$ 的零点个数不超过 $\frac{1}{\ln 2}\ln\frac{M}{|f(0)|}$.

证 设 $z_\nu(\nu=1,2,\cdots,n)$ 为 $f(z)$ 在 $|z|\leqslant\frac{R}{3}$ 内的零点，则函数

$$g(z)=\frac{f(z)}{\prod_{\nu=1}^{n}\left(1-\frac{z}{z_\nu}\right)}$$

在 $|z|\leqslant R$ 上解析，在 $|z|=R$ 上 $\left|\frac{z}{z_\nu}\right|\geqslant 3$.

故 $|g(Re^{i\theta})|\leqslant\frac{M}{2^n}$，于是 $|g(0)|\leqslant 2^{-n}M$. 但 $f(0)=g(0)$，故 $|f(0)|\leqslant 2^{-n}M$. 于是

$$n\leqslant\frac{1}{\ln 2}\ln\frac{M}{|f(0)|}$$

294 什么是仅在实轴上取实数值的最一般的整函数？

解 设 $f=u+iv$，则由假设知，v 在上半平面有同一符号，比如说是正. 当 $v=0$（在实轴上）我们得结论 $\frac{\partial v}{\partial y}\geqslant 0$，这时 $\frac{\partial u}{\partial x}\geqslant 0$. 因此，$f$ 取每个实数值至多不过一次，由毕卡定理知 f 必为线性.

295 确定所有的整函数 $f(z)$ 使 $|f(z)|=1$，不论何时 $|z|=1$.

解 置 $f(z)=z^n g(z)$，n 为非负整数，g 为整函数，且 $g(0)\neq 0$. 因 $|z|=1$ 蕴含 $|g(z)|$，不是 g 是常数就是开映射 g 把单位圆变成它自己，在后面的情形，施瓦兹反射原理告诉我们，若 z_1 与 z_2 和原点共线且 $|z_1z_2|-1$，则

$$|g(z_1)g(z_2)|=1$$

由此得出 g 在无穷远邻域内有界，因此，由刘维尔定理，g 是一个常数.

因而 $f(z)=az^n$，这里 $|a|=1$.

296 当且仅当 $|z_1-z_3|=|z_1-z_2|+|z_2-z_3|$ 常蕴含 $|f(z_1)-f(z_3)|=|f(z_1)-f(z_2)|+|f(z_2)-f(z_3)|$ 时，称复函数 $w=f(z)$ 为满足条件 L. 易见 $w=Az+B$，$A\neq 0$ 满足条件 L，且是保形的，证明其逆.

证 设 $w=f(z)$ 为保形且满足条件 L.

今让 z_0 为一固定点，并让 R 为从 z_0 出发，角为 $\arg(z-z_0)=\theta$ 的一条射线(所有 $z\in R$). 因 R 是连通的，且 $f(z)$ 为保形，故象 $f(R)$ 也将是连通的. 此外，$f(z)$ 保形，$f(R)$ 是非退化的，且由于满足条件 L，$f(R)$ 是一条射线或直线段，因此可设 $\arg(w-w_0)=\phi$，对所有 $w\neq w_0$ 且 $w\in f(R)$. 因而对 $f'(z_0)$ 的变元是 $\phi-\theta$. 应用同样推理于 R 的任何另一点可得 $\arg f'(z)=\arg f'(z_0)$，对所有 $z\in R$. 事实上，考虑过 z_0 的另外任一射线和用 $f(z)$ 与 $f'(z)$ 的解析性我们有

$$\arg f'(z)=\arg f'(z_0)\quad(\text{对所有 } z)$$

因此允许我们设

$$f'(z)=\rho(x,y)\mathrm{e}^{\mathrm{i}(\phi-\theta)}\quad(\text{对所有 } z)$$

于是由柯西－黎曼条件产生一对方程

$$\rho_x\cos(\phi-\theta)=\rho_y\sin(\phi-\theta)$$
$$\rho_y\cos(\phi-\theta)=-\rho_x\sin(\phi-\theta)$$

这个方程组有唯一解 $\rho_x=\rho_y=0$，因此 ρ 为常数，故 $f'(z)=A$，A 为异于 0 的复常数(因 $f(z)$ 是保形的)，从而 $f(z)=Az+B(A\neq 0)$.

297 设 $P(z)$ 为非常数多项式，则对某个 z，$P(z)=0$.

证 我们可设 $P(z)$ 对实的 z 为实(否则设 $\overline{P}(z)$ 是系数与 $P(z)$ 共轭的多项式，而考虑 $P(z)\cdot\overline{P}(z)$).

假定对实的 z，$P(z)$ 为实且决不为零，则因 $P(z)$ 对实的 z 既不为零也不

变号，我们有

$$\int_0^{2\pi} \frac{d\theta}{P(2\cos\theta)} \neq 0 \tag{1}$$

但这个积分等于围道积分

$$\frac{1}{i}\int_{|z|=1} \frac{dz}{zP(z+z^{-1})} = \frac{1}{i}\int_{|z|=1} \frac{z^{n-1}dz}{Q(z)} \tag{2}$$

这里 $Q(z)=z^nP(z+z^{-1})$ 是一个多项式，对 $z\neq 0$，$Q(z)\neq 0$. 另外，若 a_n 为 $P(z)$ 的首项系数，我们有 $Q(0)=a_n\neq 0$. 因 $Q(z)$ 永不为零，式(2) 的被积函数又是解析的，因此由柯西定理，积分为零，这与式(1) 矛盾.

298 设 $f(z)$ 是复变数 z 的复多项式，且设 $f(1)=f(-1)=0$，证明或反证：$f'(z)=0$ 在带形 $-1\leqslant R(z)\leqslant 1$ 内有一个根.

解 命题是不正确的，因为考虑

$$f(z)=\int_{-1}^{z}[w-(a+hi)]^4[w-(-a+bi)]^4dw$$

这里 a,b 是实数且 $a>1$，则 $f'(z)$ 在带形 $-1\leqslant R(z)\leqslant 1$ 内没有零，且 $f(-1)=0$. 保留适合条件 $f(+1)=0$，即

$$I(a,b)=\int_{-1}^{1}(z-a-bi)^4(z+a-bi)^4dz=0$$

$$\overline{I(a,b)}=\int_{-1}^{1}(z-a+bi)^4(z+a+bi)^4dz=$$

$$\int_{-1}^{1}(-z-a+bi)^4(-z+a+bi)^4dz= \quad (z\to -z)$$

$$\int_{-1}^{1}(z+a-bi)^4(z-a-bi)^4dz=I(a,b)$$

因此对所有实数 a,b，$I(a,b)$ 是实数.

我们来证 $I(a,b)$ 在区域 $a>1$ 内取正与负的值，因此得出 I 这区域内的某点为零. 因 I 为 (a,b) 上的连续函数，故只需证 $I(1,0)>0>I(1,1)$，今

$$I(1,0)=\int_{-1}^{1}(z^2-1)^4dz>0$$

是显然的. 此外

$$I(1,1)=\int_{-1}^{1}(z-i-1)^4(z-i+1)^4dz=$$

$$\int_{-1}^{1}[(z-i)^2-1]^4dz=\int_{-1-i}^{1-i}(z^2-1)^4dz=$$

$$\frac{1}{i}\int_{1-i}^{1+i}(z^2+1)^4dz=$$

$$\frac{1}{\mathrm{i}}\int_{1-\mathrm{i}}^{1+\mathrm{i}}(z^8+4z^6+6z^4+4z^2+1)\mathrm{d}z=$$

$$\frac{1}{\mathrm{i}}\left(\frac{z^9}{9}+\frac{4z^7}{7}+\frac{6z^5}{5}+\frac{4z^3}{3}+z\right)\Big|_{1-\mathrm{i}}^{1+\mathrm{i}}=$$

$$2\left[\left(\frac{16}{9}-\frac{32}{7}\right)+\left(-\frac{24}{5}+\frac{8}{3}+1\right)\right]<0$$

299 证明：一个有理系数多项式 $P(x)$，若对有理数 x 其值为有理，且对无理数 x 其值为无理，则它必为线性.

证 设 $P(x)=a_nx^n+a_{n-1}x^{n-1}+\cdots+a_0(a_n\neq 0)$. 不失一般性，我们可设系数为整数，则 $a_n^{n-1}P(x)=a_n^nx^n+a_{n-1}a_n^{n-1}x^{n-1}+\cdots+a_0a_n^{n-1}=Q(a_nx)$.

因 $Q(x)=a_n^{n-1}f(x/a_n)$，$Q(x)$ 也有所述性质.

今若 $n\geqslant 2$，则我们能找一个整数 k 使 $Q(k+1)-Q(k)>1$，因此有一整数 h 使 $Q(k)<h<Q(k+1)$，于是由 $Q(x)$ 的连续性得出有一个 m 使 $k<m<k+1$ 且 $Q(m)=k$. 因 $Q(m)$ 是有理，故 m 是有理，又因 $Q(x)$ 的首项系数为 1，故 m 是一个整数. 但这与 $k<m<k+1$ 矛盾. 这就证明了所述断言.

300 设 $f(z)=\lambda z+a_2z^2+\cdots$ 是一个整数，这里 $|\lambda|>1$. 设 N 为原点的任一邻域，则 N 的象在 f 的逐次叠代之下盖满整个平面只可能除去一个点，若 $\lambda=1$ 与 $f(z)\neq z$ 同样真实.

证 f 的叠代 f_n 在 N 全是正则的，若对任何的函数 f_n 有两个值 a 与 b 不能取到，则这些函数将形成一正规族(Montel 定理). 设 C 为整个在 N 内的一个闭圆 $|z|\leqslant r$. 因对所有 n，$f_n(0)=0$，因而正规族(f_n)在 C 必是一致有界的(参考：Golusin，Geometrische Funktionentheorie)，即 $|f_n(z)|\leqslant M$，对 $|z|\leqslant r$ 与所有 n. 今柯西不等式给出

$$|\lambda^n|\leqslant\frac{M}{r}\text{ 对所有 } n \text{ 在情形 } f_n(z)=\lambda^nz+\cdots$$

$$n|a_\nu|\leqslant\frac{M}{r^\nu}\text{ 对所有 } n \text{ 在情形 } f_n(z)=z+na_\nu z^\nu+\cdots\quad(a_\nu\neq 0)$$

这些不等式分别与 $|\lambda|>1$ 和 $a_\nu\neq 0$ 矛盾. 因此证明了至多只能有一个值 a，对任何的 f_n 在 N 不能取到.

301 证明：αz^n 是对所有 $|z|=1$ 的 z，模为常数的唯一整函数.

证 设 $f(z)$ 是一个在 $|z|=1$ 上模为常数的整函数，且用 $\alpha_i(i=1,2,\cdots,$

k) 表示 $f(z)$ 在单位圆内的零点，今函数

$$g(z)=f(z)\prod_{i}\frac{(1-\bar{\alpha}_i z)}{(z-\alpha_i)}$$

是一个在 $|z|=1$ 上有常数模的整函数，且在单位圆上没有零. 对单位圆盘应用极大模定理到 $g(z)$ 与 $\frac{1}{g(z)}$，我们看出 $g(z)=\alpha$ 是一个常数，这时

$$f(z)=\alpha\prod_{i}\frac{(z-\alpha_i)}{(1-\bar{\alpha}_i z)}$$

但因 $f(z)$ 是一个整函数，故必有 $\alpha_i=0$. 因此 $f(z)=\alpha z^n$.

302 设 $f(z)$ 是一个定义于 $|z|<1$ 的复变数解析函数，若 $f(z)$ 的实部分是正的，且使函数规范化具幂级数展开式

$$f(z)=1+\sum_{n=1}^{\infty}c_n z^n \tag{1}$$

则

$$|c_n|\leqslant 2\quad (n=1,2,\cdots)\quad (\text{波莱尔})$$

证 今用 $f(z)$ 的 F. Riesz's 与 Herglotz's Stieltjes 积分表示式

$$f(z)=\int_0^{2\pi}\frac{\mathrm{e}^{it}+z}{\mathrm{e}^{it}-z}\mathrm{d}\phi(t)+\mathrm{i}q \tag{2}$$

这里 $\phi(t)$ 是一个有界非增实变数 t 的实函数，且 $\phi(0)=0$，$\phi(2\pi)>0$，q 为一实常数.

在 $|z|<1$ 上展开积分式(2) 成幂级数，且重排项，而得

$$f(z)=\int_0^{2\pi}\mathrm{d}\phi(t)+\sum_{n=1}^{\infty}\left[2\int_0^{2\pi}\mathrm{e}^{-int}\mathrm{d}\phi(t)\right]z^n+\mathrm{i}q \tag{3}$$

比较式(1) 与式(3) 的幂级数系数，得如下关系

$$c_n=2\int_0^{2\pi}\mathrm{e}^{-int}\mathrm{d}\phi(t),\int_0^{2\pi}\mathrm{d}\phi(t)=1$$

且 $q=0$. 因 $\phi(t)$ 为非增函数，故

$$|c_n|\leqslant 2\int_0^{2\pi}|\mathrm{d}\phi(t)|=2\int_0^{2\pi}\mathrm{d}\phi(t)$$

因此 $|c_n|\leqslant 2(n=1,2,\cdots)$.

别证：利用如下事实(参考 Goursat《数学分析教程》1942 年 P. 142). 设 $f(z)=u(x,y)+\mathrm{i}v(x,y)$ 在 $|z|\leqslant 1$ 上解析，而 $z=r\mathrm{e}^{\mathrm{i}\theta}$，$\xi=R\mathrm{e}^{\mathrm{i}\psi}$，则对 $|z|<R$，有

$$f(z)=\mathrm{i}v(0,0)+\frac{1}{2\pi}\int_0^{2\pi}u(R\mathrm{e}^{\mathrm{i}\psi})\frac{\xi+z}{\xi-z}\mathrm{d}\psi \tag{1}$$

今证所给定理,因 $f(z)=1+\sum_{n=1}^{\infty}a_n z^n$,这里 $a_n=f^{(n)}(0)/n!$. 但由式(1)知

$$\frac{f^{(n)}(0)}{n!}=\frac{1}{\pi}\int_0^{2\pi}u(Re^{i\psi})\xi^{-n}d\psi$$

这里我们取 $R<1$,再有因 $u(0,0)=1$,由调和函数中值定理得

$$\frac{1}{2\pi}\int_0^{2\pi}u(Re^{i\psi})d\psi=1$$

但因 $u(x,y)\geqslant 0$,由此得

$$R^n\mid a_n\mid\leqslant 2\left\{\frac{1}{2\pi}\int_0^{2\pi}\mid u(Re^{i\psi})\mid d\psi\right\}=$$

$$2\left\{\frac{1}{2\pi}\int_0^{2\pi}u(Re^{i\psi})d\psi\right\}=2\cdot 1=2$$

对所有 $R<1$. 因此 $\mid a_n\mid<2(n=1,2,\cdots)$.

303 设 $f(z)=u(x,y)+iv(x,y)$ 是一个整函数,对 z 的实数值为实数,且当 $y\neq 0$ 时恒有 $v(x,y)\neq 0$,证明:$f(z)=az+b$,这里 a,b 是实数且 $a\neq 0$.

证 设 $f(z)=\sum_{k=0}^{\infty}a_k z^k$,这里 a_k 是实数. 令 $z=re^{i\theta}$,则

$$v(x,y)=\sum_{k=1}^{\infty}a_k r^k\sin k\theta$$

因对 $y\neq 0$ 总有 $v(x,y)\neq 0$,于是 $v(x,y)$ 对 $y>0$ 必保持同一符号,不妨设 $v(x,y)>0$(若对 $y>0$ 有 $v<0$,我们就用 $-f(z)$ 代替 $f(z)$).

因 $n\cdot\sin\theta\pm\sin n\theta>0$,对每个 $n>1$,且对 $0<\theta<\pi$ 的任何 θ 我们有

$$\int_0^{\pi}(n\cdot\sin\theta\pm\sin n\theta)\cdot\sum_{k=1}^{\infty}a_k\cdot r^k\sin k\theta d\theta>0$$

由于 $\{\sin k\theta\}$ 是 $(0,\pi)$ 上的直交系,因此

$$n\cdot a_1 r\cdot\frac{\pi}{2}\pm a_n r^n\cdot\frac{\pi}{2}>0$$

$\mid a_n\mid<na_1r^{n-1}$,对 $n>1$ 与所有 r. 故 $a_n=0$ 对 $n>1$,$a_1>0$,且 $f(z)=a_0+a_1z$.

编辑手记

哈达马曾指出:两个实域真理之间的最短距离是通过复域.为了说明这点,我们举一道中学竞赛题为例,此题为:2012 年全国高中数学联赛安徽赛区初赛第 3 题,这是一道以三角函数为背景,难度适中,具有丰富的数学内涵的试题.给出该试题的四种解法,并对其结论进行推广.

题目 $\cos\frac{\pi}{11}-\cos\frac{2\pi}{11}+\cos\frac{3\pi}{11}-\cos\frac{4\pi}{11}+\cos\frac{5\pi}{11}=$______(用数字作答).

解法 1 由于角度成等差数列,可以先乘以 $\sin\frac{\pi}{11}$,利用积化和差公式,整理后再用和差化积公式求解.故

$$原式=\frac{\sin\frac{\pi}{11}(\cos\frac{\pi}{11}-\cos\frac{2\pi}{11}+\cos\frac{3\pi}{11}-\cos\frac{4\pi}{11}+\cos\frac{5\pi}{11})}{\sin\frac{\pi}{11}}=$$

$$\frac{\sin\frac{\pi}{11}\cos\frac{\pi}{11}-\sin\frac{\pi}{11}\cos\frac{2\pi}{11}+\sin\frac{\pi}{11}\cos\frac{3\pi}{11}-\sin\frac{\pi}{11}\cos\frac{4\pi}{11}+\sin\frac{\pi}{11}\cos\frac{5\pi}{11}}{\sin\frac{\pi}{11}}=$$

$$\frac{\sin\frac{2\pi}{11}-(\sin\frac{3\pi}{11}-\sin\frac{\pi}{11})+(\sin\frac{4\pi}{11}-\sin\frac{2\pi}{11})-(\sin\frac{5\pi}{11}-\sin\frac{3\pi}{11})+(\sin\frac{6\pi}{11}-\sin\frac{4\pi}{11})}{2\sin\frac{\pi}{11}}=$$

$$\frac{\sin\frac{2\pi}{11}-\sin\frac{3\pi}{11}+\sin\frac{\pi}{11}+\sin\frac{4\pi}{11}-\sin\frac{2\pi}{11}-\sin\frac{5\pi}{11}+\sin\frac{3\pi}{11}+\sin\frac{6\pi}{11}-\sin\frac{4\pi}{11}}{2\sin\frac{\pi}{11}}=$$

$$\frac{\sin\frac{\pi}{11}-\sin\frac{5\pi}{11}+\sin\frac{6\pi}{11}}{2\sin\frac{\pi}{11}}=\frac{1}{2}$$

解法 2 利用复数的三角形式和棣模弗定理.

由于

$$\cos\frac{9\pi}{11}=-\cos\frac{2\pi}{11},\cos\frac{7\pi}{11}=-\cos\frac{4\pi}{11}$$

故

$$原式=\cos\frac{\pi}{11}+\cos\frac{3\pi}{11}+\cos\frac{5\pi}{11}+\cos\frac{7\pi}{11}+\cos\frac{9\pi}{11}$$

设 $z=\cos\frac{\pi}{11}+\mathrm{i}\sin\frac{\pi}{11}$,则 $z^{11}=\cos\frac{11\pi}{11}+\mathrm{i}\sin\frac{11\pi}{11}=-1$,令

$$a+b\mathrm{i}=z+z^3+z^5+z^7+z^9=\frac{z[1-(z^2)^5]}{1-z^2}=\frac{z-z^{11}}{1-z^2}=\frac{z+1}{1-z^2}=\frac{1}{1-z}$$

容易知道,$\cos\frac{\pi}{11}+\cos\frac{3\pi}{11}+\cos\frac{5\pi}{11}+\cos\frac{7\pi}{11}+\cos\frac{9\pi}{11}=a$ 为复数 $a+b\mathrm{i}$ 的实部.

下面我们求$\frac{1}{1-z}$的实部 a.

由于

$$\frac{1}{1-z}=\frac{1}{1-\cos\frac{\pi}{11}-\mathrm{i}\sin\frac{\pi}{11}}=\frac{1-\cos\frac{\pi}{11}+\mathrm{i}\sin\frac{\pi}{11}}{(1-\cos\frac{\pi}{11})^2+\sin^2\frac{\pi}{11}}$$

所以

$$a=\frac{1-\cos\frac{\pi}{11}}{(1-\cos\frac{\pi}{11})^2+\sin^2\frac{\pi}{11}}=\frac{1-\cos\frac{\pi}{11}}{2-2\cos\frac{\pi}{11}}=\frac{1}{2}$$

即原式$=\frac{1}{2}$.

解法 3 利用复数的三角形式构造原式.

设 $z=\cos\frac{\pi}{11}+\mathrm{i}\sin\frac{\pi}{11}$,则 $z^{11}=\cos\frac{11\pi}{11}+\mathrm{i}\sin\frac{11\pi}{11}=-1$,故

$$1-z+z^2-z^3+z^4+\cdots-z^9+z^{10}=\frac{1+z^{11}}{1+z}=0$$

所以

$$1=z-z^2+z^3-z^4+\cdots+z^9-z^{10}=$$
$$(z-z^{10})-(z^2-z^9)+(z^3-z^8)-(z^4-z^7)+(z^5-z^6)$$

注意到 $z-z^{10}=z+\frac{1}{z}=\cos\frac{\pi}{11}+\mathrm{i}\sin\frac{\pi}{11}+\frac{1}{\cos\frac{\pi}{11}+\mathrm{i}\sin\frac{\pi}{11}}=2\cos\frac{\pi}{11}$,同理

$$z^2-z^9=z^2+\frac{1}{z^2}=2\cos\frac{2\pi}{11}$$

$$z^3-z^8=2\cos\frac{3\pi}{11}$$

$$z^4-z^7=2\cos\frac{4\pi}{11}$$

$$z^5-z^6=2\cos\frac{5\pi}{11}$$

所以

$$2(\cos\frac{\pi}{11}-\cos\frac{2\pi}{11}+\cos\frac{3\pi}{11}-\cos\frac{4\pi}{11}+\cos\frac{5\pi}{11})=1$$

即

$$\cos\frac{\pi}{11}-\cos\frac{2\pi}{11}+\cos\frac{3\pi}{11}-\cos\frac{4\pi}{11}+\cos\frac{5\pi}{11}=\frac{1}{2}$$

解法 4 利用 1 的 n 次单位根的有关性质求解.

考虑方程 $x^{11}=1$ 的 11 个根为 $\cos\frac{2k\pi}{11}+\mathrm{i}\sin\frac{2k\pi}{11}(k=0,1,2,\cdots,10)$,利用一元 n 次方程的韦达定理,得到这 11 个根的和为 0,所以,11 个根的实部和为

$$1+\cos\frac{2\pi}{11}+\cos\frac{4\pi}{11}+\cdots+\cos\frac{20\pi}{11}=0$$

注意到

$$\cos\frac{2\pi}{11}=\cos\frac{20\pi}{11},\cos\frac{4\pi}{11}=\cos\frac{18\pi}{11},\cdots,\cos\frac{10\pi}{11}=\cos\frac{12\pi}{11}$$

所以

$$2(\cos\frac{2\pi}{11}+\cos\frac{4\pi}{11}+\cos\frac{6\pi}{11}+\cos\frac{8\pi}{11}+\cos\frac{10\pi}{11})=-1$$

又

$$\cos\frac{6\pi}{11}=-\cos\frac{5\pi}{11},\cos\frac{8\pi}{11}=-\cos\frac{3\pi}{11},\cos\frac{10\pi}{11}=-\cos\frac{\pi}{11}$$

所以

$$\cos\frac{\pi}{11}-\cos\frac{2\pi}{11}+\cos\frac{3\pi}{11}-\cos\frac{4\pi}{11}+\cos\frac{5\pi}{11}=\frac{1}{2}$$

安徽省芜湖市第7中学的数学教师周著会在上述证明过程中发现，本问题的结论可以做如下推广：

定理1 设$n\in\mathbf{N}^*$，则$\cos\frac{\pi}{2n+1}-\cos\frac{2\pi}{2n+1}+\cdots+(-1)^{n-1}\cos\frac{n\pi}{2n+1}=\frac{1}{2}$.

结合解法2，由于相等的两个复数的虚部也相等，又得到一个新结论：

定理2 设$n\in\mathbf{N}^*$，则

$$\sin\frac{\pi}{2n+1}+\sin\frac{3\pi}{2n+1}+\cdots+\sin\frac{(2n-1)\pi}{2n+1}=\frac{1}{2}\cot\frac{\pi}{4n+2}$$

从四种解题方法看，第一种解法用到的三角公式较多，而后三种方法都用到了复数. 特别是复级数求和，既简洁又便于推广.

在复变函数论建立之初有三位大数学家贡献较大，即柯西、黎曼与魏尔斯特拉斯，魏尔斯特拉斯另辟蹊径，他摆脱了复函数的几何直观，从研究幂级数出发，提出了复函数的解析开拓理论，引入完全解析函数的概念，尽管到了20世纪初，人们逐渐发现魏尔斯特拉斯的研究途径不是本质的，因此不再强调从幂级数出发考虑问题，但就学科本身复级数还是很重要的.

本书的目标读者当然是大学生，但也不排除优秀的中学生. 学习数学课本和习题至关重要. 我们希望看到的是不同层次的学校，不同水平的学生都选择不同的、最适合自己的课本和习题集.

清华大学教务处副处长、数学教授白峰杉曾从高考成绩650分以上的学生中随机抽取300人，研究表明，学生没有自己的特色，个人一面，学生同质化现象严重，生源同质化对高校人才培养的危害巨大. 因为现在的学生已经在相同的成长轨道中被塑造成一个模样！

多样性是评价生态是否健康的一个重要指标，人才成长也是一样.

刘培杰

2015年5月15日

于哈工大

哈尔滨工业大学出版社刘培杰数学工作室已出版(即将出版)图书目录

书　　名	出版时间	定　价	编号
新编中学数学解题方法全书(高中版)上卷	2007—09	38.00	7
新编中学数学解题方法全书(高中版)中卷	2007—09	48.00	8
新编中学数学解题方法全书(高中版)下卷(一)	2007—09	42.00	17
新编中学数学解题方法全书(高中版)下卷(二)	2007—09	38.00	18
新编中学数学解题方法全书(高中版)下卷(三)	2010—06	58.00	73
新编中学数学解题方法全书(初中版)上卷	2008—01	28.00	29
新编中学数学解题方法全书(初中版)中卷	2010—07	38.00	75
新编中学数学解题方法全书(高考复习卷)	2010—01	48.00	67
新编中学数学解题方法全书(高考真题卷)	2010—01	38.00	62
新编中学数学解题方法全书(高考精华卷)	2011—03	68.00	118
新编平面解析几何解题方法全书(专题讲座卷)	2010—01	18.00	61
新编中学数学解题方法全书(自主招生卷)	2013—08	88.00	261
数学眼光透视	2008—01	38.00	24
数学思想领悟	2008—01	38.00	25
数学应用展观	2008—01	38.00	26
数学建模导引	2008—01	28.00	23
数学方法溯源	2008—01	38.00	27
数学史话览胜	2008—01	28.00	28
数学思维技术	2013—09	38.00	260
从毕达哥拉斯到怀尔斯	2007—10	48.00	9
从迪利克雷到维斯卡尔迪	2008—01	48.00	21
从哥德巴赫到陈景润	2008—05	98.00	35
从庞加莱到佩雷尔曼	2011—08	138.00	136
数学解题中的物理方法	2011—06	28.00	114
数学解题的特殊方法	2011—06	48.00	115
中学数学计算技巧	2012—01	48.00	116
中学数学证明方法	2012—01	58.00	117
数学趣题巧解	2012—03	28.00	128
三角形中的角格点问题	2013—01	88.00	207
含参数的方程和不等式	2012—09	28.00	213

哈尔滨工业大学出版社刘培杰数学工作室已出版(即将出版)图书目录

书　　名	出版时间	定　价	编号
数学奥林匹克与数学文化(第一辑)	2006－05	48.00	4
数学奥林匹克与数学文化(第二辑)(竞赛卷)	2008－01	48.00	19
数学奥林匹克与数学文化(第二辑)(文化卷)	2008－07	58.00	36′
数学奥林匹克与数学文化(第三辑)(竞赛卷)	2010－01	48.00	59
数学奥林匹克与数学文化(第四辑)(竞赛卷)	2011－08	58.00	87
数学奥林匹克与数学文化(第五辑)	2015－06	98.00	370

书　　名	出版时间	定　价	编号
发展空间想象力	2010－01	38.00	57
走向国际数学奥林匹克的平面几何试题诠释(上、下)(第1版)	2007－01	68.00	11,12
走向国际数学奥林匹克的平面几何试题诠释(上、下)(第2版)	2010－02	98.00	63,64
平面几何证明方法全书	2007－08	35.00	1
平面几何证明方法全书习题解答(第1版)	2005－10	18.00	2
平面几何证明方法全书习题解答(第2版)	2006－12	18.00	10
平面几何天天练上卷·基础篇(直线型)	2013－01	58.00	208
平面几何天天练中卷·基础篇(涉及圆)	2013－01	28.00	234
平面几何天天练下卷·提高篇	2013－01	58.00	237
平面几何专题研究	2013－07	98.00	258
最新世界各国数学奥林匹克中的平面几何试题	2007－09	38.00	14
数学竞赛平面几何典型题及新颖解	2010－07	48.00	74
初等数学复习及研究(平面几何)	2008－09	58.00	38
初等数学复习及研究(立体几何)	2010－06	38.00	71
初等数学复习及研究(平面几何)习题解答	2009－01	48.00	42
世界著名平面几何经典著作钩沉——几何作图专题卷(上)	2009－06	48.00	49
世界著名平面几何经典著作钩沉——几何作图专题卷(下)	2011－01	88.00	80
世界著名平面几何经典著作钩沉(民国平面几何老课本)	2011－03	38.00	113
世界著名解析几何经典著作钩沉——平面解析几何卷	2014－01	38.00	273
世界著名数论经典著作钩沉(算术卷)	2012－01	28.00	125
世界著名数学经典著作钩沉——立体几何卷	2011－02	28.00	88
世界著名三角学经典著作钩沉(平面三角卷Ⅰ)	2010－06	28.00	69
世界著名三角学经典著作钩沉(平面三角卷Ⅱ)	2011－01	38.00	78
世界著名初等数论经典著作钩沉(理论和实用算术卷)	2011－07	38.00	126
几何学教程(平面几何卷)	2011－03	68.00	90
几何学教程(立体几何卷)	2011－07	68.00	130
几何变换与几何证题	2010－06	88.00	70
计算方法与几何证题	2011－06	28.00	129
立体几何技巧与方法	2014－04	88.00	293
几何瑰宝——平面几何500名题暨1000条定理(上、下)	2010－07	138.00	76,77
三角形的解法与应用	2012－07	18.00	183
近代的三角形几何学	2012－07	48.00	184
一般折线几何学	即将出版	58.00	203
三角形的五心	2009－06	28.00	51
三角形趣谈	2012－08	28.00	212
解三角形	2014－01	28.00	265
三角学专门教程	2014－09	28.00	387
距离几何分析导引	2015－02	68.00	446

哈尔滨工业大学出版社刘培杰数学工作室已出版(即将出版)图书目录

书　　名	出版时间	定　价	编号
圆锥曲线习题集(上册)	2013－06	68.00	255
圆锥曲线习题集(中册)	2015－01	78.00	434
圆锥曲线习题集(下册)	即将出版		
俄罗斯平面几何问题集	2009－08	88.00	55
俄罗斯立体几何问题集	2014－03	58.00	283
俄罗斯几何大师——沙雷金论数学及其他	2014－01	48.00	271
来自俄罗斯的5000道几何习题及解答	2011－03	58.00	89
俄罗斯初等数学问题集	2012－05	38.00	177
俄罗斯函数问题集	2011－03	38.00	103
俄罗斯组合分析问题集	2011－01	48.00	79
俄罗斯初等数学万题选——三角卷	2012－11	38.00	222
俄罗斯初等数学万题选——代数卷	2013－08	68.00	225
俄罗斯初等数学万题选——几何卷	2014－01	68.00	226
463个俄罗斯几何老问题	2012－01	28.00	152
近代欧氏几何学	2012－03	48.00	162
罗巴切夫斯基几何学及几何基础概要	2012－07	28.00	188
用三角、解析几何、复数、向量计算解数学竞赛几何题	2015－03	48.00	455
美国中学几何教程	2015－04	88.00	458
三线坐标与三角形特征点	2015－04	98.00	460
平面解析几何方法与研究(第1卷)	2015－05	18.00	471
平面解析几何方法与研究(第2卷)	2015－06	18.00	472
平面解析几何方法与研究(第3卷)	即将出版		473

书　　名	出版时间	定　价	编号
超越吉米多维奇.数列的极限	2009－11	48.00	58
超越普里瓦洛夫.留数卷	2015－01	28.00	437
超越普里瓦洛夫.无穷乘积与它对解析函数的应用卷	2015－05	28.00	477
超越普里瓦洛夫.积分卷	2015－06	18.00	481
超越普里瓦洛夫.基础知识卷	2015－06	28.00	482
超越普里瓦洛夫.数项级数卷	2015－07	38.00	489
Barban Davenport Halberstam 均值和	2009－01	40.00	33
初等数论难题集(第一卷)	2009－05	68.00	44
初等数论难题集(第二卷)(上、下)	2011－02	128.00	82,83
谈谈素数	2011－03	18.00	91
平方和	2011－03	18.00	92
数论概貌	2011－03	18.00	93
代数数论(第二版)	2013－08	58.00	94
代数多项式	2014－06	38.00	289
初等数论的知识与问题	2011－02	28.00	95
超越数论基础	2011－03	28.00	96
数论初等教程	2011－03	28.00	97
数论基础	2011－03	18.00	98
数论基础与维诺格拉多夫	2014－03	18.00	292
解析数论基础	2012－08	28.00	216
解析数论基础(第二版)	2014－01	48.00	287
解析数论问题集(第二版)	2014－05	88.00	343
解析几何研究	2015－01	38.00	425
初等几何研究	2015－02	58.00	444
数论入门	2011－03	38.00	99
代数数论入门	2015－03	38.00	448
数论开篇	2012－07	28.00	194
解析数论引论	2011－03	48.00	100

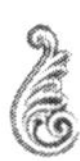

哈尔滨工业大学出版社刘培杰数学工作室已出版(即将出版)图书目录

书 名	出版时间	定 价	编号
复变函数引论	2013—10	68.00	269
伸缩变换与抛物旋转	2015—01	38.00	449
无穷分析引论(上)	2013—04	88.00	247
无穷分析引论(下)	2013—04	98.00	245
数学分析	2014—04	28.00	338
数学分析中的一个新方法及其应用	2013—01	38.00	231
数学分析例选:通过范例学技巧	2013—01	88.00	243
高等代数例选:通过范例学技巧	2015—06	88.00	475
三角级数论(上册)(陈建功)	2013—01	38.00	232
三角级数论(下册)(陈建功)	2013—01	48.00	233
三角级数论(哈代)	2013—06	48.00	254
基础数论	2011—03	28.00	101
超越数	2011—03	18.00	109
三角和方法	2011—03	18.00	112
谈谈不定方程	2011—05	28.00	119
整数论	2011—05	38.00	120
随机过程(Ⅰ)	2014—01	78.00	224
随机过程(Ⅱ)	2014—01	68.00	235
整数的性质	2012—11	38.00	192
初等数论 100 例	2011—05	18.00	122
初等数论经典例题	2012—07	18.00	204
最新世界各国数学奥林匹克中的初等数论试题(上、下)	2012—01	138.00	144,145
算术探索	2011—12	158.00	148
初等数论(Ⅰ)	2012—01	18.00	156
初等数论(Ⅱ)	2012—01	18.00	157
初等数论(Ⅲ)	2012—01	28.00	158
组合数学	2012—04	28.00	178
组合数学浅谈	2012—03	28.00	159
同余理论	2012—05	38.00	163
丢番图方程引论	2012—03	48.00	172
平面几何与数论中未解决的新老问题	2013—01	68.00	229
法雷级数	2014—08	18.00	367
代数数论简史	2014—11	28.00	408
摆线族	2015—01	38.00	438
拉普拉斯变换及其应用	2015—02	38.00	447
函数方程及其解法	2015—05	38.00	470
罗巴切夫斯基几何学初步	2015—06	28.00	474
[x]与{x}	2015—04	48.00	476
极值与最值. 上卷	即将出版		486
极值与最值. 中卷	2015—06	38.00	487
极值与最值. 下卷	2015—06	28.00	488

书 名	出版时间	定 价	编号
历届美国中学生数学竞赛试题及解答(第一卷)1950—1954	2014—07	18.00	277
历届美国中学生数学竞赛试题及解答(第二卷)1955—1959	2014—04	18.00	278
历届美国中学生数学竞赛试题及解答(第三卷)1960—1964	2014—06	18.00	279
历届美国中学生数学竞赛试题及解答(第四卷)1965—1969	2014—04	28.00	280
历届美国中学生数学竞赛试题及解答(第五卷)1970—1972	2014—06	18.00	281
历届美国中学生数学竞赛试题及解答(第七卷)1981—1986	2015—01	18.00	424

哈尔滨工业大学出版社刘培杰数学工作室已出版(即将出版)图书目录

书　　名	出版时间	定　价	编号
历届 IMO 试题集(1959—2005)	2006—05	58.00	5
历届 CMO 试题集	2008—09	28.00	40
历届中国数学奥林匹克试题集	2014—10	38.00	394
历届加拿大数学奥林匹克试题集	2012—08	38.00	215
历届美国数学奥林匹克试题集:多解推广加强	2012—08	38.00	209
历届波兰数学竞赛试题集.第 1 卷,1949～1963	2015—03	18.00	453
历届波兰数学竞赛试题集.第 2 卷,1964～1976	2015—03	18.00	454
保加利亚数学奥林匹克	2014—10	38.00	393
圣彼得堡数学奥林匹克试题集	2015—01	48.00	429
历届国际大学生数学竞赛试题集(1994—2010)	2012—01	28.00	143
全国大学生数学夏令营数学竞赛试题及解答	2007—03	28.00	15
全国大学生数学竞赛辅导教程	2012—07	28.00	189
全国大学生数学竞赛复习全书	2014—04	48.00	340
历届美国大学生数学竞赛试题集	2009—03	88.00	43
前苏联大学生数学奥林匹克竞赛题解(上编)	2012—04	28.00	169
前苏联大学生数学奥林匹克竞赛题解(下编)	2012—04	38.00	170
历届美国数学邀请赛试题集	2014—01	48.00	270
全国高中数学竞赛试题及解答.第 1 卷	2014—07	38.00	331
大学生数学竞赛讲义	2014—09	28.00	371
高考数学临门一脚(含密押三套卷)(理科版)	2015—01	24.80	421
高考数学临门一脚(含密押三套卷)(文科版)	2015—01	24.80	422
新课标高考数学题型全归纳(文科版)	2015—05	72.00	467
新课标高考数学题型全归纳(理科版)	2015—05	82.00	468

书　　名	出版时间	定　价	编号
整函数	2012—08	18.00	161
多项式和无理数	2008—01	68.00	22
模糊数据统计学	2008—03	48.00	31
模糊分析学与特殊泛函空间	2013—01	68.00	241
受控理论与解析不等式	2012—05	78.00	165
解析不等式新论	2009—06	68.00	48
反问题的计算方法及应用	2011—11	28.00	147
建立不等式的方法	2011—03	98.00	104
数学奥林匹克不等式研究	2009—08	68.00	56
不等式研究(第二辑)	2012—02	68.00	153
初等数学研究(Ⅰ)	2008—09	68.00	37
初等数学研究(Ⅱ)(上、下)	2009—05	118.00	46,47
中国初等数学研究　2009 卷(第 1 辑)	2009—05	20.00	45
中国初等数学研究　2010 卷(第 2 辑)	2010—05	30.00	68
中国初等数学研究　2011 卷(第 3 辑)	2011—07	60.00	127
中国初等数学研究　2012 卷(第 4 辑)	2012—07	48.00	190
中国初等数学研究　2014 卷(第 5 辑)	2014—02	48.00	288
振兴祖国数学的圆梦之旅:中国初等数学研究史话	2015—06	78.00	490
数阵及其应用	2012—02	28.00	164
绝对值方程—折边与组合图形的解析研究	2012—07	48.00	186
不等式的秘密(第一卷)	2012—02	28.00	154
不等式的秘密(第一卷)(第 2 版)	2014—02	38.00	286
不等式的秘密(第二卷)	2014—01	38.00	268
初等不等式的证明方法	2010—06	38.00	123
初等不等式的证明方法(第二版)	2014—11	38.00	407

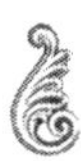

哈尔滨工业大学出版社刘培杰数学工作室已出版(即将出版)图书目录

书　名	出版时间	定　价	编号
数学奥林匹克在中国	2014－06	98.00	344
数学奥林匹克问题集	2014－01	38.00	267
数学奥林匹克不等式散论	2010－06	38.00	124
数学奥林匹克不等式欣赏	2011－09	38.00	138
数学奥林匹克超级题库(初中卷上)	2010－01	58.00	66
数学奥林匹克不等式证明方法和技巧(上、下)	2011－08	158.00	134,135
近代拓扑学研究	2013－04	38.00	239
新编640个世界著名数学智力趣题	2014－01	88.00	242
500个最新世界著名数学智力趣题	2008－06	48.00	3
400个最新世界著名数学最值问题	2008－09	48.00	36
500个世界著名数学征解问题	2009－06	48.00	52
400个中国最佳初等数学征解老问题	2010－01	48.00	60
500个俄罗斯数学经典老题	2011－01	28.00	81
1000个国外中学物理好题	2012－04	48.00	174
300个日本高考数学题	2012－05	38.00	142
500个前苏联早期高考数学试题及解答	2012－05	28.00	185
546个早期俄罗斯大学生数学竞赛题	2014－03	38.00	285
548个来自美苏的数学好问题	2014－11	28.00	396
20所苏联著名大学早期入学试题	2015－02	18.00	452
161道德国工科大学生必做的微分方程习题	2015－05	28.00	469
500个德国工科大学生必做的高数习题	2015－06	28.00	478
德国讲义日本考题．微积分卷	2015－04	48.00	456
德国讲义日本考题．微分方程卷	2015－04	38.00	457
博弈论精粹	2008－03	58.00	30
博弈论精粹．第二版(精装)	2015－01	88.00	461
数学 我爱你	2008－01	28.00	20
精神的圣徒　别样的人生——60位中国数学家成长的历程	2008－09	48.00	39
数学史概论	2009－06	78.00	50
数学史概论(精装)	2013－03	158.00	272
斐波那契数列	2010－02	28.00	65
数学拼盘和斐波那契魔方	2010－07	38.00	72
斐波那契数列欣赏	2011－01	28.00	160
数学的创造	2011－02	48.00	85
数学中的美	2011－02	38.00	84
数论中的美学	2014－12	38.00	351
数学王者　科学巨人——高斯	2015－01	28.00	428
王连笑教你怎样学数学:高考选择题解题策略与客观题实用训练	2014－01	48.00	262
王连笑教你怎样学数学:高考数学高层次讲座	2015－02	48.00	432
最新全国及各省市高考数学试卷解法研究及点拨评析	2009－02	38.00	41
高考数学的理论与实践	2009－08	38.00	53
中考数学专题总复习	2007－04	28.00	6
向量法巧解数学高考题	2009－08	28.00	54
高考数学核心题型解题方法与技巧	2010－01	28.00	86
高考思维新平台	2014－03	38.00	259
数学解题——靠数学思想给力(上)	2011－07	38.00	131
数学解题——靠数学思想给力(中)	2011－07	48.00	132
数学解题——靠数学思想给力(下)	2011－07	38.00	133
高中数学教学通鉴	2015－05	58.00	479

哈尔滨工业大学出版社刘培杰数学工作室 已出版(即将出版)图书目录

书　　名	出版时间	定　价	编号
我怎样解题	2013－01	48.00	227
和高中生漫谈:数学与哲学的故事	2014－08	28.00	369
2011 年全国及各省市高考数学试题审题要津与解法研究	2011－10	48.00	139
2013 年全国及各省市高考数学试题解析与点评	2014－01	48.00	282
全国及各省市高考数学试题审题要津与解法研究	2015－02	48.00	450
新课标高考数学——五年试题分章详解(2007～2011)(上、下)	2011－10	78.00	140,141
30 分钟拿下高考数学选择题、填空题(第二版)	2012－01	28.00	146
全国中考数学压轴题审题要津与解法研究	2013－04	78.00	248
新编全国及各省市中考数学压轴题审题要津与解法研究	2014－05	58.00	342
全国及各省市 5 年中考数学压轴题审题要津与解法研究	2015－04	58.00	462
高考数学压轴题解题诀窍(上)	2012－02	78.00	166
高考数学压轴题解题诀窍(下)	2012－03	28.00	167
自主招生考试中的参数方程问题	2015－01	28.00	435
自主招生考试中的极坐标问题	2015－04	28.00	463
近年全国重点大学自主招生数学试题全解及研究.华约卷	2015－02	38.00	441
近年全国重点大学自主招生数学试题全解及研究.北约卷	即将出版		

书　　名	出版时间	定　价	编号
格点和面积	2012－07	18.00	191
射影几何趣谈	2012－04	28.00	175
斯潘纳尔引理——从一道加拿大数学奥林匹克试题谈起	2014－01	28.00	228
李普希兹条件——从几道近年高考数学试题谈起	2012－10	18.00	221
拉格朗日中值定理——从一道北京高考试题的解法谈起	2012－10	18.00	197
闵科夫斯基定理——从一道清华大学自主招生试题谈起	2014－01	28.00	198
哈尔测度——从一道冬令营试题的背景谈起	2012－08	28.00	202
切比雪夫逼近问题——从一道中国台北数学奥林匹克试题谈起	2013－04	38.00	238
伯恩斯坦多项式与贝齐尔曲面——从一道全国高中数学联赛试题谈起	2013－03	38.00	236
卡塔兰猜想——从一道普特南竞赛试题谈起	2013－06	18.00	256
麦卡锡函数和阿克曼函数——从一道前南斯拉夫数学奥林匹克试题谈起	2012－08	18.00	201
贝蒂定理与拉姆贝克莫斯尔定理——从一个拣石子游戏谈起	2012－08	18.00	217
皮亚诺曲线和豪斯道夫分球定理——从无限集谈起	2012－08	18.00	211
平面凸图形与凸多面体	2012－10	28.00	218
斯坦因豪斯问题——从一道二十五省市自治区中学数学竞赛试题谈起	2012－07	18.00	196
纽结理论中的亚历山大多项式与琼斯多项式——从一道北京市高一数学竞赛试题谈起	2012－07	28.00	195
原则与策略——从波利亚“解题表”谈起	2013－04	38.00	244
转化与化归——从三大尺规作图不能问题谈起	2012－08	28.00	214
代数几何中的贝祖定理(第一版)——从一道 IMO 试题的解法谈起	2013－08	18.00	193
成功连贯理论与约当块理论——从一道比利时数学竞赛试题谈起	2012－04	18.00	180
磨光变换与范·德·瓦尔登猜想——从一道环球城市竞赛试题谈起	即将出版		
素数判定与大数分解	2014－08	18.00	199
置换多项式及其应用	2012－10	18.00	220
椭圆函数与模函数——从一道美国加州大学洛杉矶分校(UCLA)博士资格考题谈起	2012－10	28.00	219

哈尔滨工业大学出版社刘培杰数学工作室已出版(即将出版)图书目录

书　　名	出版时间	定　价	编号
差分方程的拉格朗日方法——从一道2011年全国高考理科试题的解法谈起	2012－08	28.00	200
力学在几何中的一些应用	2013－01	38.00	240
高斯散度定理、斯托克斯定理和平面格林定理——从一道国际大学生数学竞赛试题谈起	即将出版		
康托洛维奇不等式——从一道全国高中联赛试题谈起	2013－03	28.00	337
西格尔引理——从一道第18届IMO试题的解法谈起	即将出版		
罗斯定理——从一道前苏联数学竞赛试题谈起	即将出版		
拉克斯定理和阿廷定理——从一道IMO试题的解法谈起	2014－01	58.00	246
毕卡大定理——从一道美国大学数学竞赛试题谈起	2014－07	18.00	350
贝齐尔曲线——从一道全国高中联赛试题谈起	即将出版		
拉格朗日乘子定理——从一道2005年全国高中联赛试题的高等数学解法谈起	2015－05	28.00	480
雅可比定理——从一道日本数学奥林匹克试题谈起	2013－04	48.00	249
李天岩－约克定理——从一道波兰数学竞赛试题谈起	2014－06	28.00	349
整系数多项式因式分解的一般方法——从克朗耐克算法谈起	即将出版		
布劳维不动点定理——从一道前苏联数学奥林匹克试题谈起	2014－01	38.00	273
压缩不动点定理——从一道高考数学试题的解法谈起	即将出版		
伯恩赛德定理——从一道英国数学奥林匹克试题谈起	即将出版		
布查特－莫斯特定理——从一道上海市初中竞赛试题谈起	即将出版		
数论中的同余数问题——从一道普特南竞赛试题谈起	即将出版		
范·德蒙行列式——从一道美国数学奥林匹克试题谈起	即将出版		
中国剩余定理:总数法构建中国历史年表	2015－01	28.00	430
牛顿程序与方程求根——从一道全国高考试题解法谈起	即将出版		
库默尔定理——从一道IMO预选试题谈起	即将出版		
卢丁定理——从一道冬令营试题的解法谈起	即将出版		
沃斯滕霍姆定理——从一道IMO预选试题谈起	即将出版		
卡尔松不等式——从一道莫斯科数学奥林匹克试题谈起	即将出版		
信息论中的香农熵——从一道近年高考压轴题谈起	即将出版		
约当不等式——从一道希望杯竞赛试题谈起	即将出版		
拉比诺维奇定理	即将出版		
刘维尔定理——从一道《美国数学月刊》征解问题的解法谈起	即将出版		
卡塔兰恒等式与级数求和——从一道IMO试题的解法谈起	即将出版		
勒让德猜想与素数分布——从一道爱尔兰竞赛试题谈起	即将出版		
天平称重与信息论——从一道基辅市数学奥林匹克试题谈起	即将出版		
哈密尔顿－凯莱定理:从一道高中数学联赛试题的解法谈起	2014－09	18.00	376
艾思特曼定理——从一道CMO试题的解法谈起	即将出版		

哈尔滨工业大学出版社刘培杰数学工作室已出版(即将出版)图书目录

书　　名	出版时间	定　价	编号
一个爱尔特希问题——从一道西德数学奥林匹克试题谈起	即将出版		
有限群中的爱丁格尔问题——从一道北京市初中二年级数学竞赛试题谈起	即将出版		
贝克码与编码理论——从一道全国高中联赛试题谈起	即将出版		
帕斯卡三角形	2014－03	18.00	294
蒲丰投针问题——从2009年清华大学的一道自主招生试题谈起	2014－01	38.00	295
斯图姆定理——从一道“华约”自主招生试题的解法谈起	2014－01	18.00	296
许瓦兹引理——从一道加利福尼亚大学伯克利分校数学系博士生试题谈起	2014－08	18.00	297
拉格朗日中值定理——从一道北京高考试题的解法谈起	2014－01		298
拉姆塞定理——从王诗宬院士的一个问题谈起	2014－01		299
坐标法	2013－12	28.00	332
数论三角形	2014－04	38.00	341
毕克定理	2014－07	18.00	352
数林掠影	2014－09	48.00	389
我们周围的概率	2014－10	38.00	390
凸函数最值定理:从一道华约自主招生题的解法谈起	2014－10	28.00	391
易学与数学奥林匹克	2014－10	38.00	392
生物数学趣谈	2015－01	18.00	409
反演	2015－01		420
因式分解与圆锥曲线	2015－01	18.00	426
轨迹	2015－01	28.00	427
面积原理:从常庚哲命的一道CMO试题的积分解法谈起	2015－01	48.00	431
形形色色的不动点定理:从一道28届IMO试题谈起	2015－01	38.00	439
柯西函数方程:从一道上海交大自主招生的试题谈起	2015－02	28.00	440
三角恒等式	2015－02	28.00	442
无理性判定:从一道2014年“北约”自主招生试题谈起	2015－01	38.00	443
数学归纳法	2015－03	18.00	451
极端原理与解题	2015－04	28.00	464
中等数学英语阅读文选	2006－12	38.00	13
统计学专业英语	2007－03	28.00	16
统计学专业英语(第二版)	2012－07	48.00	176
统计学专业英语(第三版)	2015－04	68.00	465
幻方和魔方(第一卷)	2012－05	68.00	173
尘封的经典——初等数学经典文献选读(第一卷)	2012－07	48.00	205
尘封的经典——初等数学经典文献选读(第二卷)	2012－07	38.00	206
实变函数论	2012－06	78.00	181
非光滑优化及其变分分析	2014－01	48.00	230
疏散的马尔科夫链	2014－01	58.00	266
马尔科夫过程论基础	2015－01	28.00	433
初等微分拓扑学	2012－07	18.00	182
方程式论	2011－03	38.00	105
初级方程式论	2011－03	28.00	106
Galois理论	2011－03	18.00	107
古典数学难题与伽罗瓦理论	2012－11	58.00	223
伽罗华与群论	2014－01	28.00	290
代数方程的根式解及伽罗瓦理论	2011－03	28.00	108
代数方程的根式解及伽罗瓦理论(第二版)	2015－01	28.00	423

哈尔滨工业大学出版社刘培杰数学工作室
已出版(即将出版)图书目录

书　　名	出版时间	定　价	编号
线性偏微分方程讲义	2011－03	18.00	110
几类微分方程数值方法的研究	2015－05	38.00	485
N 体问题的周期解	2011－03	28.00	111
代数方程式论	2011－05	18.00	121
动力系统的不变量与函数方程	2011－07	48.00	137
基于短语评价的翻译知识获取	2012－02	48.00	168
应用随机过程	2012－04	48.00	187
概率论导引	2012－04	18.00	179
矩阵论(上)	2013－06	58.00	250
矩阵论(下)	2013－06	48.00	251
趣味初等方程妙题集锦	2014－09	48.00	388
趣味初等数论选美与欣赏	2015－02	48.00	445
对称锥互补问题的内点法:理论分析与算法实现	2014－08	68.00	368
抽象代数:方法导引	2013－06	38.00	257
闵嗣鹤文集	2011－03	98.00	102
吴从炘数学活动三十年(1951～1980)	2010－07	99.00	32
函数论	2014－11	78.00	395
耕读笔记(上卷):一位农民数学爱好者的初数探索	2015－04	48.00	459
耕读笔记(中卷):一位农民数学爱好者的初数探索	2015－05	28.00	483
耕读笔记(下卷):一位农民数学爱好者的初数探索	2015－05	28.00	484
数贝偶拾——高考数学题研究	2014－04	28.00	274
数贝偶拾——初等数学研究	2014－04	38.00	275
数贝偶拾——奥数题研究	2014－04	48.00	276
集合、函数与方程	2014－01	28.00	300
数列与不等式	2014－01	38.00	301
三角与平面向量	2014－01	28.00	302
平面解析几何	2014－01	38.00	303
立体几何与组合	2014－01	28.00	304
极限与导数、数学归纳法	2014－01	38.00	305
趣味数学	2014－03	28.00	306
教材教法	2014－04	68.00	307
自主招生	2014－05	58.00	308
高考压轴题(上)	2015－01	48.00	309
高考压轴题(下)	2014－10	68.00	310
从费马到怀尔斯——费马大定理的历史	2013－10	198.00	Ⅰ
从庞加莱到佩雷尔曼——庞加莱猜想的历史	2013－10	298.00	Ⅱ
从切比雪夫到爱尔特希(上)——素数定理的初等证明	2013－07	48.00	Ⅲ
从切比雪夫到爱尔特希(下)——素数定理 100 年	2012－12	98.00	Ⅲ
从高斯到盖尔方特——二次域的高斯猜想	2013－10	198.00	Ⅳ
从库默尔到朗兰兹——朗兰兹猜想的历史	2014－01	98.00	Ⅴ
从比勃巴赫到德布朗斯——比勃巴赫猜想的历史	2014－02	298.00	Ⅵ
从麦比乌斯到陈省身——麦比乌斯变换与麦比乌斯带	2014－02	298.00	Ⅶ
从布尔到豪斯道夫——布尔方程与格论漫谈	2013－10	198.00	Ⅷ
从开普勒到阿诺德——三体问题的历史	2014－05	298.00	Ⅸ
从华林到华罗庚——华林问题的历史	2013－10	298.00	Ⅹ

哈尔滨工业大学出版社刘培杰数学工作室已出版(即将出版)图书目录

书　　名	出版时间	定　价	编号
吴振奎高等数学解题真经(概率统计卷)	2012－01	38.00	149
吴振奎高等数学解题真经(微积分卷)	2012－01	68.00	150
吴振奎高等数学解题真经(线性代数卷)	2012－01	58.00	151
高等数学解题全攻略(上卷)	2013－06	58.00	252
高等数学解题全攻略(下卷)	2013－06	58.00	253
高等数学复习纲要	2014－01	18.00	384
钱昌本教你快乐学数学(上)	2011－12	48.00	155
钱昌本教你快乐学数学(下)	2012－03	58.00	171
三角函数	2014－01	38.00	311
不等式	2014－01	38.00	312
数列	2014－01	38.00	313
方程	2014－01	28.00	314
排列和组合	2014－01	28.00	315
极限与导数	2014－01	28.00	316
向量	2014－09	38.00	317
复数及其应用	2014－08	28.00	318
函数	2014－01	38.00	319
集合	即将出版		320
直线与平面	2014－01	28.00	321
立体几何	2014－04	28.00	322
解三角形	即将出版		323
直线与圆	2014－01	28.00	324
圆锥曲线	2014－01	38.00	325
解题通法(一)	2014－07	38.00	326
解题通法(二)	2014－07	38.00	327
解题通法(三)	2014－05	38.00	328
概率与统计	2014－01	28.00	329
信息迁移与算法	即将出版		330
第19～23届"希望杯"全国数学邀请赛试题审题要津详细评注(初一版)	2014－03	28.00	333
第19～23届"希望杯"全国数学邀请赛试题审题要津详细评注(初二、初三版)	2014－03	38.00	334
第19～23届"希望杯"全国数学邀请赛试题审题要津详细评注(高一版)	2014－03	28.00	335
第19～23届"希望杯"全国数学邀请赛试题审题要津详细评注(高二版)	2014－03	38.00	336
第19～25届"希望杯"全国数学邀请赛试题审题要津详细评注(初一版)	2015－01	38.00	416
第19～25届"希望杯"全国数学邀请赛试题审题要津详细评注(初二、初三版)	2015－01	58.00	417
第19～25届"希望杯"全国数学邀请赛试题审题要津详细评注(高一版)	2015－01	48.00	418
第19～25届"希望杯"全国数学邀请赛试题审题要津详细评注(高二版)	2015－01	48.00	419
物理奥林匹克竞赛大题典——力学卷	2014－11	48.00	405
物理奥林匹克竞赛大题典——热学卷	2014－04	28.00	339
物理奥林匹克竞赛大题典——电磁学卷	即将出版		406
物理奥林匹克竞赛大题典——光学与近代物理卷	2014－06	28.00	345

哈尔滨工业大学出版社刘培杰数学工作室 已出版(即将出版)图书目录

书　　名	出版时间	定　价	编号
历届中国东南地区数学奥林匹克试题集(2004～2012)	2014－06	18.00	346
历届中国西部地区数学奥林匹克试题集(2001～2012)	2014－07	18.00	347
历届中国女子数学奥林匹克试题集(2002～2012)	2014－08	18.00	348
几何变换(Ⅰ)	2014－07	28.00	353
几何变换(Ⅱ)	即将出版		354
几何变换(Ⅲ)	2015－01	38.00	355
几何变换(Ⅳ)	即将出版		356
美国高中数学竞赛五十讲.第1卷(英文)	2014－08	28.00	357
美国高中数学竞赛五十讲.第2卷(英文)	2014－08	28.00	358
美国高中数学竞赛五十讲.第3卷(英文)	2014－09	28.00	359
美国高中数学竞赛五十讲.第4卷(英文)	2014－09	28.00	360
美国高中数学竞赛五十讲.第5卷(英文)	2014－10	28.00	361
美国高中数学竞赛五十讲.第6卷(英文)	2014－11	28.00	362
美国高中数学竞赛五十讲.第7卷(英文)	2014－12	28.00	363
美国高中数学竞赛五十讲.第8卷(英文)	2015－01	28.00	364
美国高中数学竞赛五十讲.第9卷(英文)	2015－01	28.00	365
美国高中数学竞赛五十讲.第10卷(英文)	2015－02	38.00	366
IMO 50年.第1卷(1959－1963)	2014－11	28.00	377
IMO 50年.第2卷(1964－1968)	2014－11	28.00	378
IMO 50年.第3卷(1969－1973)	2014－09	28.00	379
IMO 50年.第4卷(1974－1978)	即将出版		380
IMO 50年.第5卷(1979－1984)	2015－04	38.00	381
IMO 50年.第6卷(1985－1989)	2015－04	58.00	382
IMO 50年.第7卷(1990－1994)	即将出版		383
IMO 50年.第8卷(1995－1999)	即将出版		384
IMO 50年.第9卷(2000－2004)	2015－04	58.00	385
IMO 50年.第10卷(2005－2008)	即将出版		386
历届美国大学生数学竞赛试题集.第一卷(1938—1949)	2015－01	28.00	397
历届美国大学生数学竞赛试题集.第二卷(1950—1959)	2015－01	28.00	398
历届美国大学生数学竞赛试题集.第三卷(1960—1969)	2015－01	28.00	399
历届美国大学生数学竞赛试题集.第四卷(1970—1979)	2015－01	18.00	400
历届美国大学生数学竞赛试题集.第五卷(1980—1989)	2015－01	28.00	401
历届美国大学生数学竞赛试题集.第六卷(1990—1999)	2015－01	28.00	402
历届美国大学生数学竞赛试题集.第七卷(2000—2009)	即将出版		403
历届美国大学生数学竞赛试题集.第八卷(2010—2012)	2015－01	18.00	404

哈尔滨工业大学出版社刘培杰数学工作室已出版(即将出版)图书目录

书　　名	出版时间	定　价	编号
新课标高考数学创新题解题诀窍:总论	2014-09	28.00	372
新课标高考数学创新题解题诀窍:必修 1～5 分册	2014-08	38.00	373
新课标高考数学创新题解题诀窍:选修 2-1,2-2,1-1,1-2分册	2014-09	38.00	374
新课标高考数学创新题解题诀窍:选修 2-3,4-4,4-5 分册	2014-09	18.00	375

书　　名	出版时间	定　价	编号
全国重点大学自主招生英文数学试题全攻略:词汇卷	即将出版		410
全国重点大学自主招生英文数学试题全攻略:概念卷	2015-01	28.00	411
全国重点大学自主招生英文数学试题全攻略:文章选读卷(上)	即将出版		412
全国重点大学自主招生英文数学试题全攻略:文章选读卷(下)	即将出版		413
全国重点大学自主招生英文数学试题全攻略:试题卷	即将出版		414
全国重点大学自主招生英文数学试题全攻略:名著欣赏卷	即将出版		415

联系地址:哈尔滨市南岗区复华四道街 10 号　哈尔滨工业大学出版社刘培杰数学工作室
网　　址:http://lpj.hit.edu.cn/
邮　　编:150006
联系电话:0451-86281378　　13904613167
E-mail:lpj1378@163.com